美国问题观察译丛

Social Darwinism
in American Thought

社会达尔文主义
美国社会思潮

理查德·霍夫施塔特（Richard Hofstadter） 著

吴 越 译

上海财经大学出版社

图书在版编目(CIP)数据

社会达尔文主义:美国社会思潮/(美)理查德·霍夫施塔特(Richard Hofstadter)著;吴越译. —上海:上海财经大学出版社,2023.8
(美国问题观察译丛)
书名原文:Social Darwinism in American Thought
ISBN 978-7-5642-4105-6/F·4105

Ⅰ.①社… Ⅱ.①理…②吴… Ⅲ.①社会达尔文主义-研究-美国 Ⅳ.①Q98-06

中国版本图书馆 CIP 数据核字(2022)第 257552 号

□ 策　　划　陈　佶
□ 责任编辑　温　涌
□ 封面设计　张克瑶

社会达尔文主义:美国社会思潮

理查德·霍夫施塔特　著
(Richard Hofstadter)

吴　越　译

上海财经大学出版社出版发行
(上海市中山北一路 369 号　邮编 200083)
网　　址:http://www.sufep.com
电子邮箱:webmaster@sufep.com
全国新华书店经销
上海华业装璜印刷厂有限公司印刷装订
2023 年 8 月第 1 版　2023 年 8 月第 1 次印刷

710mm×1000mm　1/16　14 印张(插页:2)　221 千字
定价:78.00 元

目 录

序言/1

作者按/1

作者序/1

第一章 达尔文主义之降临/1

第二章 斯宾塞风潮/19

第三章 威廉·格雷厄姆·萨姆纳:社会达尔文主义者/39

第四章 莱斯特·沃德:批评家/54

第五章 进化、伦理与社会/70

第六章 持异议者/87

第七章 实用主义思潮/104

第八章 社会理论趋势:1890—1915年/122

第九章 种族主义和帝国主义/146

第十章 结论/175

参考文献/179

序　言

　　距离理查德·霍夫施塔特(Richard Hofstadter)英年早逝已过二十载。尽管这二十年间史学研究领域发生了翻天覆地的变化,但他的著作依然极大地影响了学者以及普通读者对美国历史的理解。他生前在著作中反复探讨的主题,即政治思想观念的研究,后来在很大程度上被家庭生活史、种族关系史、大众文化史等一系列其他社会关注议题的研究掩盖了。如今,很多与霍夫施塔特同时代作者的著述已被人遗忘,但他的深邃智识(intellect)和生花妙笔却是任何希望严肃思考美国过往的人们难以忽略的。他的第一本书《社会达尔文主义:美国社会思潮》(*Social Darwinism in American Thought*)即将再次发行,我们得以借此良机重新思考此书的创作背景和产生持久影响的原因。

　　1916 年,理查德·霍夫施塔特出生于美国纽约州水牛城,他的父亲是犹太人,母亲是德裔路德宗教徒的后代。1933 年高中毕业后,他进入布法罗大学主修哲学,辅修历史。和许多同时代人一样,美国经济社会的大萧条时期(Great Depression)塑造了他的智识和政治经历。作为工业重镇的水牛城,遭受失业和社会动荡的冲击尤为猛烈。霍夫施塔特后来回忆道,大萧条"促使我思考这个世界……有些东西必须得改变,这在当时是毫无疑问的……比方说,你首先不得不作出选择,到底是成为一名马克思主义者,还是一个美国的自由主义者"①。在大学里,霍夫施塔特被一群左翼学生吸引了——其中包括才华横溢的费莉

---

① Richard Hofstadter,"The Great Depression and American History: A Personal Footnote,"typescript of lecture, Box 36, Richard Hofstadter Papers, Rare Book and Manuscript Library, Columbia University. 这篇演讲稿没有标注日期,但有内部证据表明,霍夫施塔特是在 20 世纪 60 年代中期写下这篇演讲稿的。

斯·斯瓦多斯(Felice Swados),阿尔弗雷德·卡津(Alfred Kazin)后来曾描述她"有时颇为强势"——阅读马克思和列宁的著作并加入了美国青年共产主义联盟。②

1936年,霍夫施塔特在毕业前夕与费莉斯成婚,随后移居纽约市。费莉斯先是在全国海员工会和国际女装工会工作,后来在《时代》(Time)杂志担任文字编辑,霍夫施塔特则进入哥伦比亚大学研究生院,继续研习历史。夫妇二人自此融入纽约广泛的激进派政治文化之中,那是一个以美国共产党为中心的"人民阵线"的时代。霍夫施塔特后来(略带夸张地)形容自己"性格比较保守,胆子不大,遇事默然顺从"③,而精力充沛的费莉斯作为一名坚定的政治活动家,似乎主导了两人与激进主义的互动。话虽如此,霍夫施塔特对政治的投入并非一时的心血来潮。他认为自己是一名马克思主义者。无论是在公寓里讨论,还是与费莉斯胞弟哈维·斯瓦多斯(Harvey Swados)通信往来,他都参与到共产党人、托洛茨基派和沙赫特曼派之间,以及其他纽约激进派知识分子界所热衷主题的思想论辩之中。

1938年,霍夫施塔特加入哥伦比亚大学的共产党支部。他作出这一决定有些不太情愿(他曾断言苏联在莫斯科的清洗审判是"虚假的",还惊动了几位朋友),或许只是反映了他"在花费数个小时琢磨这个问题"之后,渴望果断行事的念头。他曾在信中对哈维解释:"我并非出于热情,而是出于一种义务感入的党……根本原因在于我不喜欢资本主义,想摆脱资本主义,而我也厌倦了空谈……共产党深刻影响了美国人民的激进化……我宁愿现在跟着共产党走。"④

但事实证明,霍夫施塔特称不上是特别坚定的共产党员。他后来发现会议"沉闷无趣",恼怒于他所认为的党组织的智识构成。到1939年2月,他已"悄悄地自行退出"。同年9月的《苏德互不侵犯条约》(Nazi-Soviet Pact)公布后,

---

② Alfred Kazin, *New York Jew* (New York, 1978), 15. Susan S. Baker, *Radical Beginnings: Richard Hofstadter and the 1930s* (Westport, Conn., 1985),该书是了解霍夫施塔特事业早期以及政治激进时期活动的最好著述。

③ 霍夫施塔特致肯尼思·斯坦普(Kenneth Stampp)的信,1944年12月,转引自Baker, *Radical Beginnings*, 180。

④ 霍夫施塔特致哈维·斯瓦多斯的信,1938年1月20日以及4月30日,Harvey Swados Papers, Archives, University of Massachusetts, Amherst。

他与共产党的决裂变得不可逆转。⑤ 他自此意识到,他之前对共产党("由一群光环加身的办事员组织运作")、对苏联乃至最后对马克思主义的信念,迅速而彻底地消失了。⑥ 但霍夫施塔特依旧认为自己是激进主义者。离开党组织后不久,他给哈维·斯瓦多斯去信道,"我讨厌资本主义,讨厌与之相关的一切"。不过,他再没有持续投身于政治。他的思想逐渐被这样一种观点占据,即知识分子无法在有生之年的任何社会主义社会,找到他们满意的归属。"像我们这样的人,"他写道,"已经永远和革命运动的精神分道扬镳……我们不是资本主义的受益者,也不会成为 20 世纪社会主义的受益者。我们是一群无处可去的人。"⑦

尽管霍夫施塔特在 1939 年后不再积极投身政治,但作为一名历史学家,他职业生涯的最早著述仍旧反映了他在智识上对激进主义的持续参与。他在哥伦比亚大学的硕士论文写于 1938 年,论述的是南方佃农的困境,这也是当时社会主义者和共产主义者在紧张的组织工作中关注的焦点问题。⑧ 霍夫施塔特在论文中表明,棉花带各州在新政时期推行的农业政策如何使好处最终流向大地主,而使佃农的生存条件继续恶化。此文极为精彩地控诉了罗斯福政府对南方非民主精英阶层的献媚。这种对罗斯福的批判性评价,也是纽约激进派当时的普遍态度,在启发其写作的这股政治冲动消退很久之后,长期存在于霍夫施塔特后来的著述之中。

与很多在 20 世纪 30 年代步入成年的人一样,霍夫施塔特的一般认识方法以马克思主义为框架,但应用到美国史研究时,他从查尔斯·A. 比尔德(Charles A. Beard)主张革除旧习的唯物主义中得到了最大启发。霍夫施塔特后来评价道:"比尔德确实以那种最激动人心的方式影响了我。"⑨ 比尔德认为,美国的历史是被各类经济团体的相互竞争所塑造的,其中最主要的是农民、工业家和工人之间的斗争。政坛领袖彼此冲撞的言辞是各方谋取自身利益的赤

---

⑤ 霍夫施塔特致哈维·斯瓦多斯的信,1938 年 5 月 29 日,1939 年 2 月 16 日,Harvey Swados Papers,Archives,University of Massachusetts,Amherst。
⑥ 同上,1939 年 10 月 9 日,1940 年 3 月。
⑦ 同上,1939 年 10 月 9 日。
⑧ Richard Hofstadter,"The Southeastern Cotton Tenants Under the AAA,1933−1935"(Master's thesis,Columbia University,1938).
⑨ David Hawke,"Interview:Richard Hofstadter," History 3(1960),141.

裸裸的表现。例如,美国南北战争应当被理解为国内政治权力从南方农场主移交至北方资本家手中;关税产生的分歧更多关乎其来源,与奴隶制存续的辩论关系不大。霍夫施塔特发表的第一篇论文,是刊登于 1938 年某期《美国历史评论》(American Historical Review)上的"说明"。在这则说明性的短论里,他反对比尔德认为关税是美国南北战争爆发起因之一的观点,但同时接受这样一个前提,即政治行为植根于政治团体自身的经济利益。[10](霍夫施塔特论证,宅基地问题远比关税问题更深刻地激化了不同生产部门之间的对立。)这篇论文开启了他与比尔德派传统的对话,而比尔德派传统在很大程度上塑造了霍夫施塔特的职业生涯。

尽管比尔德本人对政治思想关注不多,认为这不过是经济利益的幌子,但霍夫施塔特很快就对美国社会思想研究产生了兴趣。这一兴趣得到了哥伦比亚大学马克思主义教授默尔·科蒂(Merle Curti)的鼓励。到 1939 年,用费莉斯的话说,霍夫施塔特和科蒂已经结成了"一种惺惺相惜的交情"。[11] 但是,除了与科蒂的交往,霍夫施塔特在哥伦比亚大学的经历不算特别愉快。他向校方申请的学费补助金连续三年被驳回。他深深感到自己没有得到公平对待。他抱怨说:"拿了奖学金的那些人都是些小混蛋,根本没有什么学术成果,也没发表过什么文章。"[12](可以假设这些人没有像他那样曾在《美国历史评论》上发表文章。)

拿不到补助金的霍夫施塔特只好开始寻求教职。1940 年春天,他在布鲁克林学院的夜校部担任兼职老师。第二年春天,他在纽约市立学院下城校区找到了他的第一份全职工作,因为当时该校有位教授被指控为共产党员而被迫离职。纽约州议会成立的拉普—考德特反共调查委员会,当时正在调查纽约市内各学院受到的"颠覆性"影响,最终约有 40 位教师在被举报后遭到解雇或被迫辞职。学生们起初抵制上课,表达对遭到清洗的前任教授们的支持,但他们最

---

[10] Richard Hofstadter, "The Tariff Issue on the Eve of the Civil War," *American Historical Review* 44(October 1938),50—55.

[11] 费莉斯·斯瓦多斯·霍夫施塔特致哈维·斯瓦多斯的信,1939 年 2 月 6 日,斯瓦多斯家族手稿集。

[12] 霍夫施塔特致哈维·斯瓦多斯的信,1939 年 4 月 15 日,以及费莉斯·斯瓦多斯·霍夫施塔特致哈维·斯瓦多斯的信,1940 年 5 月 6 日,斯瓦多斯家族手稿集。

终都回到了霍夫施塔特的课堂。具有讽刺意味的是，霍夫施塔特得到第一份全职工作，正是他后来在其历史学著作中哀叹的那种"政治偏妄"盛行的结果。

正是在这段时期，霍夫施塔特通过了综合考试，开始确定博士论文选题。在一封写给唯维的信里，他用自己标志性的揶揄和自嘲式的幽默对这一过程进行了如下描述。首先，他考虑要给"老流氓"本·韦德(Ben Wade，来自俄亥俄州的联邦参议员和激进共和党人)写传记，但后来发现韦德自行销毁了他的大多数文件。他开始考虑写林肯的第一任国防部部长西蒙·卡梅伦(Simon Cameron)，后来又放弃了这个写作对象，因为听说"印第安纳大学有人研究卡梅伦15年了"。哥伦比亚大学教授约翰·A. 克鲁特(John A. Krout)建议他给杰里米亚·沃兹沃斯(Jeremiah Wadsworth)写传记，这位北美殖民地时期的商人不仅留下了大量文件，还颇有些崇拜者愿意出资赞助对他的传记研究。但是，霍夫施塔特对这一建议不怎么上心，他和费莉斯都觉得沃兹沃斯不够重要，总叫他"杰迪戴亚·霍肯普斯"(Jedediah Hockenpfuss)。最后在科蒂的认可下，霍夫施塔特确定了以"社会达尔文主义"作为博士论文选题。[13] 1940年年中之前，他全力投入工作，并在两年后，以26岁的年纪完成了这篇论文。1944年，《社会达尔文主义：美国社会思潮》由宾夕法尼亚大学出版社出版。

无论确定这一选题在多大程度上出于偶然，"社会达尔文主义"对年轻的霍夫施塔特来说是一个完美的选题。这一选题宏大，能吸引大量受众，还结合了他对社会思想史日益增长的兴趣而对美国资本主义的持续疏离。费莉斯写信给哈维说，这个选题，"他所有朋友都想参与其中"。"但他们不会参与的。"霍夫施塔特接着说。此书所涉时期主要是19世纪末期，最终停在1915年，也就是霍夫施塔特出生的前一年。但正如他后来观察到的那样，他对这一选题的处理方法形成于他青年时期那些"情感上的共鸣"，当时保守主义者试图用社会达尔文主义，给他们抵抗激进政治运动和政府缓解社会不公之举提供合理依据。研究社会达尔文主义，有助于解释"大萧条时期官方推崇的个人主义与所有人都能眼见的痛苦的生活事实之间的差距"。[14]

---

[13] 霍夫施塔特致哈维·斯瓦多斯的信，1941年5月，斯瓦多斯家族手稿集。
[14] 费莉斯·斯瓦多斯致哈维·斯瓦多斯的信，1940年6月2日，理查德·霍夫施塔特在此信页边留有评论，斯瓦多斯家族手稿集；霍夫施塔特，《大萧条与美国历史》(The Great Depression and American History)演讲稿。

《社会达尔文主义：美国社会思潮》阐述了查尔斯·达尔文（Charles Darwin）的科学著作对智识生活产生的广泛影响，以及人们越来越多引用"自然选择""适者生存""生存斗争"等达尔文式的思想，巩固保守的自由放任个人主义。此书首先追溯了达尔文思想如何彻底地征服美国的科学家和自由派新教理论家，以至于在镀金时代（Gilded Age），"每位严肃的思想家都觉得有义务正视"达尔文著述的影响。接着，霍夫施塔特检视了赫伯特·斯宾塞（Herbert Spencer）思想引发的"风潮"，这位英国哲学家对19世纪保守主义的定义可谓无出其右。当然，斯宾塞比达尔文领先了一步——早在达尔文的《物种起源》（*The Origin of Species*）出版前，斯宾塞不仅创造了"适者生存"（survival of the fittest）一词，还大力抨击了国家干预社会"自然"运作的所有形式，包括政府对商业的监管、对穷人的公共援助。但是，斯宾塞的追随者利用达尔文著述的权威来主张其观点在科学上的合理性，极力主张将人类社会与自然界进行类比，他们声称这两个世界的演化遵循的都是自然规律。

从斯宾塞开始，霍夫施塔特开始研究美国最有影响力的社会达尔文主义者威廉·格雷厄姆·萨姆纳（William Graham Sumner）发挥的作用，萨姆纳的著作美化了这种竞争性的社会秩序，将现存的社会不公归结为自然选择的结果。萨姆纳结合达尔文主义思想、新教工作伦理和古典经济学，谴责所有关于政府行动主义的观点，而主张一种完全的"对国家权力的放弃"。他为经济现状的维护者提供了令人信服的理由，反对工会、格兰杰派和其他试图干预社会秩序"自然"运作的群体的要求。

尽管此书标题如此，霍夫施塔特开篇也巧妙勾勒了社会达尔文主义的脉络，但全书着墨更多的是社会达尔文主义的批评者，而非支持者。社会达尔文主义曾在一段时期里占据着美国思想界的最高地位。但从19世纪80年代开始，社会达尔文主义受到了多方面攻击——来自震惊于新兴工业秩序的不公和无节制竞争的严酷的神职人员、提议释放国家积极性来实现社会平等的改革者，以及从事新兴社会科学学科的知识分子。霍夫施塔特毫不掩饰他对社会达尔文主义的厌恶，也不掩饰他对批评者的同情，尤其是对那些相信知识分子能引导社会进步的社会学家和哲学家的同情（这一观点正是写作此书时的霍夫施塔特颇为认可的）。19世纪80年代，社会学家莱斯特·沃德（Lester Ward）指出，经济竞争不但孕育了个人的进步，还催生了规模庞大的新企业，而这些企业的经济强权需要受到政府制约。他嘲笑社会达尔文主义者犯下了"根本性的错误"，即"这个世界的恩惠完全按照个人的功绩进行分配"。但真正被霍夫施塔特视为英雄的，是20世纪初的实用主义者们。威廉·詹姆斯（William James）指出了达尔文模式中忽略的情感、情绪等心理学因素，以及人类用以改变自身环境的智力的重要性，因此，人类社会与自然界的类比变得毫无意义，从而破除了斯宾塞对哲学思想的控制。不过，詹姆斯没有表现出对当下社会问题的兴趣，所以霍夫施塔特本人更认同的是另一位实用主义者——约翰·杜威（John Dewey）。他称杜威是具有社会责任意识的知识分子的楷模，是"新集体主义"的设计师，在这种"新集体主义"中，一个积极的政府试图指导社会实现改善。

在世纪之交，社会达尔文主义思潮已经完全退却。但即使达尔文式的个人主义偃旗息鼓，达尔文的观念仍以其他方式影响着社会思想。原来强调的是个人奋斗追求进步，如今自然界的奋斗单位已经变成了集体，尤其是国家和种族。随着美西战争后，美国成为新兴的世界强国，约翰·费斯克（John Fiske）、阿尔伯特·J.贝弗里奇（Albert J. Beveridge）等作家引领达尔文主义思想效力帝国主义，为全世界"劣等"种族服从于盎格鲁—撒克逊人的统治提供合法性。在20世纪初蓬勃发展的优生学运动中，达尔文主义助长了这样一种观点，即那些不太能"适应"的民族移民至美国，降低了美国人整体的智力水平。好在社会达尔文主义的"种族—军事"阶段在第一次世界大战中被彻底否定，因为社会达尔文主义似乎令人不适地与德国军国主义有所牵连，正如保守的个人主义也受到了提倡进步的社会科学家的攻击。

霍夫施塔特试图解释社会达尔文主义的兴衰时，又回到了20世纪30年代马克思主义者与比尔德派共同认可的"经济基础决定上层建筑"的模式。霍夫施塔特意识到，在出于保守主义目的而挪用达尔文主义的过程中，没有什么是必然发生的。毕竟，马克思本人也对《物种起源》印象深刻，认为此书推翻了启示宗教的崇高地位，证实了进步要通过无休止斗争（他的解读是阶级之间而非个人之间的斗争）才得以实现这一观点，甚至提议将《资本论》（*Capital*）的题赠献给达尔文——达尔文婉拒了这一荣誉。那么，要如何解释推崇个人主义和自由放任的达尔文主义能在19世纪90年代前大行其道？霍夫施塔特写道，这是因为社会达尔文主义满足了一部分团体的需求,而这些团体控制着镀金时代那种"尚不成熟的、好争斗的工业社会"。斯宾塞、萨姆纳和其他社会达尔文主义者讲的正是商人和政治领袖想听的话。社会达尔文主义接下来在进步时代(Progressive Era)被人摒弃,不仅因为受到了沃德、杜威等人的深刻批判,也因为中产阶级对无节制竞争越来越不满,转而接纳了更具改革意识的社会观。

霍夫施塔特的结论性观点,重申了比尔德式的方法论,以及他本人作为激进主义知识分子的身份。他写道,社会达尔文主义的兴衰体现了这样一条"规律",即"社会思想结构的变化取决于经济和政治生活发生的普遍变化",思想观念得到广泛接受的原因较少取决于"真理和逻辑",更多要看这些观念"是否符合智识上的需求和社会利益的先入之见"。他接着说,这是"主张社会变革的理性战略家必须面对的巨大挑战之一"。显然,霍夫施塔特仍然将自身经济利益视作政治行动的基础,显然也认同那些希望国家超越社会达尔文主义思想传承的"主张社会变革的理性战略家"。

实际上,霍夫施塔特没有提供针对美国社会结构或多数商人和政治领袖观点的独立分析。他对社会达尔文主义兴衰的解释更像一种附带意见(obiter dictum),主要限于本书最后简短的结论章节。霍夫施塔特后来确曾反思,此书夸大了思想观念的影响,却没将这些观念置于其产生的社会脉络之中,这可能无意间鼓励了那种"知识分子的谬误"。[15]《社会达尔文主义:美国社会思潮》是一部智识的历史,而不是对观念如何反映经济结构进行的考察。正因如此,此书在成书半个世纪后依旧保持着巨大的活力。此书所展现出来的品质,也是霍夫施塔特后续写作的标志性特征——包括以惊人的清晰程度来呈现各类复杂思想、通过巧妙的旁征博引来阐明其论点的高超功力,以及用生动的笔触让历史人物焕发新生的能力。作为一篇毕业论文,这部著作涉及的范围极其广泛,不仅引用了社会学家与哲学家的著作,还从小说、专著、布道词、大众杂志中摘取文献来探讨达尔文主义引发的种种辩论。此书很大程度上是特定美国历史时期的产物,超越了其写作源头的事实和细节,为美国思想发展史上的一个关键时期描绘了一幅引人入胜的画卷。直到生命的最后阶段,霍夫施塔特的著述

---

[15] Richard Hofstadter, "Darwinism and Western Thought," *Darwin, Marx, and Wagner*, ed. Henry L. Paine(Columbus, Ohio, 1962), 60—61.

依然集中于此书探讨的基本主题——社会思想的演变、意识形态的社会脉络和思想观念在政治中发挥的作用。

《社会达尔文主义：美国社会思潮》产生了同时代著作难以比肩的巨大影响。"社会达尔文主义"这种说法并非霍夫施塔特的发明，而是起源于19世纪80年代的欧洲并在20世纪跨越了大西洋，但在霍夫施塔特写就此书之前，很少有人采用这种说法——是霍夫施塔特把"社会达尔文主义"变成了一种对19世纪末复杂思潮的标准速记，成为社会思想字典里人们熟知的一部分。此书展示了霍夫施塔特的笔力，即便以毕业论文的形式写就，也能超越学术界读者群体，直接面向普罗大众。此书自1955年以修订平装版（霍夫施塔特保留了原文的全部论证，只增添了一篇"作者按"，作了几百处"纯粹属于行文风格的"改动）面世至今，销量已逾20万册。[16]

尽管霍夫施塔特让社会达尔文主义在智识历史语汇中占据了永久席位，但也有人对他的社会达尔文主义分析提出批评。尽管很少有学者质疑霍夫施塔特对19世纪末美国主要思潮的描述，但有人质疑达尔文对拥护自由放任的保守派或批评这些保守派的自由派和激进派的影响程度。此书的修订版面世后不久，欧文·G. 怀利（Irvin G. Wyllie）发表了一篇颇有影响的文章，质疑达尔文对美国商人的影响。怀利发现，企业家对自身财富积累的辩护方式，不是主张部分人的成功建立在其他人毁灭基础之上的无情竞争，提及更多的是倡导努力工作、基督教慈善事业以及财富创造有利于全社会的信念。[17]

除了安德鲁·卡内基（Andrew Carnegie），霍夫施塔特在书中对商人群体的着墨不多，因而怀利的发现对此书的主要论点不构成重大影响。更具破坏性的批评来自罗伯特·C. 班尼斯特（Robert C. Bannister），他认为霍夫施塔特过分夸大了达尔文对社会思想家群体的影响。[18] 班尼斯特发现，19世纪后期的作者很少诉诸达尔文的权威，直接指向生物学的进化，或使用达尔文的适者生存、

---

[16] Hawke, "Interview," 138. 在本书"作者按"中，霍夫施塔特声明了他的第二任妻子碧翠丝·凯薇特·霍夫施塔特（Beatrice Kevitt Hofstadter）所作的贡献，即"与我承担了同等分量的修订工作"。

[17] Irvin G. Wyllie, "Social Darwinism and the Businessman," *Proceedings of the American Philosophical Society* 103 (October 1959), 629—635.

[18] Robert C. Bannister, *Social Darwinism: Science and Myth in Anglo-American Social Thought*, rev. ed. (Philadelphia, 1988).

生存斗争等术语。他们的思想根基扎在别处,比如古典经济学,或以捍卫私有产权和限制国家权力为前提。他们更可能诉诸亚当·斯密(Adam Smith)而不是达尔文的权威,更有可能受到1877年的铁路罢工等当代社会事件而不是生物进化论类比的影响。班尼斯特总结道,社会达尔文主义往往作为一种"外号"而存在,国家改革的倡导者设计了这一标签,给自由放任保守主义加上污名。

确切地说,霍夫施塔特也从未声称达尔文创造了镀金时代的个人主义;他写道,达尔文式的分类反而是对自由放任经济学的现有语汇进行补充。此外,班尼斯特对社会达尔文主义的定义要求明确使用达尔文的语言,忽视了那些对社会思想不甚直接的影响,也忽略了对科学推理更微妙的适应。在他生命的最后阶段,霍夫施塔特赞扬了这位批评家对资料来源的仔细阅读,但接着暗示道:"智识的历史即便出于那些试图变得理性、努力考虑种种区别的人笔下,也是透过你能察觉的更粗略的区别来进行的。"[19]这对班尼斯特所用的方法进行了颇具毁灭性的批评(班尼斯特还将这句批评写进了他所著书籍的导言并标明了出处)。尽管如此,班尼斯特提出的基本观点依旧令人印象深刻。如今研究镀金时代保守主义的作家们更有可能在达尔文主义以外的范畴寻求资料来源。但是,斯宾塞的影响力依旧巨大,甚至有人建议,称霍夫施塔特所描述的思想体系为"社会斯宾塞主义"而不是社会达尔文主义。[20]

但是,这种做法并不可取,因为如果说霍夫施塔特可能夸大了达尔文的影响,他无疑正确地指认了19世纪末20世纪初的知识分子群体的一种普遍观念,即一门有关社会的科学是可以发展起来的。达尔文的著述催生了这种信念,当知识分子借助社会科学的兴起而逐渐在美国社会扮演建制化角色的时候,这种信念成为他们对自身定义、为自身进行辩解的一个重要支点。霍夫施塔特的核心见解——以科学作为类比的方法,帮助塑造了美国人对从族群和阶级间差异到国家干预经济带来的影响等各类问题的看法和解释——依旧是对

---

[19] Bannister, *Social Darwinism*, xviii.
[20] Dorothy Ross, *The Origins of American Social Science* (New York, 1991), 85—91; Carl N. Degler, *In Search of Human Nature: The Fall and Revival of Darwinism in American Social Thought* (New York, 1991), 11.

镀金时代美国思想进行严肃研究的一个出发点。[21]

现在看来,《达尔文主义:美国社会思潮》不免显得过时了。现在随着"新史学"(New Social History)的兴起,历史学家对于构成美国社会的诸多群体有了更多的认识,无法再像霍夫施塔特那般自信地就单一的"公众观念"下笔写作。而鉴于文学解构产生的普遍影响,霍夫施塔特这种假设文本具有单一的、可理性确定的意义的论述,似乎显然是老派的(或是因此令人耳目一新)。但霍夫施塔特的心智构成与我们时代的最迥异之处在于,他坚定地认为社会达尔文主义是社会思想史的一种不幸,值得庆幸的是它已经寿终正寝。霍夫施塔特带着确信写道,社会达尔文主义被证明是错误的,生物学的类比对于理解人类社会"完全没有发挥任何作用",这整段历史都是一种"可怖的错误"。

霍夫施塔特确实注意到了,"只要社会中存在强烈的掠夺性因素……社会达尔文主义都有可能死灰复燃"。但他可能完全没有预料到,以生物学来解释人类发展[22]以及某种社会达尔文主义的心态,又在20世纪80年代卷土重来:政府不应该干预和影响经济的"自然"运作,社会内部是根据个人功绩而非历史结果来分配奖励,个人或种族的不幸都是源于他们本身的失败。如果霍夫施塔特能活着看到社会达尔文主义重新抬头,他肯定能注意到这种意识形态原本截然不同的两大分支——威廉·格雷厄姆·萨姆纳的自由放任个人主义(但要指出的是萨姆纳对帝国主义国家的谴责力度不亚于他对政府干预经济的谴责)以及20世纪初作为军国主义和种族主义的达尔文主义——在当前的保守主义思潮中已经融为一体。

这里并非纵览霍夫施塔特后续职业生涯的最佳场合[23],但如果我们简要地追踪一下他的后续著作如何偏离或回归了他在第一本书里表达的思想,或许也

---

[21] 罗斯在《美国社会科学的起源》(*The Origins of American Social Science*)中论证了这一观点,John L. Recchiuti 也对这一观点进行了论证,见"Intellectuals and Progressivism: New York's Social Scientific Community, 1880—1917"(Ph. D. diss., Columbia University, 1991)。另见 Nancy L. Stepan, "Race and Gender: The Role of Analogy in Science," *ISIS* 77(1986), 261—277。

[22] 见德格勒的《对人性的追寻》(*In Search of Human Nature*)一书。

[23] 见 Stanley Elkins and Eric McKitrick, "Richard Hofstadter: A Progress", *The Hofstadter Aegis: A Memorial*, ed. Elkins and McKitrick(New York, 1974), 300—367, 以及 Daniel J. Singal, "Beyond Consensus: Richard Hofstadter and American Historiography," *American Historical Review* 89(October 1984), 976—1004。

会有所助益。如果说霍夫施塔特的首部作品昭示了他在同代学者中前途光明，那么，他在1948年出版的第二部作品《美国政治传统及其缔造者》（*The American Political Tradition and the Men Who Made It*）则将他推到了其所在专业领域的最前沿。从开国元勋到杰斐逊、杰克逊、林肯和富兰克林·D.罗斯福，此书集结了一系列美国最杰出政治领袖的人物小传，面世至今始终作为美国大学与高中历史课的标准读物，即便在学术圈之外也拥有数以百万计的读者。霍夫施塔特独到而深刻地指出，他此书的所有研究对象都坚持了一个本质几乎相同的基本理念。美国历史的独特之处不在于持续的冲突（无论是农民与工业家、资本与劳工抑或是民主党与共和党之间），而在于对一些基本原则的广泛认同，尤其是个人自由、私有财产和资本主义企业的美德。在《社会达尔文主义：美国社会思潮》一书中，霍夫施塔特认为，在斯宾塞学说进入美国之前，"个人主义早已融入了合众国的国家传统"；而在《美国政治传统及其缔造者》一书中，他似乎表达的是，自己的第一本书的主题正是美国的政治传统。

《美国政治传统及其缔造者》一书强调，意识形态上的共识塑造了美国发展，故而从很多方面来看，这也标志着霍夫施塔特与比尔德和马克思主义传统的决裂。此书与若干年后出版的丹尼尔·布尔斯廷（Daniel Boorstin）的《美国政治的精髓》（*The Genius of American Politics*）和路易斯·哈茨（Louis Haitz）的《美国的自由主义传统》（*The Liberal Tradition in America*）一起，被视为20世纪50年代"共识历史"（consensus history）的基础。但是，霍夫施塔特的书写从未像众多所谓的"共识"写作那样，退化到不加批判地颂扬美国经验的地步。正如小阿瑟·施莱辛格（Arthur Schlesinger, Jr.）在1969年的短论中指出的，《美国政治传统及其缔造者》与布尔斯廷等人的作品存在一些根本的区别。"霍夫施塔特（施莱辛格可能还想补充另一个名字，即哈茨）站在激进的、外部的立场来看待这些共识，谴责这种共识；而布尔斯廷则是站在内部看待它、赞美它。"出于礼节，施莱辛格把这篇文章的稿件寄给了霍夫施塔特。不怎么喜欢被人贴上"共识"这一标签的霍夫施塔特，潦草地在这句话页边的空白处写了一句"谢谢"。[24]

---

[24] Arthur M. Schlesinger, Jr., "Richard Hofstadter," in *Postmasters*, ed. Robin W. Winks (New York, 1969) 289；霍夫施塔特在施莱辛格稿件边缘留下的评论，见霍夫施塔特手稿集。

霍夫施塔特抛弃了比尔德式的方法来分析美国发展历程，但保留了他这位导师标志性的、去粗取精的精神。在霍夫施塔特的笔下，杰斐逊是一条政治"变色龙"，杰克逊成为自由资本主义的代言人，林肯善于炮制神话，罗斯福则是务实的反对派。个人主义和资本主义在美国生活中占据了主导地位，随之而来的不是一种良性的、免受"欧洲的"意识形态冲突的自由，而是一种智识上和政治上的破产，失去了对现代世界进行原创思考的能力。如果说哪位被研究的对象成了《美国政治传统及其缔造者》中的主人公，那只能是废奴主义者温德尔·菲利普斯(Wendel Phillips)，全书中唯一不曾担任政治职务的人。与在《社会达尔文主义：美国社会思潮》中一样，霍夫施塔特似乎最认同的是那些积极的改革派知识分子。不无讽刺的是，这一历史上对美国政治文化极具破坏性的控诉，竟然成为两代学生的美国历史入门读物。当时甚至有学者由于害怕霍夫施塔特在本科生群体中传播"混乱和幻灭"的种子，考虑另写一本有关美国最伟大总统们的短论集。[25]

"我的每一本书，"霍夫施塔特在20世纪60年代写道，"从某种意义上讲都是从时事中得到启发；也就是说，我的书永远带有对当前现实的关注。"他接着说，他的前两本书"折射了大萧条时代和新政时期的种种经验"。[26] 到20世纪50年代，霍夫施塔特的书写再次被另一种不同以往的"现实"所塑造，即美苏冷战和麦卡锡主义。1946年，霍夫施塔特接受了哥伦比亚大学的教职，数月后再婚（他的第一任妻子于1945年去世）。此时他发现自己再次成为纽约知识分子界的一员。但此时的纽约与20世纪30年代的激进时期有了很大不同。1953年，霍夫施塔特写信给当时已执教威斯康星大学的默尔·科蒂，说"过去这几年，我变得更保守了"。[27] 霍夫施塔特不像众多纽约知识分子，包括他很多朋友那样，以反共产主义建立职业生涯声名。他也没有拥抱新保守主义、参加文化自由代表大会(Congress for Cultural Freedom)或为美国冷战政策辩护，他也厌恶麦卡锡主义（但他拒绝了科蒂的邀请，没有公开谴责华盛顿大学解雇支持共产主义

---

[25] Peter Novick, *That Noble Dream: The "Objectivity Question" and the American Historical Profession* (New York, 1988), 334n.
[26] Hofstadter, "The Great Depression and American History".
[27] Novick, *That Noble Dream*, 323.

的教授的行为)。㉘ 1952年,他以"极大的热情"支持阿德莱·史蒂文森(Adlai Stevenson)参选总统,此后便从政治活动中全身而退。史蒂文森败选十年之后,他在写给哈维·斯瓦多斯的信中说:"我无法再用激进分子来形容自己,但我也不认为自己是保守派。我想,真实的情况是,尽管我的兴趣仍与政治密切相关,但我不再持有什么政见了。"㉙

霍夫施塔特有的,是对智识自由和社会礼让愈加脆弱的认识。他的第三本书名为《美国学术自由的发展》(*The Development of Academic Freedom in the United States*),与他在哥伦比亚大学的同事沃特·P. 梅茨格(Walter P. Metzger)合著,出版于1955年。和其他知识分子一样,纳粹大屠杀和美国崛起的麦卡锡主义大大刺激了霍夫施塔特的感性神经。他理解的麦卡锡主义,并非一种保守派为消除罗斯福新政遗产进行的政治宣传手段,而是一种深深扎根于美国社会的反智主义和地方主义的产物。其结果就是加深了霍夫施塔特那种自1939年离开共产党以来始终酝酿着的、对大众政治的不信任。他希望用其他方式探索理解政治行为,这也再度强化了这种对大众政治的不信任。基于政治本质反映了经济利益这一假设,霍夫施塔特开始被政治行为的其他解释所吸引,其中包括对身份的种种焦虑、非理性的仇恨和偏执。他受到20世纪50年代在纽约知识分子群体中大受欢迎的弗洛伊德主义,以及与社会学家C. 赖特·米尔斯(C. Wright Mills)、文学评论家莱昂内尔·特里林(Lionel Trilling)和阿尔弗雷德·卡津亲密友谊的影响,对象征性行为、无意识行为以及他在《改革时代》(*The Age of Reform*,1955)中所写的那种"我们过去的传统形象未能理解的那种历史的复杂性"的重要性变得越来越敏感。

霍夫施塔特将这些见解应用到美国政治文化的历史书写之中,并在相当可观的一系列后续著作里展现了他的保守主义倾向,以及他对美国周期性的、"道德讨伐的发作"的疏离。《改革时代》一书"站在我们时代的角度"对民粹主义和进步主义进行解释。他曾在硕士论文里表达对饱受压迫的南方佃农的抗争的完全同情;而今,他将19世纪末的民粹主义者描绘成一群小企业主,试图对抗

㉘ Singal,"Beyond Consensus," 996n; Novick,*That Noble Dream*,326.
㉙ Richard Hofstadter,*The Age of Reform*(New York,1955) 14;霍夫施塔特致哈维·斯瓦多斯的信,1962年6月3日,斯瓦多斯家族手稿集。

不可避免的经济发展浪潮。他认为,这些人在充满怀旧色彩的农业神话中寻求避难所,或者在一种"现在社会的专制运动"的前奏中,斥责那些他们想象出来的敌人,从英国银行家到犹太人不一而足。[有趣的是,他的这种解释仍旧带有传统的马克思主义对小资产阶级社会运动的批判痕迹,而美国马克思主义思想家丹尼尔·德隆(Daniel DeLeon)在19世纪90年代也说过类似的话。]

在《社会达尔文主义:美国社会思潮》里,霍夫施塔特认为威廉·格雷厄姆·萨姆纳以及镀金时代的资本主义财阀是美国民主制度的主要威胁,并注意到进步主义的阴暗面即进步主义的种族主义和盎格鲁—撒克逊主义,也似乎接受了进步主义向国家进步主义提出的对抗社会不公的要求。而在《改革时代》里,他把进步主义人士描述成流离失所的资产阶级,企求在政治改革中寻找出路,改善他们降低了的社会地位。进步主义不再像人们通常认为的那样是罗斯福新政的先声,而变成一种对纯粹民主理念的迷恋、某些关乎政治的"我们当代最麻烦的妄想"的来源。霍夫施塔特接下来的两本书也给人类似的感觉:在《美国生活中的反智主义》(*Anti-Intellectualism in American Life*, 1963)中,他指出,在美国的中心地带"处处都是这样的人,他们往往在宗教问题上是基要主义者,带有本土主义的偏见,在外交政策上是孤立主义者,在经济问题上是保守主义者",对智识生活构成了持续性的威胁。在《美国政治中的偏妄之风》(*The Paranoid Style in American Politics*, 1965)中,他暗示,在整个美国历史上,右派和左派的观念中都包含一种带有非理性特征的普遍热情。

《改革时代》和《美国生活中的反智主义》为霍夫施塔特赢得了两座普利策奖,但具有讽刺意味的是,这两本书在今天看来似乎比他的早期著作更显过时。这两本书都对大众政治具有深刻的不信任,对改革运动的实质基础明显否定,即便在今天普遍保守的氛围中,读者也能明显感受到这种夸大其词和精英主义态度。新史学兴起至今,要研究群众运动已经不可能脱离对本地原始资料的沉浸,不可能再依赖霍夫施塔特最擅长的那种对已出版著作的想象性阅读。这些著作似乎让他无法脱离一种共识的愿景,这样的愿景认为,美国的政治制度在根基上是健全的,其批评者基本上是非理性的。

然而,霍夫施塔特又是这样一位多变的知识分子,不会长时间满足于这种共识的框架。在美国深陷社会动荡的20世纪60年代中期,霍夫施塔特虽然与以往一样多产，但他的基本假设又发生了变化。在《进步主义史学家》(*The Progressive Historians*, 1968)中，他试图一劳永逸地与比尔德及其同代人达成共识。在他们的描述中，美国常年被各类冲突蹂躏。霍夫施塔特指出，这种描述过分夸张，但这种共识的观点反过来没能很好地解释美国在独立革命、南北战争或其他历史关键时期发生的动荡（他暗示20世纪60年代的社会动荡也在其中）。霍夫施塔特的《美国暴力史》(*American Violence*, 1970)是与他的研究生迈克尔·华莱士(Michael Wallace)合编的纪实著作，展现了令人战栗的政治和社会动荡，这与那种国家平稳发展、不存在严重分歧的共识观点完全不同。最后在《1750年的美国》(*America at 1750*)一书中，霍夫施塔特描绘了一幅历史画像，精彩地呈现了美国殖民地时代，个人自由和机遇如何与普遍的社会不公和人类奴役矛盾共存。此书在他1971年因白血病去世时尚未完成，只留下一个诱人的、有关他对美国过往的完整描述的可能暗示。

我与理查德·霍夫施塔特在20世纪60年代相识，他最初是我本科毕业论文的导师，后来又是我博士论文的导师。我们的交往颇像受到了命运的嘲弄：今天，我有幸在哥伦比亚大学担任他曾经担任过的德威特·克林顿历史学讲席教授一职；而在我出生的两年前，也就是50年前，当霍夫施塔特在纽约市立学院获得他的第一个全职教职时，被取代的那位政治黑名单受害者杰克·D.方纳(Jack D. Foner)正是我的父亲。[30]

无论霍夫施塔特如何看待这样一处特殊的命运转折，他都出色地扮演了智识导师的角色，这对任何一位学生的研究生求学阶段至关重要。他拥有这样的成就，却从不摆架子，总是不畏强权，从不对自己的工作夸夸其谈。霍夫施塔特的著作也指导我找到了能概括我的书写内容的主题，即政治意识形态的历史以及社会发展与政治文化之间的相互联系。他并不试图将自己的兴趣或观点强加给学生——他从来不这样做。如果哥伦比亚大学没有出现"霍夫施塔特学派"，只是因为他不希望创建这样一个学派。事实上在20世纪60年代，他指导的许多研究生积极投身于民权和反战运动，这似乎也对他不断变化的兴趣与观

---

[30] 霍夫施塔特在1962年对我讲述了这一情况，彼时我以本科生的身份刚开始与他的合作。1981年，纽约市高等教育理事会向当年被解雇的教授们道歉，称1941年发生的这一事件是对学术自由的严重侵犯。

点产生了同等的影响。(例如,《美国暴力史》一书的构思就是迈克尔·华莱士提出的。)

如果称霍夫施塔特是一位伟大的教师,或许不能算是完全准确。写作是霍夫施塔特的全部热情所在,而他对课堂的热爱不同于那些真正出色的讲师。霍夫施塔特非常不喜欢讲课,近乎不遗余力地降低他讲课的吸引程度,或许是为了赶走不可避免地报名听讲的大批人群。但在小型的研讨会、一对一答疑以及书面工作批评时,他展现出自己最好的水平。这些场合真正凸显了他的博闻广识和开放心态,以及帮助每位学生完成其所能完成的最佳工作的决心。

尽管霍夫施塔特去世时年仅 54 岁,但他留下了大量具有极高独创性和可读性的作品,他的能力涵盖了美国历史的长度和宽度。从《社会达尔文主义:美国社会思潮》到《1750 年的美国》,他的著述堪称历史学术研究最优秀成果的典范。

埃里克·方纳
(Eric Foner)

作者按

本书写就于1940—1942年间,首次出版则是在1944年。这本该是一项反思性研究而非记录时代的小册,自然也受到了罗斯福新政时期政治和道德争议的影响。自本书初版以来,我的观点也在某种程度上发生了变化。但修订本书时,我不打算将文本的实质内容和我的现有观点保持一致,只对原版中几处我再难容忍的措辞进行了修改。一本书在问世一段时间后,有了自己独立的生命,作者应该感到幸运,因为他得以健康地与他的书分离开来,同它的自立达成和解。

我虽然没对内容做很大改动,但我加了一篇新的序言,重写了整个文本,其中包括无数处行文风格的修改,重写了好几个段落,订正了原版的错误和模糊之处,还有一些地方考虑到雅趣程度,似乎也值得重写。碧翠丝·凯薇特·霍夫施塔特(Beatrice Kevitt Hofstadter)与我承担了同等分量的修订工作。

我在担任哥伦比亚大学威廉·贝亚德·卡丁奖学金访问学者(William Bayard Cutting Traveling Fellowship)期间最初完成本书,首次出版得到了美国历史协会阿尔伯特·J.贝弗里奇纪念基金(Albert J. Beveridge Memorial Fund)的资助。

理查德·霍夫施塔特

作者序

1959 年是查尔斯·达尔文的著作《物种起源》出版面世 100 周年。人类或许沐浴在进化科学的光辉中太久，以至于将此书提出的真知灼见视作理所当然。我们很难完全体会达尔文同代人所经历的这一思想启蒙带来的巨大震撼；要体会宗教正统派信徒的恐惧，更是难上加难。不过，美国进化主义者约翰·费斯克有句话讲得好，他说，能亲眼见证古老迷雾的消散"是一项数百年难有之特权"。

比进化论更深刻地影响了人类生存方式的科学发现有不少，但没有哪一项科学发现比进化论更深远地影响了人类的思考和信仰方式。就这一点来说，"太空年代"无法与其相提并论。现代历史仅有少数几项科学理论能在智识层面对后世产生如此深远的影响，远超学科内部发展，作为一种知识体系从根基上颠覆了人类思考的模式。这些科学发现拥有如此巨大的能量，震碎了陈旧的信仰和哲学观，暗示着（实际上往往是让人不得不接受）构建新信仰、新哲学观的必要性。这些发现提出了允诺——这就足以对一些人产生诱惑了，允诺未来还将对知识进行更新、更完整地体系化。进化论调动了学术界的极大兴趣，收获了极高声望，让几乎每位学者都感到有义务，起码保证自己的研究成果和达尔文的世界观一致。同时也不乏思想家迫切想利用或借助进化论形成和传播自己的观点，就算这些观点服务的主题与科学相差了十万八千里。

现代史上第一个如此重大的转折事件是哥白尼体系的形成，这迫使当时的人们对既有的宇宙学理论进行重大修正，还向学者们展示了一个迷人而骇人的前景:不少长期为世人认可的世界观都将被彻底改写。再一次地,到了牛顿时代和后牛顿时代,解释的机械式模型开始被广泛应用到人学理论和政治哲学中去,而人类科学与社会科学的理想也有了新的重要性。达尔文主义(Darwinism)确立了新的自然研究方法,为发展这一概念提供了新势能;它促使人类尝试利用其发现和方法,以进化的发展和有机体类比的系统性纲领来理解社会。在我们所处的时代,弗洛伊德的成就——他从临床心理学、神经症治疗领域获得洞察,也在这些领域发挥其最明确的价值——也开始在社会学等学科以及艺术、政治、宗教领域得到挖掘和利用。

在西方文化的几乎每一个领域,尽管智识传统和个人脾性造成了程度上的差异,达尔文时代的思想家们努力在这些社会学科中运用这一新理论,并试图检视它的意义。人类学家、社会学家、历史学家、政治理论家、经济学家不得不开始思考,达尔文主义这一概念对他们所在学科究竟意味着什么。在这一探索达尔文主义影响的过程中,如果说学术界出现了为数不少的笨拙之举(我认为也确实存在),我们应当给予一定的宽容。社会达尔文主义的一代,如果可以这样称呼的话,不得不学习与这些或将产生重大意义的惊人启示共存,而这些启示的全部意义或局限,只有在众多思想家摸爬求索甚至撞入黑暗后才能寻得。

本书探讨的主题是达尔文研究著述对美国社会思想的影响。从某些方面来看,自19世纪最后30年到20世纪初的美国,正是那个将达尔文主义奉为圭臬的国家。英国为世界贡献了达尔文,而美国异常迅速且热情地接纳了达尔文主义。1869年,美国哲学学会授予达尔文荣誉会员称号,而达尔文的母校剑桥大学在10年之后才授予他一个荣誉学位。美国科学家不仅迅速接受了达尔文的自然选择原理,还同样迅速地为进化科学作出了重要贡献。南北战争结束后不久,受过启蒙的美国大众读者醉心于进化论的思考,慷慨接纳了部分基于达尔文主义或与之相关的哲学观念和政治理论。其中,赫伯特·斯宾塞可能是最有野心要将进化论内涵运用至生物学以外领域的思想家,他在美国受到了远比在自己祖国更热烈的欢迎。

这样一个经济变革迅猛、达尔文和斯宾塞思想在国内得到普及的年代,也是一个保守主义情绪主宰政治的年代。这样的主流保守思想始终受到挑战,但这一时期最典型的社会情绪,就是这个国家在南北战争前已经饱受政治纷争,如今应当进入一个顺从和吸收的阶段,发展这片得到安定的壮阔土地,享受这片土地上无数新产业带来的成果。

不难理解为什么达尔文主义在美国受到欢迎(甚至可以说是最有力的观念)而被加以利用,它格外吸引那些坚定的保守派,他们希望同胞继续忍耐生活的苦难,力阻这些同胞支持草率的改革举措。在美国保守主义思想史的这一漫长阶段,达尔文主义无疑是最振奋人心的思想之一。最早拿起汲取了达尔文式概念的社会论证工具的,正是那些希望维持政治现状、主张自由放任的保守主义者。直到后来,当这种社会思想的风格发展出清晰可辨的形式并由此称得上"社会达尔文主义"(social Darwinism)时,持有异议的人才带着强有力的论证,提出他们的反对意见。其中最杰出的异议者并不反对这个基本假设,那就是新观念给人学理论和社会理论带来了深刻意义,尤其是莱斯特·沃德,以及把矛头直指社会达尔文主义所提哲学问题的实用主义思想家们。他们只希望从社会达尔文主义者手里夺回达尔文主义,其方式是证明达尔文主义在心理学和社会学领域的影响,能用有别于这些领域更保守思想家们的术语进行表述。今天,至少对我们大多数人(如果不是所有居于优越地位的人)来说,他们的论证依旧是一种不可或缺的解毒剂,驳倒其所批判的那些貌似正确的观点。但我们不该忘记的是,尽管他们的批评多数站得住脚,在很长一段时间里,他们只是代表了一种少数派意见。他们还没来得及成功证明达尔文主义用在个人主义和竞争上值得存疑,另一个全新的问题就出现了:种族主义者和帝国主义者是否有正当理由诉诸达尔文主义?他们在这个问题上也没能达成共识。

达尔文主义被用以支持保守主义观点,有以下两种方式。其一,达尔文主义思想中最受欢迎的两个热门短语——"生存竞争"(struggle for existence)和"适者生存"(survival of the fittest)——被应用于社会中的人类生活,暗示自然界规定了,在一个竞争性的情境之中,最优秀的竞争者将能获胜,这样的过程将带来持续的改善。经济学家原本也有可能指出这一点,因而这个观点本不是新的,但也确实给竞争性增添了一份自然法的助力。其二,这种社会经过漫长时间才能实现发展的观点,也给保守主义政治理论的另一个类似观点带来了新的动力,即稳健的发展都是缓慢而急不来的。社会可以被想象成一个有机体(或类似有机体的实体),这个有机体只能以一种冰川期的速度,也就是自然界形成新物种的速度来发生改变。有些人可能会像威廉·格雷厄姆·萨姆纳这样,对达尔文主义的意义感到悲观,认为这最多只能帮助人们正视生活固有的苦难;但斯宾塞等人则允诺,无论对多数人来说有何等的苦难迫近,进化总是意味着进步,因此从整体上看,生命的过程必将接近某个遥远但辉煌的顶点。但无论哪一种,这些最初纳入达尔文主义思想的结论都属于保守主义的结论。它们暗示着,对社会进程进行变革无异于试图修正那些无法修正之事,这是对自然智慧的干预,最终只能通往退化。

作为保守主义思想史的一个阶段,社会达尔文主义值得重视。只要社会达尔文主义主张维持社会现状,帮助抨击改革者和几乎所有自觉而有方向的社会变革,它就无疑是美国保守主义思想在超过一代人的时间内的主导思潮之一。不过,社会达尔文主义还少了一些通常清晰可辨的保守主义思想的标志性特征。社会达尔文主义更吸引世俗主义者而非虔诚之人,因为它几乎不涉及宗教。作为一种主张国家只应保有最低限度的积极功能的信念体系,社会达尔文主义几乎是无政府主义,国家并不占据备受尊崇的权威中心地位,而这是诸多保守主义政治体系所具备的特点之一。最后,或许也是最重要的一点,社会达尔文主义是一种试图摒弃情感联结的保守主义。我们看看这个例子:萨姆纳在其社会达尔文主义经典著作《社会阶级间的负债》(*What Social Classes Owe Each Other*)中,这样解释人们从基于地位(status)的中世纪社会步入基于契约(contract)的现代社会时的情况:

> 在中世纪社会,人们按照习俗和先例,通过各种各样的社团、等级、行会和社群团结在一起。这种联结一直延续到他们生命的终点。因此,社会以及社会中的每一个细节都依赖于地位,而这样的联结或者说纽带,是与感情相关的(sentimental)。在现代国家,社会结构建立在契约之上,而地位是最不重要的,这在美国表现得比其他地方更为突出。然而,契约是理性的——甚至是理性主义的。契约也是现实的、冰冷的、事务性的。合同关系的基础是一种充分的理由,而不是某种习俗或先例。它也不是永久的。合同所基于的理由延续到什么时

候,合同关系就延续到什么时候。在一个以契约为基础的国家,在任何公共事务或共同事务上谈感情都不合适,感情只能归入私人和人际关系的范畴……我们之中的感伤主义者总想死守旧秩序的遗存。他们希望拯救和恢复它们……

无论社会哲学家们是否认为这一点可取,我们都无法回到以地位为基础,或凭借男爵和家臣、主人和仆从、老师和学生以及同志关系等感情联结的年代。无可否认地,我们失掉了一些高贵和典雅。旧日生活确实也充满了诗意和浪漫。但任何研究过这个问题的人似乎都不能怀疑,我们已经取得了不可估量的进步;也不能怀疑,只有前进而不是倒退,才能取得更多的收获。

我们可能会好奇,思想史上是否还有比这更进步的保守主义观点。如果拿萨姆纳和埃德蒙·伯克(Edmund Burke)作对比,社会达尔文主义能为保守主义提供合理依据的一些特异之处就表现得更明显了。这两位就其思想来看当然也有共同点:他们同样抵抗打破社会模式、加速变革的尝试;他们的观点对于充满热诚的改革者或革命者没有什么用处,对自然权利这一概念或平等主义也派不上任何用场。但他们的相似之处只有这么多。伯克信奉宗教,依靠直觉方法研究政治问题;萨姆纳是一位世俗主义者、自豪的理性主义者。伯克依赖集体的、长期形成的智识和社群的智慧;萨姆纳则认为,个体的自我主张将成为自然智慧唯一令人满意的表达,社群只需要充分发挥这种自我主张就可以了。伯克尊重习俗,颂扬现在与过往的连续性;萨姆纳则给人留下在契约取代地位之后,要与过去决裂的深刻印象。他在这一阶段的著作中表明了对过往的蔑视,这种蔑视清晰地标示了一种文化,这种文化将技术才干视为最好的天赋。他认为,只有"感伤主义者"才想拯救和恢复旧秩序的遗存。伯克的保守主义似乎不对时间和地点进行限制,但萨姆纳的保守主义似乎在很大程度上只属于后达尔文时代、属于美国。

在美国,自由派和保守派的角色确实时常混在一起,这在某种程度上反过来导致各类思想传统一直未能成形。这甚至能揭示,为什么我们的非保守派不仅很难解释他们自己,也很难解释为什么社会达尔文主义能在保守主义社会哲学中拥有如此特殊的光环。按照美国的政治传统,偏"右"的一方,即致力于财产,不甚关注民粹热情或民主化职业的一方,在美国历史的大部分时期一直被认为是经济与社会领域的创新者和无畏的推动者,尽管他们在政治上属于保守主义。从亚历山大·汉密尔顿(Alexander Hamilton)和尼古拉斯·比德尔(Nicolas Biddle),再到卡内基、洛克菲勒、摩根等工商业巨头,这些人在政治事务上同贵族甚至财阀的观点一致,但同时带头引进了新的经济形式、组织形式和技术。回顾美国的实用政治历史,我们会发现,那些表示赞成恢复或保护旧价值观的人也是温和偏向"左派"的人——准确来说,这并非绝对,但他们是最典型的。在此之列的,有试图挽救唯农论、捍卫种植园主利益的杰弗逊派人士,有为恢复共和政体纯粹性而辩护的部分杰克逊派人士,还有试图恢复他们感到曾经存在的大众民主和竞争经济的民粹主义和进步主义人士。事情当然远不止这么简单,因为改革者们在为明显已过时的目标奋斗时,他们支持的一些技术却是货真价实的新技术。然而,直到富兰克林·D.罗斯福(Franklin D. Roosevelt)时代的来临,以及随后的新政时期,美国政治光谱上的"自由派"或"进步派"的一方才开始全心全意地认同社会与经济领域创新和实验;也就是说,直到宪法治下的美国发展了近150年,旧的模式才完全被打破。

　　我此前提到,社会达尔文主义是一种世俗主义的哲学,但就一个重要的方面来说,它还需要一个限定条件。对以萨姆纳等人为代表的社会达尔文主义强硬派来说,社会达尔文主义代表一种生活愿景,如果可以这么形容的话,表达了一种值得注意的世俗的虔诚。萨姆纳以及曾被他的观点打动的人,关注直面生活困苦的重要性,关注用简单办法祛除人类之疾的不可能性、劳动和克己的必要性、痛苦的无可避免性。他们所坚持的是某种自然主义的加尔文主义,认为人与自然的关系正如加尔文主义体系中人与上帝的关系同样艰难和苛刻。这种世俗的虔诚,在一个发展中的工业社会尤其迫切需要的经济伦理中找到了实际表达方法,这个工业社会正发动所有其能发动的劳动力和资本,开发其尚未开发的巨大资源。勤奋工作和大力储蓄似乎应该被提倡,休闲和浪费则令人怀疑。在这些条件下产生的经济伦理,尤其重视的是那些训练劳动力和小投资者所必需的品质。在阐述这一需求时,萨姆纳表达了一种继承而来的经济生活的概念,他认为,经济活动首先是求发展和鼓励个性的领域,这种概念在当今的美国保守主义群体中依旧得到普遍认同。经济生活被解释为一系列的安排,激励品格优秀的人,惩罚那些——用萨姆纳的话来说——"粗心大意、不思进取、低效、愚蠢、轻率"的人。

现如今,我们已经脱离了形成这种伦理观的经济框架。我们要求享有休闲;我们要求免受经济之苦;我们建立了广告这一重要的商业活动,旨在鼓励人们消费而不是存钱;我们设计了分期付款等制度性安排,允许人们超前消费;我们接受凯恩斯等人的经济学理论,这些理论以一种新的形式强调消费对经济的重要性。我们现在看待经济秩序,是站在福利和丰富性的角度,而不是匮乏性;我们更关心组织和效率,而不是品质和奖惩。在我们的时代,"福利国家"的利弊之所以能引发争议,关键在于,这种观念冒犯了很多人秉持的传统观念,他们即便不是从小被教育要遵循社会达尔文主义的某些信条,至少也是在其提出的道德要求下长大成人。经济进程与用以约束人类品行的考量因素之间出现了愈加严重的脱节,更糟的是,我们在哲学和实践中也越来越接受这个事实。这让我们之中的少数人备感折磨,因为对他们来说,古老的经济伦理依旧意义重大。任何如今自认对这种伦理道德失去同情的人,都应该扪心自问:在思考一种近乎无关工作的、原子能驱动的、自动化管理下的经济秩序的可能性时,是否至少曾有那么一刻,为人类在一个缺乏工作道德准则的社会里的命运感到不安?

如果说萨姆纳这样的人看似对人类苦难麻木不仁,过分教条地确信我们对此无能为力,那么我们也必须承认,他们在需要为高尚原则献身时,往往也对自己最为严苛。在这个意义上,他们确实持有前后一致的美德。由于毫不妥协地坚持不受欢迎的见解,萨姆纳曾三次卷入争议——将斯宾塞的著作用于教学、反对保护性关税、谴责美西战争,从而导致他在耶鲁大学的工作岌岌可危。尽管他们在哲学层面作出的实用性结论通常能让财阀满意,但不能因此简单地说他们是财阀的辩护人;他们认为最重要的价值观,也不能被描述为财阀的价值观。萨姆纳本人始终认为,贪婪而不负责任的财阀实在太常见了。斯宾塞和萨姆纳所宣扬的美德——包括个人的远见卓识、对家庭的忠诚和责任、勤奋工作、谨慎管理、能因自给自足感到自豪——都是中产阶级的美德。当他们在著作中告诫人们放慢变革的脚步、敦促人们适应环境的时候,那些被他们认为是生存竞争中的"适者"的百万富翁正在飞速改变这个环境,使斯宾塞和萨姆纳推崇的价值观在世界上越来越不适合生存,这其中的讽刺意味想来也有些令人同情。

理查德·霍夫施塔特

第一章

达尔文主义之降临

> 我们能够生活在这一伟大真理被提出、辩论、确立的时代,是几个世纪以来的罕见荣幸。对于继承这一时代所取得成果的后人而言,他们很难知晓由于见证古老孤立迷雾散去并显示各种知识分支汇合而产生的灵感。
>
> ——约翰·费斯克

一

查尔斯·达尔文所著《物种起源》一书的问世,在美国并未像在英国一样立即引起轩然大波。1860 年 6 月赫胥黎(Huxley)与威尔伯福斯(Wilberforce)之间的著名辩论在英国引起了公众轰动,但这在美国不可能发生,因为当时美国正开始举行一场关键性选举,历史上这场选举之后联邦分裂,可怕的南北战争爆发。尽管首个美国版《物种起源》早在 1860 年就已得到广泛评论[①],但战争动荡中几乎无人注意到科学思想的发展,关注的人无外乎专业科学家,抑或是寥

---

① Francis Darwin, *The Life and Letters of Charles Darwin*, I, 51, 99.

寥几个孜孜以求的知识分子而已。

然而,在各地远离政治喧嚣的安静书房中,即将改变美国知识分子的思想得以孕育。哈佛大学植物学家、达尔文的朋友阿萨·格雷(Asa Gray),在辛苦研读达尔文寄给他的《物种起源》预印版之后,为《美国科学与艺术杂志》(*American Journal of Sciences and Arts*)写了一份详细评论,并以令人钦佩的远见卓识撰写了一系列文章来捍卫进化论,使其免受即将到来的无神论者的指控。一些已熟知赫伯特·斯宾塞在达尔文之前提出的进化论推测的人,当时为一场以维护进化论科学为目的的群众运动奠定了基础。塞勒姆(Salem)地区一位名不见经传的居民爱德华·西尔斯比(Edward Silsbee),试图激发美国人对斯宾塞雄心勃勃的系统性哲学项目的兴趣,他发现两个人立即作出了回应,这两个人后来成为重塑美国思想的先驱。第一位是哈佛大学本科生约翰·费斯克。与他的老师相比,费斯克更为深入地研究了科学和哲学文献。在看到斯宾塞洋洋洒洒的计划书后,他欣喜若狂。第二位是爱德华·利文斯顿·尤曼斯(Edward Livingston Youmans)。尤曼斯是一位颇受欢迎的科学课程讲师,曾编写了一本后来被广泛使用的化学教材。他通过与D. 阿普尔顿公司(D. Applenton and Company)之间的关系,为出版斯宾塞的作品争取到了一家富有同情心的美国出版社。[②] 当公众注意力转向达尔文主义提出的问题时,费斯克和阿萨·格雷领导了一场使进化论备受尊崇的运动,尤曼斯则自封为科学世界观的"推销员"。

美国人对自然科学的兴趣快速升温。宗教期刊和流行杂志上发表的文章表明,美国读者在南北战争结束之后的几年里,很快就被有关进化论的争论所吸引。对于有文化的人来说,进化论观点令人震惊,但也并非新鲜事。例如,惠特曼(Whitman)就曾写道:"达尔文根据囊括一切物种进化过程的观点,以新方式提出了进化论这一古老理论并对其进行了完善。"有些美国人对进化猜想的历史传统熟稔于心,而这种传统在居维叶(Cuvier)、若杰弗莱·圣伊莱尔(Geoffroy St. Hilaire)和歌德(Goethe)[③]生活的年代曾引发激烈争论。查尔斯·莱尔

[②] 有关费斯克和尤曼斯的早年活动,见 John Spencer Clark, *Life and Letters of John Fiske*, Vol. I; Ethel Fisk, *The Letters of John Fiske*; John Fiske, *Edward Livingston Youmans*。

[③] Henry Fairfield Osborn, *From the Greeks to Darwin*, esp. chap. v.

爵士(Sir Charles Lyell)的著作《地质学原理》(*Principles of Geology*,1832)在美国广为流传,为发展假说的形成铺平了道路。罗伯特·钱伯斯(Robert Chambers)以匿名方式出版的《创造的遗迹》(*Vestiges of Creation*,美国版,1845)讨论宗教上的进化论,受到了广泛关注。

圣经批判学和比较宗教学的兴起,以及自由派神职人员鼓励大众放松对原教旨主义的信仰,使许多美国人为接受达尔文主义做好了准备。詹姆斯·弗里曼·克拉克(James Freeman Clarke)的《十大宗教》(*Ten Great Religions*)是一部从自由主义角度研究世俗信条的著作,自1871年首次出版后的15年间,总共出版了22版。1891年,华盛顿·格莱登(Washington Gladden)出版了《谁书写了圣经?》(*Who Wrote the Bible?*)一书,由此一股相似的新圣经学术思潮开始流行起来。④

约翰·费斯克的早期著作体现了许多使独立思想家接受进化论观点的影响因素。尽管费斯克出身于新英格兰一个信仰传统宗教的家庭,但其信仰的正统观念却被欧洲科学所动摇。进入哈佛大学之前,他就如饥似渴地读完了亚历山大·冯·洪堡(Alexander von Humboldt)的《宇宙》(*Cosmos*)一书,这是一本用自然主义语言写就的百科全书式的科学成就综述。对费斯克而言,这本书既给他带来了一种近乎带有宗教色彩的强烈启示,也让他经历了一种强烈到足以把南北战争抛诸脑后的情感体验。费斯克在1861年4月写道:"当一个人的书架上摆着《宇宙》而桌子上放着《浮士德》(*Faust*)时,战争又算得了什么呢?"⑤费斯克将洪堡与歌德相提并论十分恰当。费斯克比他那个时代的任何一个美国人都更有一种浮士德式的欲望,那就是他想掌握所有领域的知识。这种欲望促使他认真研读英国科学作家——如穆勒(Mill)、刘易斯(Lewes)、巴克(Buckle)、赫瑟尔爵士(Herschel)、贝恩(Bain)、莱尔爵士(Lyell)以及赫胥黎——的著作,激励他在语言学方面进行最刻苦的练习(他在20岁时已掌握8种语言,并开始学习其他6种语言),让他能够实时了解圣经批判学的最新发展动态。当达尔文主义带着阐释物种之谜令人信服的答案出现时,当斯宾塞承诺对科学的

---

④ Arthur M. Schlesinger,"A Critical Period in American Religion,1875−1900," *Proceedings*, Massachusetts Historical Society,LXIV(1932),525−527.

⑤ Clark,*op. cit.*,I,237.

意义作出深刻而权威的解释时,费斯克早已改变其信仰的神祇。

达尔文主义吸引了许多缺乏费斯克那种热情洋溢精神和对学习具有异乎寻常渴望的人。年轻的亨利·亚当斯(Henry Adamas)对自己最近在南北战争外交中的经历感到困惑不解,而达尔文主义首先提供了一个解释近代历史的清晰易懂的基础理论:

> 同90%的人一样,他本能地相信进化论……自然选择导致自然进化,最终导致自然一致性。这是一个巨大进步。在一致的条件下不断进化这种说法使每个人都感到愉悦——除了教士和主教之外。进化论是宗教的最佳替代品,是一种安全、保守、实用且完全符合普通法精神的神祇。这样一种宇宙运转系统适合一个年轻人,他刚刚或多或少地帮助浪费了50亿或100亿美元和100万条生命,从而强迫人们接受他们所反对的统一性和一致性。这种观念完美而诱人,有着艺术般的魅力。[6]

对其他更加相信进化论观点积极意义的人而言,《物种起源》成了神谕,他们以对《圣经》那样的崇敬态度查阅《物种起源》并寻找答案。著名的社会工作者和改革者查尔斯·洛林·布雷斯(Charles Loring Brace)将《物种起源》读了13遍,之后他坚信进化保证人类美德终将成熟、人性终将尽善尽美。这是因为,如果达尔文的理论真实无误,那么自然选择法则适用于人类所有的道德历史,也适用于物质历史。善恶之争中,作为弱势方的恶,终将灰飞烟灭。[7]

进化论观点必须先在科学领域内占据上风,才能牢牢抓住公众注意力,才能成为一种可接受的思维模式。即使是科学家,尤其是坚持传统思维模式的老一辈科学家,也发现适应进化论观点的过程痛苦无比。1844年,达尔文在首次向约瑟夫·道尔顿·胡克(Joseph Dalton Hooker)谈及物种变异性观点时说:"这就像承认自己是杀人凶手一样。"查尔斯·莱尔爵士的地质学理论直接推动了发展假说的诞生,但他犹豫了将近10年才决定相信进化论观点。[8] 然而,在达尔文之前,科学家一直对物种固定性这一古老概念的不足之处感到困惑,因

---

[6] *The Education of Henry Adams*(New York:Modem Library,1931),pp. 225—226.
[7] Emma Brace,*The Life of Charles Loring Brace*(New York,1894),pp. 300—302.
[8] Bert J. Loewenberg,"The Reaction of American Scientists to Darwinism," *American Historical Review*,XXXVIII(1933),687.

为这一观念与古生物学和地质学事实、已知化石标本、种类繁多的物种和生物的分类极不吻合。他们传统上认为,过去曾发生一系列特殊的创造活动。尽管这些肤浅的假设或许符合老一辈科学家的宗教信仰,但受过训练的新一代科学家认为自己的职责是探索自然原因,他们怀疑特殊的创造活动只不过是由拙劣的理论拼凑而成。发展假说与自然选择理论在新一代科学家中迅速传播开来,许多卓越的达尔文主义拥护者纷纷登上历史舞台。

杰出的美国博物学家中,唯独路易斯·阿加西斯(Louise Agassiz)至死都不接受达尔文主义或任何形式的进化论观点。[9] 阿加西斯的老师乔治·居维叶(Georges Cuvier)是19世纪早期进化论的主要反对者,阿加西斯和达尔文之间的斗争就像居维叶和拉马克(Lamarck)之间的斗争一样。在阿加西斯看来,达尔文主义是对永恒真理粗鲁无礼的挑战,作为科学令人反感并因亵渎神明而令人憎恶。阿加西斯在其最后一篇文章——在其去世后发表——中指出,人类所有已知进化都是个体发生的,即个体的胚胎发育。超出这个范围的理论都不可能成立,因为目前没有任何证据表明后期生物由前期生物演化而来或人类祖先是动物。阿加西斯写道,动物的分类与从低级到高级进化的概念相悖,地质演化史表明,最低等生物出现的时间不一定是最早的,很可能从一开始就存在各种各样的动物。因此,人类所谓的物种更有可能是由单独的有机体经过各自连续不断的创造行为产生的,而不是自然选择或任何形式纯粹自然发展的结果。[10]

阿加西斯坚信,就像奥肯(Oken)早年提出的自然哲学论一样,达尔文主义只是一股转瞬即逝的潮流。他还轻率地断言,自己将"比这股潮流活得更久"[11]。但是1873年,当阿加西斯去世后,美国科学界也就失去了进化论最后一位杰出的反对者。即使阿加西斯能再多活一些年岁,他的影响能否暂缓进化论在科学家中的传播,也是值得怀疑的。在阿加西斯去世之前,他的学生也逐渐与他分道扬镳。在这些学生中,约瑟夫·赖康忒(Joseph Le Conte)认为,发展理论的

---

[9] 卓越的进化论者 Edward Drinker Cope 信奉拉马克主义(Lamarckism)更胜于达尔文主义。见 H. F. Osborn, *Cope: Master Naturalist* (Princeton, 1931)。许多生物学家虽然接受达尔文有关发展假说正确性的资料,但是他们对达尔文利用自然选择理论阐释发展的做法持批判态度。大众之间的争论往往并未清楚阐明这两个概念之间的差异之处。

[10] Agassiz, "Evolution and Permanence of Type," *Atlantic Monthly*, XXXIII (1874), 92—101.

[11] C. F. Holder, *Louis Agassiz* (New York, 1893), p. 181; cf. also Agassiz, *op. cit.*, p. 94.

框架隐藏在阿加西斯自己对动物形态的分类中,只需对其进行动态解释就能产生一幅令人信服的进化史图像⑫。威廉·詹姆斯(William James)虽曾与阿加西斯关系密切,但也是其观点最尖刻的批评者。詹姆斯在 1868 年给弟弟亨利(Henry)的信中写道:"对于达尔文的观点,我思考得越多,就越能感受到其分量之重。当然,尽管我的观点微不足道,但我仍然认为卑鄙的阿加西斯无论是在智识上还是在道德上都不配与达尔文相提并论。这么一想,我倒觉得十分高兴。"⑬阿加西斯去世后不久,一位作家指出,阿加西斯在哈佛大学最杰出的 8 名学生,包括他自己的儿子,都早已是进化论的拥趸。⑭ 1874 年,美国地质学届泰斗詹姆斯·德怀特·丹纳(James Dwight Dana)发表了其最后一版《地质学手册》(Manual Geology)。在长期试图抵制自然选择观点之后,丹纳在这本手册中也最终认可了这一观点。

　　阿萨·格雷很快发现,自己成了公认的美国科学观点的诠释者。集改革者坚定信仰与科学家谨慎于一身的格雷,极其适合领导支持达尔文主义的力量。他有关《物种起源》的首篇评论是一篇关于整个问题的精彩文章,为美国生物学家提供了对达尔文主义有利但有分寸的总结性看法。格雷认真地提出了他所认为的对自然选择观点最具说服力的科学反对意见,但他也对这一观点为生物学带来的巨大科学贡献表示称赞。格雷谨慎地写道:"达尔文提出了真实性远远高于此前类似理论的物种起源理论……这一理论与已确立的自然科学理论不谋而合,而且在得到证实之前也有可能被广泛接受。"格雷更加大胆地抨击了阿加西斯的物种理论,认为这一理论带有"过度浓厚的有神论色彩",同时称赞达尔文的理论为一剂解药。最后,他以一种蔑视可能出现的宗教批评的口吻宣称,达尔文主义与无神论完全相容。格雷承认,虽然达尔文主义与无神论完全相容,但是"达尔文主义总体上也符合自然科学理论"。自然选择理论绝非对自

---

⑫　Le Conte, *Autobiography*(New York,1913),p. 287. 阿加西斯承认:"有人说我本人为变异说(transmutation theory)提供了最强有力的证据。"Agassiz, *op. cit.*, pp. 100－101.

⑬　Ralph Barton Perry, *The Thought and Character of William James*, I, 265－266. 见詹姆斯后来对阿加西斯的致敬之作: *Memories and Studies*(New York,1912)。

⑭　"Scientific Teaching in the Colleges," *Popular Science Monthly*, XVI(1880),558－559;另见 Edward S. Morse 教授的演讲: *Proceedings*, American Association for the Advancement of Science, XXV(1876),140。

然设计论点的抨击,或可被视为解释上帝计划运作的可能理论之一。⑮

到19世纪70年代初,大多数美国博物学家已相信物种进化论和自然选择观点。在第25届美国科学促进会会议上,该会副主席爱德华·S.莫尔斯(Edward S. Morse)就美国生物学家为收集进化论相关证据作出的贡献给予了异乎寻常的高度评价,这表明他们接受达尔文主义绝非被动而为。⑯ 在上述贡献中,耶鲁大学奥塞内尔·C.马什教授(Othniel C. Marsh)的一系列实验给人印象最为深刻。马什与格雷、莱尔、达尔文熟识,也是这一时期最具传奇色彩的科学家。马什从19世纪70年代早期开始寻找化石标本,以证实发展假说。到1874年,他收集了一套引人注目的美洲马化石,并发表了一篇论文以阐述这些化石在不同地质年代的演化过程,达尔文后来盛赞此文是《物种起源》问世之后20年间出现的支持进化论的最佳佐证。⑰

二

科学家的思想转变给大学早期成功带来了希望,当时大学里电学课程广受欢迎。一场改革运动正在进行,要求在课程设置中增加科学课程的比例;为满足美国对科技工作人员日益增长的需求,许多科技学校应运而生。⑱ 对一个迫切需要科学为工农业发展提供动力且完全有能力资助科学发展的国家而言,严重忽视科学专门化(主要表现在以前较小的学院里曾出现自然哲学、化学、矿物学、地质学教授以及动物学、植物学讲师等荒谬称谓)显然非常不合时宜。

1869年,哈佛大学任命化学家查尔斯·威廉·艾略特(Charles William Eliot)为校长,自此该校成为引领大学改革的先驱。在艾略特的就职典礼上,约翰·费斯克私下表示,希望这一任命将标志哈佛大学"守旧主义"的终结。这一

---

⑮ *Darwiniana*, pp. 9—16;另见 Gray 的文章:"Darwin and His Reviewers," *Atlantic Monthly*, VI (1860),406—425。

⑯ Morse, *op. cit.*; Morse 的摘要包括美国国内每一位杰出的自然主义者,他们是 E. D. Cope、Joseph Leidy、O. C. Marsh、N. S. Shaler 和 Jeffries Wyman。

⑰ Charles Schuchert and Clara Mae Le Vene, *O. G. Marsh, Pioneer in Paleontology* (New Haven, 1940), p. 247.

⑱ Charles W. Eliot, "The New Education — Its Organization," *Atlantic Monthly*, XXXIII(1869), 203—220,358—367.

愿望的实现比他预期的要快,而且以一种更加私人化的方式实现,因为艾略特当即邀请费斯克就科学哲学主题在哈佛大学举办一系列专题讲座。8 年前,当费斯克还是哈佛大学本科生时,他曾受到威胁:如果他被发现谈论通常被认为是无神论的实证主义,他将被哈佛大学开除。而现在,他却在这所大学的支持与邀请下,对实证主义哲学进行详尽阐述。早已放弃信仰孔德(Comte)观点并转而信仰斯宾塞观点的费斯克,承担了为斯宾塞辩护的任务,反驳孔德宣称斯宾塞剽窃的指控,这丝毫没有减弱费斯克辩论的吸引力。报纸上报道了费斯克所做的专题讲座,虽然讲座引发了一些批评,但读者众多,大家热烈讨论了讲座内容。[19] 数年之后,当威廉·詹姆斯将斯宾塞的《心理学原理》(*Principles of Psychology*)用作哈佛大学教科书时,并未引起学生的兴奋之情。这种新哲学很快就进入了美国大学中历史最悠久的哈佛大学,而且几乎没有引起任何争议。

在耶鲁大学,最先引发争议问题的还是斯宾塞而不是达尔文。直到 1879—1880 年威廉·格雷厄姆·萨姆纳同校长诺亚·波特(Noah Porter)之间爆发冲突,这一争议问题才出现。波特是一位公理会牧师,他并非一切形式进化论的坚定反对者。马什教授的研究发现及其威望对波特产生了一定影响,同时耶鲁大学皮博迪博物馆(Peabody Museum)馆藏的精美标本集也给他留下了深刻印象。所以,到 1877 年时,波特已完全接受进化论观点。当时他在演讲中表示:"博物馆馆藏发现与学校教堂宣传的教义之间并无矛盾之处。"[20]尽管如此,他仍然认为,美国大学应该保持"独特而虔诚的基督教性质"。萨姆纳同样因马什教授工作转而信仰进化论观点,当萨姆纳试图使用斯宾塞的《社会学研究》(*Study of Sociology*)作为其课程教材时,波特对这部反对有神论、反教权的作品提出反对意见,坚持要求萨姆纳放弃使用这本书。随后爆发了一场广为人知的争论,最终以波特得不偿失的胜利而告终。[21] 在严厉指责波特后,萨姆纳扬言辞职,众人费了一番周折才说服其留下来继续任教。萨姆纳放弃使用《社会学研究》,是因为先前的争论降低了这本书作为教科书的价值,但他仍以自己的方式

---

[19] Clark, *op. cit.*, I, 353—376; Fiske, *Outlines of Cosmic Philosophy*, preface, p. vii.
[20] Schuchert and Le Vene, *op. cit.*, pp. 238—239.
[21] Harris E. Starr, *William Graham Sumner*, pp. 345—369.

继续独立开展工作。波特开设了一门名为"首要原理"的课程来驳斥斯宾塞的观点。他在这门课程的教学过程中使用了一些进化论者所写的文章。然而,令他感到沮丧的是,许多学生难以抵抗斯宾塞作品的魅力,转而相信那些波特竭力推翻的理论和观点。㉒

其他高校中不太知名的学者和教师的事业既没有费斯克和萨姆纳那样安全,也不如他们那样成功。1878年,地质学家亚历山大·温切尔(Alexander Winchell)被温德堡大学解雇。在整个19世纪80—90年代,美国南方和北方其他院校偶尔发生的侵犯学术自由行为引起了公众注意。㉓ 然而,最值得关注的不是抵制的力量,而是新思想在更好的高校赢得支持的速度。教职工和学生一样,都相信进化论观点。1873年,怀特劳·里德(Whitelaw Reid)在达特茅斯学院举办的一场演讲中说道:"10—15年前,这里的学生在学习之余主要阅读和谈论的话题是英国诗歌和小说,而现在变成了英国科学。赫伯特·斯宾塞、约翰·斯图亚特·穆勒(John Stuart Mill)、赫胥黎、达尔文、廷德尔(Tyndall)取代了丁尼生(Tennyson)、布朗宁(Browning)、马修·阿诺德(Matthew Arnold)和狄更斯(Dickens)的位置。"㉔

1876年,约翰·霍普金斯大学成立。这所大学致力于学术研究,不受任何宗教派别约束,它的成立标志着美国高等教育向前迈进了一大步。在开学典礼上,约翰·霍普金斯大学首任校长丹尼尔·科伊特·吉尔曼(Daniel Coit Gilman),通过邀请在美国做巡回演讲的汤姆斯·亨利·赫胥黎发表演讲,象征性地表达了对蒙昧主义的蔑视。赫胥黎的演讲广受欢迎,但意料之中,他的出现引起了神学界人士的强烈不满。一位神学家写道:"邀请赫胥黎发表演讲已经够糟了。最好是邀请上帝出席。如果同时邀请他们两个,那可就太荒唐了。"㉕ 然而,类似抗议未能阻碍这所新学校的发展,它很快就跻身于推动科学学习的几所一流大学之列。反对的警告声也没有遮蔽或削弱赫胥黎的人气:赫胥黎发现有必要拒绝不计其数的演讲请求,他的行踪也被媒体大肆报道。

㉒ Henry Holt, *Garrulities of an Octogenarian Editor*, p. 49.
㉓ Schlesinger, *op. cit.*, pp. 528—530.
㉔ "The Scholar in Politics," *Scribner's Monthly*, VI(1873),608.
㉕ Daniel C. Gilman, *The Launching of a University* (New York,1906), pp. 22—23. 原版为意大利文。

通俗杂志立即开辟专栏,报道有关进化论的争议。在颇受新英格兰知识分子认可的传统杂志《北美评论》(North American Review)各卷中,我们可以看到,在 10 年之内,进化论观点经历了从被敌视到被怀疑,再到被勉强认可,最后到被完全接受的发展历程。1860 年,《物种起源》的一位匿名评论家指出,自然选择需要永恒的时间才能完成其任务,他拒绝接受达尔文的理论并斥之为"空想"[26]。4 年后,一位作家指出,作为一般概念的发展假说,"对思辨者有较大借鉴意义。发展假说是(或者说似乎是)知识分子期望从自然界找到的关于秩序的抽象描述"[27]。1868 年,自由思想家弗朗西斯·埃林伍德·阿伯特(Francis Ellingwood Abbot)提出,尽管在一些小问题上存在意见分歧,但发展假说可能会在公认的科学真理中占据一席之地。[28] 1870 年,查尔斯·洛林·布雷斯称赞自然选择是"本世纪最重大知识成就之一,影响了所有研究领域"。1871 年,《北美评论》又发表了一篇昌西·赖特(Chauncey Wright)辩护自然选择理论的文章。这篇文章给达尔文留下了极为深刻的印象。因此,达尔文让人以小册子形式重印此文章,以供英国读者阅读。[29]

尤曼斯意识到,有必要创办一份重点介绍科学新闻的通俗杂志。于是 D. 阿普尔顿公司于 1867 年创办了《阿普尔顿期刊》(Appleton's Journal)。该期刊是第一份刊发大量有关斯宾塞和达尔文文章并定期刊发宣传尤曼斯和费斯克文章的出版物。《阿普尔顿期刊》刊登的既非纯文学文章又非纯科学文章,因而很少有读者喜欢阅读此刊物。[30] 相对而言,尤曼斯于 1872 年创立的《科普月刊》(Popular Science Monthly)则更成功一些。考虑到《科普月刊》某些主题的难度,它能做到备受欢迎令人十分惊讶,很快月销量就达到 1.1 万份。《科普月刊》除了刊登许多旨在满足普通人好奇心且耸人听闻的文章[如《大火和暴雨》

---

[26] "Darwin on the Origin of Species," *North American Review*, XC(1860), 474—506; cf. 另见一篇持怀疑态度的文章: "The Origin of Species," *ibid.*, XCI(i860), 528—538。

[27] Chauncey Wright, "A Physical Theory of the Universe," *North American Review*, XCIX(1864), 5.

[28] "Philosophical Biology," *North American Review*, CVII(1868), 379.

[29] Charles Loring Brace, "Darwinism in Germany," *North American Review*, CX(1870), 290; Chauncey Wright, "The Genesis of Species," *ibid.*, CXIII(1871), 63—103; Francis Darwin, *op. cit.*, II, 325—326. 关于莱特在进化理论中的争论的重要性,见 Sidney Ratner, "Evolution and the Rise of the Scientific Spirit in America," *Philosophy of Science*, III(1936), 104—122。

[30] John Fiske, *Youmans*, p. 260.

(*Great Fires and Rainstorms*)、《动物催眠术》(*Hypnotism in Animals*)、《迷信的起源》(*The Genesis of Superstition*)、《地震及其成因》(*Earthquakes and Their Causes*)]之外,还会刊登关于科学哲学的学术性文章、颂扬著名科学家的短文、关于科学与宗教之间和解的讨论、反对蒙昧主义的论战以及关于最新研究进展的报告。《科普月刊》的编辑水平很高,拥有大量忠实读者,成为科学复兴在新闻领域的标志性成就。尤曼斯还以 D. 阿普尔顿公司的名义组织出版了著名的《国际科学丛书》(*International Scientific Series*),这一点也值得我们赞扬。《国际科学丛书》是由当时杰出科学人物编写的一套书籍,计划涉及的内容几乎涵盖所有自然知识和社会知识。在该套丛书的撰稿人中,沃尔特·白芝浩(Walter Bagehot)、约翰·W. 德雷珀(John W. Draper)、斯坦利·杰文斯(Stanley Jevons)、斯宾塞和爱德华·泰勒(Edward Tylor)编写的是社会科学方面的文章,亚历山大·贝恩(Alexander Bain)、约瑟夫·赖康忒、达尔文和亨利·马德斯利(Henry Maudsley)编写的是心理学和生物学方面的文章,约翰·廷德尔和其他人编写的是自然科学方面的文章。D. 阿普尔顿公司通过发行《科普月刊》和《国际科学丛书》以及控制美国版斯宾塞著作的版权,不仅主导了新知识运动,更是在出版界有关进化论的发展浪潮中崛起,成为美国出版界无可争议的领导者。

　　通过发表阿萨·格雷早期为达尔文主义辩护的文章,《大西洋月刊》(*Atlantic Monthly*)也利用了有关进化论的争议。[31] 为了在整个 19 世纪 60 年代对达尔文主义保持一种模棱两可的态度,该刊编辑发表了阿加西斯的一篇反驳文章以维持平衡。但在 1872 年,《大西洋月刊》刊发了一篇来自法国科学院的反对达尔文的社论。这篇社论谈道,自然选择理论在德国和英国大获全胜,在美国也几乎赢得了胜利。如果说最高级科学头脑是那种能把创造重大概括性论点的能力与以无尽耐心验证论点的谨慎精神结合在一起的头脑,那么我们完全可以说,达尔文先生是自牛顿去世以来具备这种科学头脑的最佳代表。[32]

　　E. L. 戈德金(E. L. Godkin)主编的《国家》(*Nation*)杂志发表了有利于进化论观点的书评。《国家》的评论家是最早称赞达尔文、华莱士和斯宾塞等人观点

---

[31] Gray, *Darwiniana*, passim.
[32] *Atlantic Monthly*, XXX(1872), 507—508.

的一批人。格雷未署名的书评偶尔会使专栏增色不少,他对桀骜不驯的自然主义者和傲慢牧师的猛烈抨击也出现在专栏里。在教会杂志齐声讨伐达尔文的《人类的由来》(*The Descent of Man*)时,《国家》却将其描述为"最清晰、最客观阐述有关人类起源及其与低等动物关系的科学观点现状的作品"㉝。

最能证明人们对科学发展和新理性主义抱有浓厚兴趣的,莫过于每天报纸上有关科学或哲学讲座的大量详细报道。在编辑曼顿·马柏(Manton Marble)的建议下,《纽约世界报》(*New York World*)报道了费斯克在哈佛大学所作的有关"宇宙哲学"的演讲。赫胥黎在纽约举办的演讲被《论坛报》(*Tribune*)转载和讨论,他每次出访都能享受皇室成员一般的礼遇。㉞乔治·里普利(George Ripley)㉟是一位直言不讳支持达尔文主义的新闻工作者,他把《论坛报》新大楼揭幕式作为一个机会,针对19世纪科学的形而上学意义开展了一场模糊讨论,这一点也不令人感到意外。㊱《银河》(*Galaxy*)的一位编辑认为,自然选择对文学作品和新闻报道的"全面渗透"颇为有趣。他评论道:"自然选择理论对文学作品和新闻报道的影响太深,以至于主流文章最推崇的逻辑是'适者生存',最受欢迎的玩笑是'性别选择'。"他注意到,《先驱报》(*Herald*)驻华盛顿的一名记者最近写了一篇有关参议院的短文,文中用达尔文学说术语把参议院议员分别描述成公牛、狮子、狐狸和老鼠。在最近举办的新奥尔良狂欢节上,"缺失的一环"被用作服装主题。㊲

三

最后被攻破的堡垒是教堂。进化论赢得了许多思想更自由的新教教徒的支持。当然,大批虔诚的信徒、新教教徒和天主教教徒并未受到进化论的影响。镀金时代最受欢迎的宗教领袖可能要数传教士德怀特·L. 穆迪(Dwight L.

㉝ *Nation*,XII(1871),258.

㉞ *New York Tribune*,September 19,21,25,1876; cf. *Popular Science Monthly*,X(1876),236—240.

㉟ 见乔治·里普利的文章:"Darwinism,"自 *Tribune* 转载至 *Appleton's Journal*,V(1871),350—352。

㊱ *Popular Science Monthly*,IV(1874),636.

㊲ "Darwinism in Literature," *Galaxy*,XV(1873),695.

Moody)了,他的追随者肯定对新科学提出的所有棘手问题一无所知。原教旨主义一直持续到20世纪,这表明达尔文主义并未完全取得胜利。然而,19世纪末参加教堂反思集会的教徒萌发了对进化论的模糊情感,也引发了一些知识分子的不满,这些都有助于为足够自由的神学创造一个接受进化论的思想框架。[38]

达尔文主义似乎从多个方向打击了神学核心。近一个世纪以来,由英国神学家威廉·佩利(William Paley)宣传的"设计论证"一直是上帝存在的标准证据。现在,许多人认为,达尔文主义通过破坏这一神学存在的基石,将不可避免地导致无神论。达尔文主义也瓦解了传统原罪的观念和过去随原罪而生的道德制裁。通过怀疑《创世纪》关于神创造万物的描述,达尔文主义至少明显削弱了《圣经》的权威性。这是正统教派最初对达尔文主义作出的反应。[39]《人类的由来》(1871)一书的发表更是给神职人员的愤怒火上浇油[40],因为现在人类的尊严也遭受了公开攻击。达尔文把人类祖先生动地描述为"一种毛茸茸的四足动物,长有尾巴和尖耳朵,可能习惯于住在树上",这让宗教读者感到震惊不已。

在整个19世纪60—70年代,达尔文的作品及与之相关的一切都引发了强烈敌意。不少神职人员反对达尔文主义的论点均基于某位牧师的观点。这位牧师断言,只有当科学家从动物园抓来一只猴子并通过自然选择把它变成一个人时,达尔文主义才能成立。[41] 这位牧师的语气非常强烈,以至于维思大学(Wesleyan University)的 W. N. 莱斯教授(W. N. Rice,也是一位牧师)及其同事对神职人员对待达尔文的态度提出了抗议,而且建议他们把批评局限在科学问题上。[42]

当然,神职人员最重要的反对意见是达尔文主义与有神论无法调和。这是查尔斯·贺智(Charles Hodge)于1874年发表的《什么是达尔文主义?》(*What Is Darwinism?*)一书中最受欢迎的反达尔文观点所阐述的中心主题。贺智是一名保守派牧师,著有当时最具影响力的神学论著之一,还是《普林斯顿评论》

---

[38] "Is the Religious Want of the Age Met?" *Atlantic Monthly*, XV(1860), 358—364.

[39] 正统观点的独特陈述见 John T. Duffield, "Evolutionism Respecting Man, and the Bible," *Princeton Review*, LIV(1878), 150—177.

[40] Bert J. Loewenberg, "The Controversy over Evolution in New England, 1859—1873," *New England Quarterly*, VIII(1935), 232—257.

[41] John Trowbridge, "Science from the Pulpit," *Popular Science Monthly*, VI(1875), 735—736.

[42] "The Darwinian Theory of the Origin of Species," *New Englander*, XXVI(1867), 607.

(*Princeton Review*)杂志的编辑,他可以代表一大批牧师发表权威言论。贺智在辩论文章中提醒读者:"《圣经》对于拒绝接受它的人几乎未怀慈悲之心。《圣经》认为这些人不是缺乏理性就是道德败坏,或者两者兼而有之。"[43]贺智宣称,无神论的危险之路威胁着所有轻视进化论的人,他还列举了一长串所谓唯物主义者和无神论者的名单,其中包括达尔文、海克尔(Haeckel)、赫胥黎、毕希纳(Büchner)和沃格特(Vogt)。在几乎未考虑事实[44]的情况下,贺智指控达尔文小心翼翼地排除了任何有关自然设计的暗示,并得出结论,称达尔文主义与无神论本质上如出一辙。[45]

天主教批评者同样毫不妥协。尽管俄瑞斯忒斯·A. 布朗森(Orestes A. Brownson)知道英国天主教徒、自然选择理论的有力批评者圣乔治·米瓦特(St. George Mivart)是一名进化论者,但当他敦促对进化论生物学采取不妥协政策时,他可能表达了天主教徒对于进化论的普遍反应。不满于新教教徒和许多天主教反对者对达尔文主义持较弱的否定态度,布朗森呼吁彻底否定19世纪的地质学和生物学,因为他认为上述科学是在开阿奎那(Aquinas)科学理论的"倒车"。莱尔、达尔文、赫胥黎、斯宾塞甚至阿加西斯都受到了布朗森的猛烈抨击。在一篇有关《人类的由来》的亚里士多德式分析文章中,布朗森写道:"人类的分化并非来自猿类,无法通过猿类进化来实现人类的分化,这足以驳倒达尔文的整个理论。"他总结道,《创世纪》关于神创造万物说法的地位仍然不可动摇,在完全证实进化论正确性之前必须维护其地位。因此,证实的责任就落在了达尔文身上。[46]

思想最正统的人在绝望中挣扎,因为他们感觉自己的事业注定失败,但其他人则相对有序地退到了可展开辩护的位置上。早在1871年,普林斯顿大学校长、美国长老会半官方代言人詹姆斯·麦考什(James McCosh)在《基督教与实证主义》(*Christianity and Positivism*)一书中就承认接受了发展假说,预示了针对进化论毫不妥协反对阵线的最终瓦解。麦考什是当时名为苏格兰现实

---

[43] Hodge, *What Is Darwinism?* p. 7.
[44] 见 Asa Gray 所著 *Darwiniana* 中的评论意见,p. 257.
[45] Hodge, *op. cit.*, pp. 52 ff., 64, 71, 177.
[46] Brownson, *Works* (Detroit, 1884), IX, 265, 491—93; Brownson 对宗教与科学相冲突的论述,见上书 IX, 254—331, 365—565。

主义或"常识"现实主义宗教哲学的杰出支持者,也是一位拥有毋庸置疑的正直品格的基督徒。普林斯顿大学专门聘请居住在苏格兰的麦考什前来任教,以提高其学术声望。因此,麦考什在一本以设计论证观点为有神论辩护的书中表示,他接受发展假说,而且承认自然选择至少是真理的一个组成部分,这是具有极为重要意义的重大事件:

> 达尔文主义不能被认为是定论……我更倾向于认为,达尔文主义包含了大量重要的真理,我们可以在有机自然界的各个领域发现这些真理的例证。但是,达尔文主义并未包含全部真理,它忽视的真理远多于其阐释的真理……我坚信这一原则(自然选择)在自然界中有所体现,促进了动植物的不断进化……但是,并无证据表明其他原理未参与动植物进化。[47]

诚然,麦考什反对将自然选择应用于人类,理由是,一种特殊的创造行为可以更合理地解释人类独特的精神特征,但麦考什的言论削弱了正统观念的权威性。1871年,尤曼斯在给斯宾塞的信中写道:

> 事情发展得很快。我从来没听说过这样的事。《人类的由来》印刷了一万册,我猜它们早已销售一空……自由思想进步显著。每个人都在寻求解释。神职人员焦躁不安。麦考什告诉他们不用担心,因为无论发现了什么,他都将从中找到设计论证的观点,而且能用上帝相关的理论解释这些发现。布鲁克林(Brooklyn)的25位神职人员写信叫我星期六晚上去见他们,询问我,他们如何才能得到救赎?我告诉他们,他们可以从《生物学》(*Biology*)和《人类的由来》中找到救赎自己的方法。他们说"很好",并且邀请我参加下一次牧师俱乐部的会议。我参加了这次会议,而且我的发言受到了普遍肯定。[48]

《独立报》(*Independent*)周刊是美国最具影响力的宗教报纸,其订阅读者中有6 000多名神职人员。《独立报》是第一批对进化论给予相对好评的报纸之一。该周刊最初有关《物种起源》的评论暗示,该书倾向于将造物主"从有生命的宇宙"中排除出去,但同时承认该书包含了丰富的科学材料。随后,《独立报》

---

[47] *Christianity and Positivism* (New York, 1871), pp. 42, 63—64.
[48] Fiske, *op. cit.*, p. 266.

将《物种起源》推荐给“神学家与科学家用于深入研究”。《独立报》行事十分谨慎，而且在 19 世纪 60 年代末仍处于阿加西斯影响之下，尽管它已退回到达尔文主义不会影响有神论的立场，并总是以此作为文章的开场白。然而，大约在这个时候，试图在进化论和《圣经》之间达成微妙和解的尝试出现了。一位评论家写道：“只要《圣经》没有明确断言物种是由权威法令创造的，我们的神学神经就不用为听到动物学家的猜测而感到慌乱。”㊾到 1880 年，《独立报》完全转变了自己早前的立场，开始以进化论的名义发表措辞强烈的辩论性文章。㊿ 其他期刊改变自己观点的速度则相对缓慢，但在达尔文主义提出 20 年后，即使是最保守的刊物对这一理论的态度也发生了明显变化。(51) 美国北方神职人员的重要论坛《新英格兰人》(*The New Englander*)起初指控达尔文，“重提一个已被驳倒的陈旧理论”。1883 年，该刊发表了一篇有趣的和解文章，承认某些基督教护教者对待达尔文主义过于大惊小怪。作者宣称：“新的信念来源为我们对实现永生的期待打开了大门。对进化论者而言，否认未来存在更高层次生命的可能性是最为明显的矛盾。”(52)

在帮助教友更容易地过渡到相信达尔文主义的过程中，自由派教士得到了科学家的帮助与安慰。阿萨·格雷不知疲倦地证明自然选择理论不会对设计论证观点产生根本性影响，而达尔文也毫无疑问是一名真正的有神论者。(53) 对于那些坚信物种起源属于超自然领域事物的人，格雷答复说，这些人只是武断地限制了科学的范畴，而并没有扩大宗教的范畴。在读经班讲座合集《宗教与科学》(*Religion and Science*)一书中，赖康忒表达了与格雷相同的观点：设计论证观点不会因是否存在物种变异或具体进化过程而发生任何改变。他主张，不应将科学视为宗教的敌人，而应将其视为关于上帝在自然界中运作方式的补充性研究。无论科学研究得出什么结论，上帝作为首要原因而存在的观念永远都

㊾ *Independent*, February 23; April 12; July 16, 1868.

㊿ “Scientific Teaching in the Colleges,” *Popular Science Monthly*, XVI(1880), 558—559.

(51) Bert J. Loewenberg, “Darwinism Comes to America 1859—1900,” *Mississippi Valley Historical Review*, XXVIII(1941), 339—368. 在该文中，他把 1859—1880 年视为达尔文主义的考验时期，而把 1880—1900 年视为美国心声的转向时期。

(52) Rev. J. M. Whiton, “Darwin and Darwinism,” *New Englander*, XLII(1883), 63.

(53) Gray, *Darwiniana*, pp. 176, 257, 269—270, *passim*.

是不可改变的。[54] 自由派神学家充分利用了如下事实:许多进化论倡导者,如赖康忒、德纳(Dana)和麦考什,都是不可否认的虔诚基督教徒。他们就是宗教有可能与科学和谐共存的真实象征。[55]

在达尔文和斯宾塞的共同影响下,亨利·沃德·毕奇尔(Henry Ward Beecher)转而支持进化论,这就意味着美国最重要的牧师加入了支持进化论的阵营。通过毕奇尔编辑的《基督教联盟》(Christian Union,发行量一度高达10万册),以及毕奇尔在普利茅斯教堂的继任者莱曼·阿伯特(Lyman Abbott)主编的《展望周报》(Outlook),毕奇尔新神学的自由化影响得以广泛传播。为了实现宗教与科学之间的和解,毕奇尔运用了他在美国的声誉、华丽巧妙的辞藻,并且分享了一个刚从清教神学束缚中解放出来的人的健康愉悦心情。毕奇尔的主要理论贡献在于,他仔细阐述了神学科学性和宗教艺术性之间的区别:神学可以因进化论而得到修正、扩充、解放,而宗教作为人的一种精神寄托是不可改变的。[56] 毕奇尔自称是"虔诚的基督教进化论者",公开承认斯宾塞为其启蒙老师。正是毕奇尔将设计论问题的解决方案转化为商业文明术语,并且提醒人们"整体设计胜于零售设计"[57]。莱曼·阿伯特也同意这一观点;此外,他还摒弃了传统的"原罪"概念,因为他认为这种概念贬低了上帝,也贬低了人类。他提议,用进化论观点取代这一概念。根据进化论观点,每一次邪恶行为都被视为人类动物本能造成的过失。这样一来,原罪将一如既往地令人憎恶,但原罪学说中隐含的对上帝的诽谤将不复存在。[58]

到19世纪80年代,在科学与宗教的和解中所采取的论点已经十分清晰。宗教被迫与科学分享其传统权威,美国人的思想也已高度世俗化。进化论进入教会,没有一个新教神学杰出人物还敢质疑进化论。但是,进化论已被用于实现宗教目的,在技艺高超的传教士手中,宗教因注入科学领域权威思想而变得

---

[54] *Religion and Science* (New York, 1873), pp. 12, 25—26.

[55] Henry Ward Beecher, *Evolution and Religion* (New York, 1885), p. 51.

[56] 同上, p. 52。

[57] 同上, p. 115; Paxton Hibben, *Henry Ward Beecher: An American Portrait* (New York, 1927), p. 340; E. L. Youmans, ed., *Herbert Spencer on the Americans and the Americans on Herbert Spencer*, p. 66.

[58] Lyman Abbott, *The Theology of an Evolutionist* (Boston, 1897), pp. 31 ff.; Beecher, *op. cit.*, pp. 90 ff.

生机勃勃、焕然一新。很快人们就难以区分这群宿敌,因为他们也同样敌视对美国人生活前景感到悲观或持怀疑态度的人。无神论引起的恐惧不再是一种威胁,对那些最有可能发现不信基督教现象的大学进行的调查显示,不信基督教的人数非常之少。[59] 任何一位牧师都可以毫不夸张地说:"美国人不信基督教的现象并未催生'一个世界知名甚至是全国知名的拥护者'。"[60]菲利普斯·布鲁克斯(Phillips Brooks)解释道:"宣称'我相信它是因为它是不可能的'这种精神,即英雄主义的信仰精神深深植根于人性之中,在任何一个世纪都无法将其根除。"[61]这难道不是真的吗?正如毕奇尔对普利茅斯教会会众所说的那样,"人类思想的道德结构要求必须有宗教信仰"。他接着说:

> 人类思想的道德结构要求一定要有迷信思想,或者说一定要有充满智慧的宗教。宗教同理性、想象力、希望、欲望一样,都是人类的必需品。对于宗教的渴求,是构成人类的重要组成部分。当你摧毁了任一神学结构——假设你摧毁了罗马教堂并随意丢弃其组成材料,抑或你一个一个地解剖所有新教神学并扬弃其观点,人类仍是宗教性动物,仍需要并且不得不去为自己构建一些宗教体系。[62]

生活在"镀金时代"的人们一致赞同彼时主要神学家的上述观点。

---

[59] "Agnosticism at Harvard," *Popular Science Monthly*, XIX(1881), 266; William M. Sloane, *The Life of James McCosh* (New York, 1896), p. 231.

[60] Daniel Dorchester, *Christianity in the United States* (New York, 1888), p. 650.

[61] A. V. G. Allen, *Phillips Brooks*, 1835—1893 (New York, 1907), p. 309.

[62] Beecher, *op. cit.*, p. 18.

第二章

斯宾塞风潮

在我看来,赫伯特·斯宾塞不仅是我们所处时代最深刻的思想家,更是所有时代最气度宏大、最有力量的知识分子。斯宾塞超越亚里士多德的程度,无逊于亚里士多德和他的师父们超越他们之前的侏儒。同他相比,康德、黑格尔、费希特和谢林只能说还在黑暗里摸索。纵观整个科学史,只有一个人能与他相提并论,那就是牛顿……

——F. A. P. 巴纳德

我是个极端的、彻彻底底的美国人。我相信我们还有大量的工作要做,才能走向文明。我们渴求的是思想——庞大的、成体系的思想。我认为,没有谁的思想能像您这样,对我们的事业价值非凡。

——爱德华·L. 尤曼斯致赫伯特·斯宾塞

一

1866年,亨利·沃德·毕奇尔致信赫伯特·斯宾塞时写道:"美国社会具有的特殊条件,让您的著述在此产生了比欧洲更丰硕的成果,展现了更大的活力。"①毕奇尔没说为什么美国人乐于接受斯宾塞,但很多证据能说明他所言非虚。斯宾塞的哲学思想极佳地满足了美国的需求。它在推导上是科学的、涉及范围是全面的,呈现了一个令人安心的、基于生物学和物理学的进步的理论。它的容纳程度如此之广,足以让所有人找到对所有事的解答,从罗伯特·英格索尔(Robert Ingersoll)这样的不可知论者,到费希特(Fichte)、毕奇尔这样的有神论者,都能对他的哲学感到满意。它提供了一个综合的世界观,把从原生动物到人类政治的所有自然界事物,统统归纳于一条通则。它满足了"先进思想家们"的渴求,渴求以一个新的世界体系取代支离破碎的摩西式的宇宙进化论。这很快给斯宾塞带来了比达尔文更大的公众影响力。此外,它并非只有专业人士才能读懂的技术信条。他的表述就连哲学入门者都能理解②,这也让他成为自学式知识分子眼中的形而上学家,追求实用的不可知论者眼中的先知。他的思想的影响尽管远超其功绩,但斯宾塞的体系也给研究美国思想的学生提供了一个化石标本,他们可以借此重现他所在时期的智识体系。奥利弗·温德尔·霍姆斯(Oliver Wendell Holmes)怀疑,"除了达尔文之外,没有哪一位英语写作者能像斯宾塞这样,如此深远地影响了美国人看待宇宙的思维方式",他的这个说法几乎毫不夸张。③

斯宾塞的思想在美国大行其道时,先验主义已经步入暮年,黑格尔启发下的唯心主义远未来临。实用主义在昌西·赖特和几乎无人赏识的查尔斯·皮尔士(Charles Peirce)的头脑中刚刚浮现。皮尔士如今广为人知的文章《如何使我们的思想清晰》(How to Make Our Ideas Clear)发表于1878年,比斯宾塞的《综合哲学》(Synthetic Philosophy)第一卷面世晚了14年,而直到1898年威廉·詹姆斯在加州大学伯克利分校哲学联盟发表的那次具有划时代意义的演讲,才真正掀开了实用主义运动的序幕。但对美国思想史来说,《综合哲学》

---

① David Duncan, *The Life and Letters of Herbert Spencer* (London, 1908), p. 128.
② 威廉·詹姆斯写道:"对那些无法欣赏其他哲学家的人来说,斯宾塞是一个他们能够欣赏的哲学家。"*Memories and Studies*, p. 126。
③ M. De Wolfe Howe, ed., *Holmes-Pollock Letters* (Cambridge, 1941), I, 57—58. 帕灵顿(Parrington)写道:"斯宾塞为美国后几个世纪的思想发展铺出了一条高速路。"*Main Currents in American Thought*, III, 198。

(1860年之后以系列的分卷形式出版)不是什么介于超验主义和实用主义之间空白期的平淡过客,尽管爱默生(Emerson)曾称斯宾塞就像一个什么都写的"股票写手",詹姆斯也对这位维多利亚时代的"亚里士多德"发出了他最尖锐的抨击,但对大多数与斯宾塞同时代、受过良好教育的美国人来说,斯宾塞是一个伟大的人、伟大的学者,是思想史上的重要人物。

新英格兰地区已经做足准备,为斯宾塞思想在美国的推广打下基础,如果我们可以从尤曼斯为《综合哲学》各卷招揽的一份星光熠熠的预订名单来判断,新英格兰就是斯宾塞影响进一步扩大的温床。早期订户包括乔治·班克罗夫特(George Bancroft)、爱德华·埃弗里特(Edward Everett)、约翰·费斯克、阿萨·格雷(Asa Gray)、爱德华·埃弗里特·黑尔(Edward Everett Hale)、詹姆斯·罗素·洛厄尔(James Russell Lowell)、温德尔·菲利普斯(Wendell Phillips)、杰瑞德·斯帕克斯(Jared Sparks)、查尔斯·萨姆纳(Charles Sumner)和乔治·提克诺(George Ticknor),这足以证明新英格兰智识圈能为斯宾塞思想在美国的影响力提供的能量之大。[④] 先验主义与基督教的神体一位论(Unitarianism)在打破旧式正统观、解放美国知识分子思想方面起到的效果难以衡量,但任何研究后内战时期智识潮流的学生无疑都能觉察这一点。就事论事地说,斯宾塞有机会出版接下来的几卷著作,靠的还是美国人。1865年,由于前几卷作品销售收入太低,斯宾塞几乎要放弃他的出版计划,好在尤曼斯出面,在富有同情心的美国读者中,为他筹到了所需的7 000美元。[⑤]

《综合哲学》发布宣言的几年之后,斯宾塞的著作已为数量相当可观的美国读者所知晓。1864年,《大西洋月刊》刊文评论道:

> 赫伯特·斯宾塞先生已是当今世界的权威……他对一小部分勤于思考者的平静生活造成影响,而这一小群人的信念,标示着我们时代文明必须努力攀登才能到达的高度。在美国,我们甚至现在就可以承认,我们受恩于斯宾塞先生的著作,因为是美国民众最早感受到了这被少数人承认的真理的效用……斯宾塞先生代表了我们时代的科

[④] Duncan, *op. cit.*, pp. 100—101; Fisk, *The Letters of John Fiske*, *passim*.
[⑤] Fiske, *Edward Livingston Youmans*, pp. 199—200. 斯宾塞著作后来在英国的销售额还不少。见 New York *Tribune*, December 9, 1903。

学精神。他关注感性经验范围内的一切,通过严谨归纳公布了所有能从中获得的东西。作为哲学家,他没有走得更远……斯宾塞先生建立的原则,无论是否暂时被迫妥协于偏见和既得利益,都将成为一个更好的社会的公认基础。⑥

南北战争后 30 年间,无论是谁,如果不能掌握斯宾塞思想,就无法活跃于任何一个智识研究领域。⑦ 几乎所有第一流或第二流的美国哲学思想家——尤其是詹姆斯、罗伊斯(Royce)、杜威、鲍恩(Bowne)、哈里斯(Harris)、豪森(Howison)和麦考什——都不得不在某个时期正视斯宾塞的思想。他对多数美国社会学科的创始人——特别是沃德、库利(Cooley)、吉丁斯(Giddings)、斯莫尔(Small)和萨姆纳——产生了重要影响。库利曾坦言:"我想,从 1870 年到大约 1890 年,几乎每一个从事社会学研究的人都是在斯宾塞的鼓动下开始的。"他接着说:

> 他的《社会学研究》一书,或许是他全部著述中最容易读的,卖出了很大销量,可能比此前或此后出版的任何作品都能让人对社会学产生兴趣。无论要以什么样的理由责备他,我们至少要肯定斯宾塞在传播的有效性方面贡献很大。⑧

尤曼斯在阿普尔顿出版社编辑的各类出版物也对斯宾塞有利,大众杂志随处可见斯宾塞写的文章,或是有关斯宾塞的文章。把格兰特将军奉为英雄的一代人认为,斯宾塞是他们的思想家。亨利·霍尔特(Henry Holt)在晚年写道:

> 或许没有哪一位哲学家能像斯宾塞这样在 1870 年到 1890 年间掀起浪潮。在他之前,大多数哲学家的读者群应该仅限于哲学研究爱好者,但斯宾塞的作品不仅被整个英美智识圈大量阅读和广泛谈论,这个圈子的范围也变得前所未有的广泛。⑨

---

⑥ *Atlantic Monthly*, XIV(1864), 775—776.
⑦ 约翰·杜威写道:"他把自己的思想灌输得非常彻底,非斯宾塞派的人探讨问题时也不得不使用他创造的术语,把自己的问题按他的宣言进行调整。"*Characters and Events*, I, 59—60.
⑧ Charles H. Cooley, "Reflections upon the Sociology of Herbert Spencer," *American Journal of Sociology*, XXVI(1920), 129. 莱斯特·沃德认为,在 1898 年之前,美国的社会学家们"基本都是斯宾塞的信徒"。*Outlines of Sociology*, p. 192.
⑨ *Garrulities of an Octogenarian Editor*, p. 298. 另见 New York Tribune, December 9, 1903。

尽管无法实际进行具体测算，我们依旧能隐约察觉斯宾塞对普通美国人的影响。在美国的无数村镇，那些全部或部分依赖自学完成教育的、那些以自己的方式努力摆脱神学正统的人，都在阅读斯宾塞的作品，其中一部分人后来闯出了名气，他们对此也偶有提及。西奥多·德莱塞（Theodore Dreiser）、杰克·伦敦（Jack London）、克拉伦斯·达罗（Clarence Darrow）、哈姆林·加兰（Hamlin Garland）都曾提及斯宾塞对他们成长时期的影响。在印第安纳州度过少年时代的作家约翰·R. 康芒斯（John R. Commons）在自传中说，他父亲的朋友们着迷于斯宾塞：

> 他和他的密友们大谈政治和科学。在印第安纳州东边那块地方，他们每个人都是共和党人，都靠南北战争的口号活着。他们每个人都追随赫伯特·斯宾塞，斯宾塞就是当时的进化论和个人主义之光。几年之后，也就是1888年，我在美国经济学会的一次会议上，听到伊利（Ely）教授谴责赫伯特·斯宾塞误导了经济学家，这令我大为震惊。毕竟我从小就浸润在山地人精神（Hoosierism）、共和主义、长老会主义和斯宾塞主义之中。[⑩]

最早从19世纪60年代直到1903年12月，斯宾塞所撰书籍在美国的销量高达368 755册，这在艰涩难懂的哲学和社会学领域，怕是无人能及。[⑪]要衡量究竟有多少人受过斯宾塞影响，还必须算上他的作品被人们传阅和图书馆借阅的程度。当然，我们也不能就此断言，斯宾塞思想被接纳的程度与其流传的广度成比例。社会上确实不乏对他的批评。1884年，《国家》杂志的一位评论员在这股斯宾塞风潮消逝前曾经评论道："审视或驳斥斯宾塞的书数量之巨，都够建一座气势恢宏的图书馆了。"[⑫]这种批评本身也反映了斯宾塞的影响力。

[⑩] *Myself*(New York,1934),p. 8.
[⑪] Herbert Spencer,*Autobiography*，II,113n. 这一数字只计入获得授权的版本。在国际版权生效前，很多卷册未经授权出版。
[⑫] *Nation*，XXXVIII(1884),323；另见"Another Spencer Crusher," *Popular Science Monthly*，IV(1874),621—624. 关于对斯宾塞进行批评的作品，J. Rumney, *Herbert Spencer's Sociology*, pp. 325—351 中包含一份书目。

二

赫伯特·斯宾塞及其哲学是英国工业主义的产物。恰如其分的是，这位新时代的代言人本该受训成为一名土木工程师，他的思想体系中的科学概念——能量守恒和进化论——本该来自早期对水利技术与人口理论的间接观察。斯宾塞的思想体系，脱胎并致力于一个钢铁和蒸汽机、竞争、剥削和斗争的时代。

1820年，斯宾塞出生于英国一个下层中产阶级家庭，家族成员是传统上不信奉英国国教的新教教徒；他将自己终生对国家权力的厌恶归结于他的出身。斯宾塞早年曾供职于宣扬自由贸易的"喉舌"《经济学人》(*The Economist*)杂志，并与持有戈德温(Godwin)观点和无政府主义哲学的托马斯·霍奇斯金(Thomas Hodgskin)有过短暂交集，而斯宾塞明显是吸收了霍奇斯金信奉的这些原则。斯宾塞的思想诞生于英国科学和积极思想的光辉之下，其伟大著作《综合哲学》是一种家传的非英国国教新教信仰和个人科学学习的混合体，就其成长的智识环境而言极为突出。莱尔(Lyell)的《地质学原理》(*Principles of Geology*)、拉马克(Lamarck)的进化发育理论、冯·贝尔(Von Baer)的胚胎学定律、柯勒律治(Coleridge)的普同进化模式的概念、霍奇斯金的无政府主义、反谷物法联盟自由放任原则、马尔萨斯(Malthus)悲观的预言以及能量守恒定律，共同构成了斯宾塞浑然一体的思想体系。斯宾塞的社会观只能放在他这种哲学思想中来理解，他的社会法只是他普遍原则的一个特例[13]，而他的社会理论之所以能吸引美国人，很大程度上是因为这些理论与他对知识的综述整合有所关联。

斯宾塞综述的目的，是要把物理学和生物学的最新发现以一个连贯的架构结合在一起。在达尔文(Darwin)的自然选择思想成形之际，热力学领域的好几位研究者也总结出了发人深省的观点。焦耳(Joule)、迈尔(Mayer)、亥姆霍兹(Helmholtz)、开尔文(Kelvin)等人一直在探寻热与能量之间的关系，并提出了能量守恒的原则，这在亥姆霍兹的《论力的守恒》(*Die Erhaltung der Kraft*,

---

[13] "无论看似与哲学多么遥不相关，处理每个主题的时候，我好像都能从中找出理由，将其带回自然秩序的某些最终极原则上。"见 Spencer, *Autobiography*, II, 5。有关斯宾塞的哲学及其社会偏向，约翰·杜威还有一篇观察敏锐的短论，题为《赫伯特·斯宾塞》(*Herbert Spencer*)，载于 *Characters and Events*, I, 45—62。

1847)中得到了非常清晰的阐述。能量守恒与自然选择都被人们广泛接受,而这两项重大发现的合流在19世纪给自然科学赢得了巨大声望。人们开始相信,现在的科学已经给一个独立而完备的宇宙图景添上了最后一笔,宇宙中的物质和能量从未被消灭,而是不断地转换形式,宇宙的各种有机生物是其整体经济活动不可分割的、可以理解的产物。此前的哲学理论显得黯淡而过时,就像前牛顿时期的哲学迈入18世纪一样。机械论世界体系的开枝散叶,标志着世界转向自然主义,爱德华·毕希纳(Edward Büchner)、雅各布·摩莱萧特(Jacob Moleschott)、威廉·奥斯特瓦尔德(Wilhelm Ostwald)、恩斯特·海克尔(Ernst Haeckel)、赫伯特·斯宾塞等人也暗示了这种趋势。在这些新思想家之中,斯宾塞最像一个18世纪的哲学家,因为他试图把科学意涵应用到社会思想和行动中去。

斯宾塞演绎系统的起点是能量守恒——他更愿称之为"力的永存"(the persistence of force)。力的永存表现在物质和运动的形式之中,是人类探索的对象,是哲学构筑的必需材料。人类在宇宙各处都能观察到物质和运动不断地再分配,有节奏地分配于进化和衰败之间。进化是物质的进步性的整合,伴随着运动的耗散;衰败是物质的解体,伴随着运动的吸收。究其本质,生命过程是进化的,体现的是一种从不连贯的同质性(如低等的原生动物),朝向连贯的异质性(如人类和高等动物)的持续变化。[14]

斯宾塞从力的永存推断出,任何同质性的东西本质上都是不稳定的,因为永存的力对其各个部分造成影响,必然导致它们在未来的发展中发生变化。[15]因此,同质性必将无可避免地发展成异质性。这就是普遍进化的关键。这种从同质性到异质性的发展存在于星云形成地球的过程之中,存在于低等简单的物种进化为高等复杂的物种的过程之中,存在于从大量清一色的细胞团发育出单个形式的胚胎发育过程之中,存在于人类思想的成长过程之中,存在于人类社会的进步过程之中——这一原理蕴含在所有人类能认识的事物之中发挥

---

[14] 斯宾塞对原始定义是这样表述的:"进化是一种物质的整合和伴随的运动的耗散;在此期间,物质从一种不确定的、不连贯的同质性,转变为一种确定的、连贯的异质性;同样在此期间,留存的运动(motion)也经历了平行的转变。"*First Principles*(4th Amer. ed. ,1900),p. 407.

[15] "The Instability of the Homogeneous," *ibid.*, Part II, chap. xix.

作用。⑯

　　在动物有机体或社会中,这一过程的最终结果是实现一种平衡状态,斯宾塞称之为"均势"(equilibration)。均势的最终实现是无可避免的,因为进化的过程不可能永远朝着异质性不断增加的方向进行下去。"进化有一个不可逾越的极限。"⑰在其中发挥作用的是一种普遍的节奏模式:进化过后是耗散,整合过后是消解。这个阶段在有机体中表现为死亡和腐败,但在社会中表现为一种稳定、和谐、完全适应的状态的确立,在这种状态之中,"进化只能终结于最极致完美和最完整幸福的确立"。⑱

　　如果他的"不可知者"(the Unknowable)学说没有向宗教作出重要让步,美国人或许完全无法接受斯宾塞这番宏伟的实证主义理论。在那个时代,最紧要的问题是,宗教和科学能否达成和解?斯宾塞不仅给出了一个人们想要的肯定回答,还向未来的时代保证:无论科学对这个世界有什么样的认识,宗教真正的范围——对不可知者的崇拜——在本质上是不可侵犯的。⑲

　　但在坚定的神学正统派代表看来,斯宾塞的此番让步并不比格雷或赖康忒的更容易接受,因此19世纪60年代的神学期刊不乏对斯宾塞哲学的抨击。然而,那些愿意调侃自由主义的宗教领袖却在斯宾塞身上看到不少值得称道之处。尽管麦考什这样的思想家认为"不可知者"这个说法用在信仰和崇拜上太过模糊、令人不适,有人认为斯宾塞的"不可知者"指的就是上帝。⑳还有人认为,他的有关利己主义终将过渡到利他主义的观点,可以与基督教伦理的说教形成类比。㉑

三

　　斯宾塞假定进化的普遍法则可以被制定出来,故而把进化的生物学纲领也

---

⑯　*First Principles*(4th Amer. ed. ,1900),pp. 340—371。
⑰　同上,p. 496。
⑱　同上,p. 530。
⑲　同上,pp. 99,103—104。
⑳　Emma Brace. ed. ,*The Life of Charles Loring Brace*, p. 417; cf. Lyman Abbott,*The Theology of an Evolutionist*, pp. 29—30.
㉑　Daniel Dorchester,*Christianity in the United States*, p. 660.

应用于社会。如果斯宾塞体系得出的通则成立,那么社会结构和变化的原则必然和整个宇宙的运行遵循同一原则。通过将进化论应用到社会范畴,斯宾塞及其后的社会达尔文主义者,诗意地合理化了社会的起源。善于反思的观察者们看到,"适者生存"(survival of the fittest)这条生物学的通则在19世纪初的残酷进程中发挥了作用,而达尔文主义也受到了政治经济学的影响。早期工业革命悲惨的社会状况为马尔萨斯的《人口论》(*Essay on the Principle of Population*)提供了数据,而马尔萨斯的观察孕育了自然选择理论。这种社会起源的印记也明显烙在了达尔文的理论当中。尼采曾观察道:"英国的达尔文主义,笼罩在某种困窘的出身寒微者的恶气之中。"[22]达尔文也承认自己受惠于马尔萨斯。

> 1838年10月,也就是在我开始系统化探究的15个月后,我偶然在消遣时读到了《马尔萨斯论人口》(*Malthus on Population*)。尽管我充分准备好要从持续观察动植物习性的长期过程中认识无所不在的生存斗争(struggle for existence),它马上点醒了我,让我意识到在这种情况下,有利的变异将被保留,不利的则被消灭。其结果将是新物种的形成。[23]

与达尔文共同发现了自然选择的阿尔弗雷德·拉素尔·华莱士(Alfred Russel Wallace)也承认,马尔萨斯给了自己"一条苦苦找寻到的关于有机物种进化的有效执行者的线索"[24]。

斯宾塞的社会选择理论也是在马尔萨斯学说的刺激下写就的,衍生自马尔萨斯对人口问题的担忧。斯宾塞有两篇名作发表于1852年,也就是达尔文和华莱士联合发表理论概要的6年前,他在文章中提出,生存给人口施加的压力必然会对人类产生有益影响。这种压力从人类最早存在的时期开始,就是进步的直接原因。它强调技能、智力、自制力和通过技术革新适应环境的能力,以此刺激人类的进步,再挑选每代人中间最优秀的,使其生存下去。

因为没有像达尔文那样将通则延伸到整个动物界,斯宾塞未能凭借这项洞

---

[22] 见 Crane Brinton, 转引自 *The Joyful Wisdom*, *Nietzsche* (Cambridge, 1941), p. 147。
[23] *Life and Letters*, I, 68; *The Origin of Species*, chap. iii.
[24] *My Life* (New York, 1905), pp. 232, 361.

察收获全部应有的赞誉,尽管"适者生存"这一表述也是他发明的。[25] 斯宾塞更关心精神层面而非人体的进化,接受了拉马克有关获得性遗传是物种创始手段之一的学说。这一学说给斯宾塞对进化的乐观态度提供了证据。原因是,如果人类的精神和身体的特征都能遗传,那么族群整体的智识能力将通过积累逐渐增强,经过几代人的努力,终能造就理想之人(the ideal man)。即便在科学界压倒性地反对拉马克学说的关头,斯宾塞也未曾放弃他的拉马克主义。[26]

斯宾塞是最不可能否认伦理和政治考量占据其思想表述首要地位的人。他在《伦理学的事实》(*Data of Ethics*)的序言中写道:"在所有相近目标的背后,我的最终目标是给普遍行为中蕴含的是非原则找到一个科学的基础。"他会以一本探讨伦理学而不是形而上学的书开启自己的著作生涯,也就不足为奇了。斯宾塞的第一部著作《社会静力学》(*Social Statics*,1850),试图用生物学的准则强化自由放任(laissez faire),并旨在攻击边沁主义,尤其是边沁主义强调了立法在社会改革中的积极作用。尽管他同意杰里米·边沁(Jeremy Bentham)提出的最终价值标准——最大多数人的最大幸福,但斯宾塞摒弃了效益主义伦理学的其他阶段。他呼吁人们回归自然权利,提出要以人人有权做自己喜欢的事作为道德标准,唯一的前提是不能侵犯他人也平等享有的这项权利。在这一模式下,国家唯一的职能是消极的——确保人们的这种自由不被扼制。

斯宾塞认为,一切伦理进步的根基在于人类素质对生活境况的适应。一切罪恶的根源在于"宪法对境况的不适应"。由于有机体本质中的适应过程持续发挥作用,罪恶趋于消失。尽管人类族群的道德构成还保有原初生活方式的残存,即一种以掠夺为目的并需要进行残酷的自我主张的生活方式,但适应能确保人类最终发展出新的道德构成,以此来满足文明生活的需求。人类的完美不仅是有可能实现的,还是不可避免的:

> 我们最终能发展出理想之人,这在逻辑上是确定无疑的,就像我们最理应相信的事物所得出的任何结论那般确定无疑,比如人都会

---

[25] "A Theory of Population, Deducted from the General Law of Animal Fertility," *Westminster Review*, LVII(1852), 488—501, esp. 499—500;《发展的假设》(*The Development Hypothesis*),重印于 *Essays*(New York,1907),I,1—7;见 *Autobiography*, 450—455。

[26] 见邓肯指出的有关魏斯曼的争议,见 *op. cit.*, pp. 342—352。

死……因此，进步不是偶然，而是必然的。与其说文明是人为造就的，毋宁说它本来就是自然的一部分，如同胚胎的发育或花朵绽放一样，都是自然的一部分。[27]

除却部分议题偶有表现激进主义——土地私有制的不公、妇女儿童权利以及一种奇特的斯宾塞式的"可无视国家的权利"（但他后来的作品删去了这一点），斯宾塞著作的主要倾向还是极端保守的。他明确否定国家对"自然的"、无可阻碍的社会发展进行干预，因而他反对任何国家对穷人的援助措施。他认为，穷人因为没能适应社会，所以理应被淘汰。"自然界所做的全部努力，就是为了摆脱这种人，把他们从世间清除出去，为更好的人腾出空间。"自然对心理素质的要求无异于其对身体素质的要求，"无论在什么情况下，人的根本缺陷都可能导致其死亡"。如果有人因为头脑愚蠢、沾染恶习或游手好闲丢了性命，那么他们就与脏器虚弱或手脚畸形的受害者同属一个类别。在自然法则面前，所有人都要接受审判。如果这些人有足够的能力活着，他们就会活着，也应该活着。"如果他们没有足够的能力活着，他们就会死去，他们最好还是死去。"[28]

斯宾塞不仅谴责济贫法（poor laws），还谴责国家支持的教育、卫生监督（打击妨害滋扰除外）、住房条件监管，甚至包括保护无知者免受庸医侵害的国家举措。[29] 这就是对边沁的一个明确回应。

社会选择（social selection）尽管在斯宾塞后期著作里不那么突出，但也从未消失。他的社会学具体在多大程度上以生物学为基础，对此人们从未达成共识。斯宾塞体系的前后不一和模棱两可，导致出现了一大批其思想的注释者，而其中最孜孜不倦也最善良的还是斯宾塞自己。[30] 面对针对将生物学概念过于粗暴地应用于社会原则的指责，斯宾塞不得不一再坚持，他不反对面向社会不适者的个体慈善行为，因为这能提升捐助者的素质、加速利他主义的发展。他

---

[27] *Social Statics*, pp. 79—80.
[28] 同上，pp. 414—415。
[29] 同上，pp. 325—444。
[30] 面对当时常见的、认为他过分依赖生物学的指责，斯宾塞为自己进行辩护，并称自己也大量引用了心理学知识，见"The Relations of Biology, Psychology, and Sociology," *Popular Science*, L(1896), 163—171. 他也为自己有关伦理学的文章进行了辩护，称自己没有神化适者生存。"Evolutionary Ethics," *ibid*., LII(1898), 497—502。

反对的只是济贫法等国家强制措施。㉛

斯宾塞的社会学理论在《综合哲学》中得到了更充分的发展。在《社会学原理》(*The Principles of Sociology*)一书中,他用很长的篇幅对社会进行了有机体的解释,追溯社会和动物体在成长、分化、整合方面的相似之处。㉜ 尽管社会有机体和动物有机体意图不同,但他依旧认为两者的组织规律是相同的。㉝ 社会有机体和动物有机体中都存在生存斗争。生存斗争一度是社会进化不可或缺的,因为这使得小群体存在不断凝聚成大群体的可能性,催生出最早的社会合作形式。㉞ 但是,作为和平主义者与国际主义者的斯宾塞,没有将这一分析应用于当代社会。他断言,在未来,这些存在于社会内部的斗争将失去作用并逐渐消亡。斗争和征服所带来的这一社会合并过程本身,就消除了冲突持续的必要性。社会将从野蛮或好战的阶段,进入一种工业的阶段。

在好战阶段,社会组织起来的主要目的是生存。这一阶段布满军事武器,操练民众备战,依赖国家专制,抑制个体,大量推进强制性合作。最能体现这些好战特质的人将在这种社会竞赛中存活,最能适应好战集体的个人将占据主导地位。㉟

好战国家不断将战败者置于其控制之下,创造出越来越大的社会单位,拓宽了其内部和平以及工业艺术应用逐步成为常态化的领域。至此,好战型社会达到实现均势的进化阶段。在这一阶段,工业型社会萌生,这种基于契约而非

㉛ Duncan, *op. cit.*, p. 366.

㉜ "A Society Is an Organism," *The Principles of Sociology* (3rd ed., New York, 1925), Part II, chap. ii. 针对斯宾塞的生物有机体理论,有一篇精彩的评论见 J. Rumney, *op. cit.*, chap. ii.

㉝ 斯宾塞在贯彻其社会有机体理论时并不一致。正如 Ernest Barker 指出,斯宾塞没能解决其个人主义伦理与社会有机概念之间的对抗问题。斯宾塞似乎从其个人主义偏向中推导出原子论的想法,即一个社会仅为其个体成员的数量总和,其特征也是个体素质的集合,他在《社会静力学》和《社会学研究》中对此表述得最为清晰(*Social Statics*, pp. 28—29; *The Study of Sociology*, pp. 48—51)。但在《社会学原理》中,斯宾塞认为,社会有机体中出现了"一种与其各个单位的生命全然有别的整体生命(a life of the whole),尽管这种整体生命诞生于这些单位生命"(3rd ed., I, 457)。他的伦理标准也有类似的二元论,这些标准有时取决于进化的非个人要求决定,有时取决于个人的享乐主义。可比较 A. K. Rogers, *English and American Philosophy Since 1800*, pp. 154—157。

㉞ *The Principles of Sociology*, II, 240—241.

㉟ 同上,Part V, chap. xvii.

身份地位的模式区别于旧有形式,处于和平状态[36],尊重个体,更具异质性和可塑性,更可能摒弃经济独立自主,转而与其他国家进行工业合作。在这一阶段,自然选择催生出的是另一种素质。工业社会要求保障人的生命、自由和财产,与此最为相称的人类素质是和平、独立、仁慈和诚实。新的人性的出现,加速了社会从利己主义转向利他主义的趋势,这将解决所有的伦理问题。[37]

斯宾塞强调,符合生存利益的工业社会的合作,必须是出于自愿而不是国家强制。对生产和分配实行管制的国家,更类似于好战型社会的组织,这对工业社会的生存来说是致命的;这种管制惩罚的是优秀公民及其后代,有利于低劣公民。采用这一举措的社会将会被其他社会超越。[38]

1872—1873年间,斯宾塞的《社会学研究》一书在《大众科学月刊》(*Popular Science Monthly*)以连载形式首次在美国出版,后又收入《国际科学丛书》,他在书中对社会科学实际价值的概念进行了简述。斯宾塞写作此书,旨在表明一种自然主义的社会科学的可取性,并保护社会学免受神学家和非决定论者的批判,最终也对社会学在美国的兴起产生了显著影响。[39] 建立一门研究社会的科学,戳穿立法改革者的幻想,这个念头令斯宾塞兴奋不已。他认为,这些改革者通常假定社会成因和效果是简单而容易计量的,那些旨在缓解压力和治愈痼疾的计划总能产生预期的效果。社会学这门科学可以教导人们对社会的因果关系进行科学思考,这将帮助他们意识到社会有机体的高度复杂性,不再把匆促立法看作伟大的万灵丹。[40]

按照斯宾塞的设想,社会学的伟大任务是描绘"社会进化的正常历程",表明任何一项政策都将对社会进化造成影响,谴责各类干扰社会进化的行为。[41] 斯宾塞的社会学,目的不在于引导人们有意识地控制社会进化,而在于表明人类绝对不可能实现这种控制,表明知识体系能实现的最好目标就是教导人们更

---

[36] 从好战型社会向工业型社会过渡的概念,在不列颠治世(Pax Britannica)时期似乎更可信。*The Principles of Sociology*,II,620—628。

[37] 同上,Part V,chap. xviii,"The Industrial Type of Society";cf. *The Principles of Ethics*,Vol. II,chap. xii。

[38] *Principles of Sociology*,II,605—610;另见 *Principles of Ethics*,I,189。

[39] Cooley,*op. cit.*,pp. 129—145.

[40] *The Study of Sociology*,chap. i.

[41] 同上,pp. 70—71。

乐于服从进步中的动态因素。斯宾塞认为，真正的社会理论发挥了一种润滑剂的功能，其本身并非进步的动力：润滑剂用来给车轮上油，减少摩擦，但本身并不能维持发动机运转。[42] 他说："没有什么比社会得以不受阻碍地进步更好了；但那些想要追求各类错误概念而施行的政策，可能会以干扰、扭曲、压抑的方式对社会进步造成巨大破坏。"[43] 适当的社会理论，斯宾塞总结道，都将承认生物学的"普遍真理"，避免通过"人为地保护那些最没能力照顾自己的人"而与选择原则背道而驰。[44]

四

快速的扩张、剥削的手段、绝望的竞争、对失败不容置疑的否决……南北战争后的美国社会，就像一幅展示了达尔文主义生存斗争和适者生存的巨型讽刺漫画。成功的商业企业家明显是近乎本能地接受了这些看似形容自己所处境况的达尔文主义术语。[45] 商人不同于那些通常精于表达的社会哲学家，但通过对他们所持社会观的粗略再现，可以展示社会选择这一看似成立的类比多么契合商人思维，以及斯宾塞体系广泛的进化乐观主义多么大受欢迎。进步福音传遍了这个国家，经济成功带来的激励甚至吸引了不少道德视野远超商业视野的人们。沃尔特·惠特曼（Walt Whitman）在其《民主的前景》（*Democratic Vistas*）中写道："我清楚地感知到，美国社会这种极端的商业能量和近乎疯狂的财富欲望是社会向善和进步的一部分，对实现我所希望的结果作出了不可或缺的准备。我的理论包括财富和获取财富……"无疑有很多人赞赏铁路高管昌

---

[42] Duncan, *op. cit.*, p. 367.
[43] Spencer, *op. cit.*, pp. 401—402.
[44] 同上，pp. 343—346。
[45] 1896年，有社会学家这样写道："如果某个'工业头领'（captain of industry）偶尔没能表现出一种好战精神，那才是怪事。头领们之所以能从队伍中崛起，主要是因为他比多数人更能打仗。竞争性商业不是铺着花瓣的安乐窝，而是充斥着'生存斗争'的战场，决定着谁是得以在行业生存的'适者'。这个国家的大奖不是诞生在政界、文坛或法律、医学领域，而是诞生在工业产业。成功之人收获赞美和荣誉。这个社会回报商业繁荣以权力、赞誉和奢华生活，其回报之巨甚至诱惑着智识最高的群体。能力出众者能在制造业或商业中得到最强大的能量。这些事业独具的风险，深深吸引着那些具有冒险精神和创造力的人。这种激烈但无声的竞赛给这个国家培养出了一种特殊的性格，其特征是充满活力、能量和专注力，擅长结合多方力量实现目标，能准确预判社会事件的后果。"C. R. Henderson, "Business Men and Social Theorists," *American Journal of Sociology*, I(1896), 385—386.

西·德普(Chauncey Depe)的断言,他说,纽约市的大型晚宴和公共宴会的座上宾,代表的正是千千万万为求名利和权势而来并成功存活的适者,正是其"超乎常人的能力、远见与适应力"让他们在这座国际大都市的激烈竞争中胜出。[46] 另一位铁路巨头詹姆斯·J. 希尔(James J. Hill)则撰文为企业的合并进行辩护:"铁路企业的命运正是由适者生存的法则决定的。"他还暗示,大型铁路吸收小型铁路是强者胜利在工业化上的一种体现。[47] 在一场主日学校讲话中,约翰·D. 洛克菲勒(John D. Rockefeller)说道:

> 大型企业的发展不过是适者生存的体现……要培育"美国丽人",让这种玫瑰散发出令人喜悦的夺目光彩与芬芳,只能首先掐掉周围更早冒头的花苞。这在商业上并不是什么邪恶的倾向。这只是自然法则和上帝法则在起作用。[48]

斯宾塞最杰出的门徒要数安德鲁·卡内基(Andrew Carnegie),卡内基亲自找到这位哲学家并成为其密友,给予他不少帮助。卡内基在自传中谈道,他对基督教神学的崩溃感到无比烦恼和困惑,直到后来花力气读了达尔文和斯宾塞的著作。

> 我记得那光,就如洪水般涌入,一切都豁然开朗了。我不仅因此抛弃了神学和超自然学说,更是发现了进化论的真理。"一切都好,因为一切都将变得更好"成为我的座右铭,给予我真正的安慰。人类被创造出来时,没有堕落的本能,他是经过低级形式上升到高级形式而被创造出来的。人类臻于完美的过程也没有任何可见的终点。他的脸被转向光明,沐浴在阳光之中,他向上看。[49]

发现社会规律建立在自然秩序的永恒规则之上,或许是一种慰藉。卡内基曾撰文强调竞争法则的生物基础,这篇刊于《北美评论》的文章被他自己认为是最出彩的一篇。"无论我们如何反对这条看似严苛的法则,"他写道,"它就在那里,我们无法回避它,也没有任何发现可以取代它。再者,尽管有时这条法则对个体特别严苛,但对全人类来说是最优的,因为它保证各领域生存的都是适

---

[46] *My Memories of Eighty Years* (New York, 1922), pp. 383—384.
[47] *Highways of Progress* (New York, 1910), p. 126; cf. also p. 137.
[48] 转引自 William J. Ghent, *Our Benevolent Feudalism*, p. 29。
[49] *Autobiography of Andrew Carnegie* (Boston, 1920), p. 327.

者。"即便文明包含的这种个人主义基础也终将被文明抛弃,但这不会发生在我们所处的时代,它将发生在一个"长期的、接下来的社会学阶段",而我们的责任仅在此时此地。㊾

斯宾塞社会思想收获的反应无法与其思想主体割裂来看;然而他的成功可能部分源于他对美国社会的守门人说了他们想听的话。格兰杰派(Grangers)、"绿背派"(Greenbackers)、单一税派、劳工骑士团(Knights of Labor)、工会成员、民粹主义者、社会主义者中的乌托邦派和马克思派,都质疑现有的自由企业发展模式,要求国家施行改革或彻底改造社会秩序。那些希望沿用现有方式的人不得不诉诸社会理论,来回应日益高涨的批评声。钢铁制造商艾布拉姆·S.休伊特(Abram S. Hewitt)曾说:

> 宗教系统与政府计划亟待解决这样一个问题,如何让那些平等享有自由的人——也就是享有平等政治权利并因此享受财产权的人——乐意接受正义法则的作用的必然结果,那就是财产分配的不均等。㊿

斯宾塞式的体系可以解决这个问题。

保守主义和斯宾塞哲学携手并进。他在正式社会学著作和系列短论中宣扬的选择学说,用生物学为自由放任进行牵强辩护,满足了那些天选之子对科学原理的渴望。斯宾塞为个人与企业的绝对自由请愿,就像一场长篇哲学陈述,解释了宪法对不经正当法律程序干涉个人自由和财产的禁令。他在宇宙框架内推进的这种普同的政治哲学,无异于最高法院对宪法第十四条修正案解释所秉持的政治哲学,极其出色地扭转了国家改革的潮头。正是斯宾塞哲学与最高法院对其正当法律程序解释的合流,激发了霍姆斯大法官的抗议(他本人也是斯宾塞的仰慕者):"第十四条修正案,并非要立法通过赫伯特·斯宾塞先生的《社会静力学》。"㊁

普及斯宾塞思想的传播者们,也同样对社会持有保守主义观点。1872年,尤曼斯从科普宣传工作中抽出时间,抨击争取八小时工作制的罢工者。他用斯

㊾ "Wealth," *North American Review*, CXLVIII(1889),655—657.
㊿ Allan Nevins,ed., *Selected Writings of Abram S. Hewitt*(New York,1910),p.277.
㊁ Lochner *v.* New York,198 U. S. 45(1905).

宾塞式的风格敦促劳工,应该"接受文明之精神,这种精神是温和的、建设性的、受理性控制的,是缓慢改善而进步的。以强制性暴力措施快速获得极大的有利条件这一企图将必然落空"。他提议,通过教育向人们传授政治经济学和社会科学要义,以此避免类似的错误发生。[53] 尤曼斯抨击刚刚成立的美国社会科学协会,说他们没有"站在科学的角度,对社会进行严肃而不掺杂激情的研究",却致力于那些不具备科学依据的改革举措。他宣称,在认清社会行为的规律之前,改革是盲目之举。该协会应能认识到,在这样一个自然的、有自我调节能力的活动领域,政府的干预往往会带来浩劫。[54] 和尤曼斯观点一致的人会认为社会向善的空间实在太小,因为他们相信,科学已经表明了,"我们生来可能有好有坏,但无论谁出生在天平的底部,都不可能上升到天平的顶端,因为整个宇宙的重量都压在他身上"[55]。

接受斯宾塞哲学,意味着改革意愿的瘫痪。《进步与贫困》(*Progress and Poverty*)出版几年后,尤曼斯某天当着作者亨利·乔治(Henry George)的面,强烈谴责了纽约的政治腐败,富人们发现由此能够牟取私利时,更是无视或助长了这种腐败。乔治问他:"你认为应该怎么做?"尤曼斯回答道:"什么都不做!我们根本什么都做不了。这完全是进化的问题。我们只能等待进化。可能在进化了四五千年后,人类可以超越现在这个阶段。"[56]

斯宾塞在美国的受欢迎程度可能在1882年秋达到顶峰,彼时他造访美国,留下了一些令人难忘的瞬间。素来不喜记者的斯宾塞受到了美国新闻界的广

---

[53] Youmans, "The Recent Strike," *Popular Science Monthly*, III(1872), 623—624. 另见 R. G. Eccles, "The Labor Question;" *ibid.*, XI(1877), 606—611; *Appleton's Journal*, N. S., V(1878), 473—475。

[54] "The Social Science Association," *Popular Science Monthly*, V(1874), 267—269. See also *ibid.*, VII(1875), 365—367.

[55] "On the Scientific Study of Human Nature," 重印于 Fiske, *op. cit.*, p. 482. 其他保守主义斯宾塞派的观点表述,见 Erastus B. Bigelow, "The Relations of Capital and Labor," *Atlantic Monthly*, XLII (1878), 475—87; G. F. Parsons, "The Labor Question," *ibid.*, LVIII(1886), 97—113; "Editor's Table," *Appleton's Journal*, N. S., V(1878), 473—475。

[56] Henry George, *A Perplexed Philosopher*, pp. 163—164 n. 费斯克尽管与尤曼斯同持保守主义观点,但不像后者那般担忧激进主义会威胁到美国文化。见 Fiske, *op. cit.*, pp. 381—382 n. 关于有美国思想家彻底受到斯宾塞影响之后的社会观,见 Henry Holt, *The Civic Relations*(Boston, 1907),以及 *Garrulities of an Octogenarian Editor*, pp. 374—388.

泛关注,酒店经理和铁路代理争相为他服务并感到荣幸之至。[57] 斯宾塞最终勉强接受了记者们的综合性"采访",(以稍显刺耳的论调)表达了他的担忧,说美国的民族素质尚未完全发展至可以充分利用共和制的程度。[58] 但是,未来的前景还是令人鼓舞的。他对记者说,从"生物学的真理"来看,他推断,构成美国人口的不同类型的雅利安人种相互联姻与混合,终将诞生"和迄今所有类型相比更为优秀的人"。无论目前有什么困难需要克服,美国人都"有理由期待那一刻,届时美国将孕育比其他文明更伟大的文明"[59]。

在一次戴尔莫尼科饭店匆促举办的晚宴上,斯宾塞的美国之行达到了高潮,美国知名人士利用此次机会对他表达自己的敬意。晚宴的座上宾皆为美国文学、科学、政治、神学和商业领域的领导者。面对这群杰出的听众,斯宾塞传达了一些略显失望的信息。他谈到自己的个人观察,认为美国的生活节奏过于匆忙,十分劳苦,有关辛勤工作的福音过于激昂,而过度劳累会毁掉他这些朋友们的身体。对他这番反努力的呼吁,来宾们努力地回报以过分恭维的赞扬,就连好面子的斯宾塞本人也感到尴尬得恼人。[60] 威廉·格雷厄姆·萨姆纳认为,社会学的奠基要归功于斯宾塞;卡尔·舒尔茨(Carl Schurz)表示,如果南方人熟悉他的《社会静力学》,南北战争就可以避免了;约翰·费斯克断言,斯宾塞对宗教作出的贡献不亚于他对科学的贡献;亨利·沃德·毕奇尔在慷慨陈词的最后有一些不甚和谐的表达,他说自己很期待与斯宾塞在另一个世界再相会。

无论来宾们对斯宾塞思想之精妙的赞赏表达得多么有瑕疵,此次宴会无疑表明了斯宾塞在美国的受欢迎程度。在码头等待返回英国的轮船时,斯宾塞抓住了卡内基和尤曼斯的手。他对记者们高喊:"这是我最好的两位美国朋友!"[61] 这番真情流露不但在斯宾塞身上极其罕见,更象征着新科学与商业文明前景的琴瑟和鸣。[62]

关于经济学和社会学上的批判性改革主义、哲学上的实用主义,还有其他

---

[57] Duncan, *op. cit.*, p. 225.
[58] Youmans, ed., *Herbert Spencer on the Americans*, pp. 9—20.
[59] 同上, pp. 19—20. See *Nation*, XXXV(1882), 348—349。
[60] Spencer, *Autobiography*, p. 479.
[61] Burton J. Hendrick, *The Life of Andrew Carnegie* (New York, 1932), I, 240.
[62] 同上, Vol. II, chap. xii。

驱散了这股斯宾塞风潮并取而代之的思想趋势,我们留到本书的其他章节进行讨论。我们只需说,斯宾塞著作的受欢迎程度在他1903年去世之后,还延续了很多年。晚年的斯宾塞已经意识到,时代潮流正与他的传道方向相反,有来访者向他汇报,自己对斯宾塞政治学说受冷落、个人主义衰落、社会主义理想崛起感到"无比失望"。[63] 1917年,有信教的观察家嘲讽道:"赫伯特·斯宾塞这个名字只能让人联想到25年前。强者也会倒下啊!如今人们对赫伯特·斯宾塞实在是兴趣寥寥!"[64]

尽管斯宾塞对于年轻一代来说确实失去了旧时的权威光环,但写下这句话的人忘记了,如今处于社会主导地位的当代宣传家、实业家、教师和作家,都曾在斯宾塞的影响下度过了他们的青少年时期。无论《综合哲学》如何盖棺论定,斯宾塞强调进化的个人主义都给人们留下了不可磨灭的烙印。迟至1915年,《论坛》(Forum)杂志才决定,应当重印《人与国家》(The Man Versus the State)、《新托利主义》(The New Toryism)、《即将到来的奴隶制》(The Coming Slavery)、《过度立法》(Over-Legislation)、《立法者之罪》(The Sins of Legislators)等斯宾塞的个人主义短论集,并附上一众共和党知名人物的评论,这足以消除人们对斯宾塞对杰出国家领导者影响力的怀疑。[65] 对于编辑面向"明白斯宾塞著作对美国社会体系巨大价值的美国思想领袖们"的征稿请求,尼古拉斯·默里·巴特勒(Nicholas Murray Butler)、查尔斯·威廉·艾略特(Charles William Eliot)、众议员奥古斯都·P. 加德纳(Augustus P. Gardner)、埃尔伯特·H. 盖瑞(Elbert H. Gary)、大卫·杰恩·希尔(David Jayne Hill)、亨利·卡伯特·洛奇(Henry Cabot Lodge)、伊莱休·鲁特(Elihu Root)和哈兰·费斯克·斯通(Harlan Fiske Stone)都有所回应。希尔在评论中表示,他观察到,美国也出现了斯宾塞在英国始终反对的那种致命而不合逻辑的程序,"即以自由之名,逐步施加新的约束……使公民愈加受制于不断高涨的官僚主义暴政",表明斯宾塞文章的再版是向威尔逊的"新自由"理念发出反对宣言。[66]

---

[63] W. H. Hudson, "Herbert Spencer," *North American Review*, CLXXVIII(1904), 1—9.

[64] *Catholic World*, cited in *Current Opinion*, LXIII(1917), 263.

[65] 这些短论收录于1916年重印的《人与国家》,编辑是克斯顿·比尔(Truxton Beale)。

[66] 同上,p. ix。评论见 *Nation*, CI(1915), 538。1940年,阿尔伯特·杰伊·诺克(Albert Jay Nock)出版了一部斯宾塞短论集来批评"新自由"理念,书名与比尔所编版本相同。

早在斯宾塞的学说引进之前，个人主义已经融入了美国的国家传统，但到了我们工业文化的扩张时期，他却成为这一传统的代言人，即便他没有改变个人主义的进程，也极大地丰富了个人主义的渊源。如果说后人无法感知斯宾塞对美国思想的持久影响，可能只因为它已经被美国思想彻底吸收。[67] 他所用的语言，已经成为个人主义传奇故事的标配。"你不可能让整个世界全部按照计划运行或是充满温情，"一位来自中镇的商人说，"只有最强大、最优秀的人才能生存——这毕竟是自然的法则，从过去到将来都是如此。"[68]

---

[67] Thomas C. Cochran, "The Faith of Our Fathers," *Frontiers of Democracy*, VI(1939), 17—19.

[68] Robert S. and Helen M. Lynd, *Middletown in Transition*(New York, 1937), p. 500.

第三章

威廉·格雷厄姆·萨姆纳：社会达尔文主义者

> 要明白，我们没有别的选项：要么是自由、不平等且适者生存，要么是不自由、平等但不适者生存。前者带动社会向前发展，有利于所有最优秀的社会成员；后者带动社会向下发展，有利于所有最糟糕的社会成员。
>
> ——威廉·格雷厄姆·萨姆纳

一

美国最有生命力和影响力的社会达尔文主义者，要数耶鲁大学的威廉·格雷厄姆·萨姆纳。萨姆纳不仅对进化论作出了惊人的改编，使之适应保守派思想，还用他流传甚广的书籍和文章，有效传播了自己的哲学观点，把他在纽黑文颇具战略意义的教学岗位，改装成了社会达尔文主义的布道坛。他对其所处时代进行的综合分析，尽管或许不如斯宾塞的那么宏大，但更为大胆，体现出其鲜明而直率的悲观主义。萨姆纳的综合分析融汇了西方资本主义文化的三大传统：新教伦理、古典经济学教义以及达尔文的自然选择学说。与此相应地，萨姆纳在美国思想发展史上同时扮演了三个角色：伟大的清教布道者、李嘉图和马尔萨斯古典悲观主义的传播者，以及进化论的同化者和普及者。① 他的社会学弥合了欧洲宗教改革推动下形成的经济伦理与 19 世纪思想之间的差距，因为他把符合新教教徒理想的勤劳、节制、节俭之人，等同于生存斗争的"强者"或"适者"；他的社会学用某种似乎曾被认为是加尔文主义的、科学的强硬决定论，支持李嘉图式的不可避免性与自由放任原则。

1840 年 10 月 30 日，萨姆纳出生于新泽西帕特森。他的父亲托马斯·萨姆纳是一位勤勉的英国劳工，教育全靠自学，来到美国是因为英国工厂体系的发展破坏了家族从事的产业。老萨姆纳教导儿女尊重新教传统的经济生活美德，儿子威廉对他的行事节俭印象深刻，后来更是赞美银行储户，说他们是"文明的英雄"②。这位社会学家后来这样谈起自己的父亲：

> 他有最好的原则和生活习惯，知识面广，判断力强。他就是《米德尔马契》(*Middlemarch*)里迦勒·加思(Caleb Garth)那样的人。我年轻时从书本和他人身上吸收了一些与父亲不同的观点和意见。如今在那些问题上，我不再赞成其他人的看法，而是与他保持一致。③

萨姆纳早年时期，社会普遍奉行古典经济学教义，这强化了父亲传承下来的思想遗产。萨姆纳开始认为，金钱上的成功是勤勉和节俭的必然产物，他所在的生机勃勃的资本主义社会是古典理想秩序的体现，在那里，与人行善是自动自觉的，竞争是自由的。14 岁时，萨姆纳已读过哈丽雅特·马蒂诺(Harriet Martineau)所著的颇受欢迎的丛书《政治经济学图解》(*Illustrations of Political Economy*)，这套读物把李嘉图式的原则编成寓言故事，便于大众了解自由放任经济的优点。萨姆纳正是从中了解到李嘉图的工资—基金理论(wage-fund doctrine)及其推论："没有什么能长期影响工资水平，却不影响人口与资本的比例""劳动者联合起来对抗资本家……也无法保证工资能长期上涨，除非劳动力供不应求——但如果出现这种情况，罢工往往是没有必要的。"他还在书里

---

① Charles Page, *Class and American Sociology*, pp. 74, 103, 强调了新教传统中的经济伦理对萨姆纳思想的重要性。Ralph H. Gabriel 在 *The Course of American Democratic Thought*, pp. 147-160 中指出，新教经济伦理在萨姆纳时期对美国思想的重要性。萨姆纳为这一传统提供例证的文章，或可见于 *Essays of William Graham Sumner*, edited by A. G. Keller and M. R. Davie, II, 22 ff., 以及 *The Challenge of Facts and Other Essays*, pp. 52, 67。

② *Essays*, II, 22.

③ *Earth-Hunger and Other Essays*, p. 3.

找到了一些虚构的证据，比如"自动保持平衡的能力是……商业交换系统所固有的，任何人对其无障碍运作的结果表示担忧，无异于荒谬之举"，以及"使资本偏离正常轨道，转入国内用于生产昂贵而低劣的产品，而不是在国外采购更便宜、更优质的同等产品，这是一种犯罪"。马蒂诺小姐认为，无论是公共还是私人的慈善机构，都没办法减少穷人的数量，只会鼓励人们不劳而获，滋生"贪污、暴政和欺诈"。④ 后来，萨姆纳称自己有关"资本、劳动、货币、贸易的概念，在年少时所读的书里已经全部成形"⑤。他似乎对大学时背诵的弗朗西斯·韦兰（Francis Wayland）政治经济学标准教材没什么印象，又或许，这些课文只是证实了他原本的信念。

1859 年，年轻的萨姆纳被耶鲁本科学院录取，致力于神学研究。他就读本科那几年，耶鲁依旧是神学正统的主要阵地，其领导者是博学广识的校长西奥多·德怀特·吴尔玺（Theodore Dwight Woolsey），以及道德哲学与形而上学教授、牧师诺亚·波特（Noah Porter）。吴尔玺彼时刚从古典学术研究转向，写出了《国际法导论》（*Introduction to the Study of International Law*），而他的继任者波特也将在日后，与萨姆纳就新兴科学应如何立足于课堂教育进行交锋。青年时代的萨姆纳颇为冷漠（他能严肃提出"阅读小说是正当行为吗？"这样的问题），这种态度令很多同学不喜。但他交往的朋友尽管数量不多，财力却能很好地补足。萨姆纳的一位好友威廉·C. 惠特尼（William C. Whitney），说服自己的哥哥亨利资助萨姆纳出国深造。萨姆纳前往日内瓦、哥廷根和牛津大学研究神学期间，惠特尼夫妇还帮他找了个"替补"参加联合军（Union Army）。⑥ 1868 年，萨姆纳被选举为耶鲁大学的导师（tutor），自此开始了他与这所大学延续终生的教职关系。这段关系只在他给一家宗教报纸担任编辑以及前往新泽西莫里斯敦圣公会教堂担任牧师时，中断过几年。1872 年，他升任耶鲁本科学院的政治和社会科学教授。

尽管萨姆纳个性冷淡，课堂态度干脆武断，他却比耶鲁大学史上任何教师

---

④ *Illustrations of Political Economy*（London, 1834），III, Part 1, 134－135，以及 Part II, 130－131；VI, Part I, 140，以及 Part II, 143－144。

⑤ *The Challenge of Facts*, p. 5.

⑥ Harris E. Starr, *William Graham Sumner*, pp. 47－48.

拥有更多的支持者。⑦ 高年级学生在他的课上收获了独特的满足感,低年级学生则期待早日升学,好报上他的课。⑧ 无论对课程有没有兴趣,威廉·莱恩·菲尔普斯(William Lyon Phelps)在耶鲁求学时,坚持选修了萨姆纳开的每一门课。关于萨姆纳如何与对他有异议的学生打交道,菲尔普斯给我们留下了一幅难忘的画面:

"教授,您不相信任何政府的产业援助措施吗?"

"不信!要么找到吃的,要么等死,就是这样。"

"好吧,但即便是猪,不是也享有获得根茎的权利吗?"

"没有这种权利。这个世界不亏欠任何人的任何生计。"

"那么教授,您只相信一种制度,也就是契约竞争体系?"

"这是唯一健全的经济体系,其他任何体系都是谬论。"

"好吧,那假设有位政治经济学教授抢了您的工作,您不会很恼火吗?"

"我欢迎所有教授都来试试看。如果他能抢到,那是我的问题。我的工作就是把这门学科教好,好到没有人能把工作从我手中抢走。"⑨

萨姆纳所著的文章,都带有其早年宗教教养和个人兴趣的烙印。尽管他很快便不再使用那种神职人员的措辞,但他骨子里依旧是一个劝人改宗者、一名道德家、一个支持事业的人,对于深究其反对者的错误和不公,他兴趣不大。他的传记作者写道:"他所展现的心智类型,更像希伯来人而不是希腊人。他注重直觉,性格顽强,惯于强调,狂热而无情地捍卫道德,热衷谴责,仿若先知一般。"⑩ 他或许坚持认为,政治经济学作为一门描述性科学,应该剥离道德因素⑪,但他对保护主义者和社会主义者的批评却带有浓重的道德色彩。他的那些受到欢迎的文章,读起来就像是布道词。

---

⑦ 可比较阿尔伯特·加洛韦·凯勒(Albert Galloway Keller)在"The Discoverer of the Forgotten Man," *American Mercury*, XXVII(1932), 257—270 中对萨姆纳影响力的讨论。

⑧ William Lyon Phelps, "When Yale Was Given to Sumnerology," *Literary Digest International Book Review*, III(1925), 661—663.

⑨ 同上, p. 661。

⑩ Starr, *op. cit.*, p. 322.

⑪ 可比较 *What Social Classes Owe to Each Other*, pp. 155—156。

萨姆纳这一生也不完全是为了讨伐而活。他的智识活动经历了两个相互重叠的阶段，划分这两个阶段的标志，只是他在思想而非工作方向上的转变。从19世纪70年代、80年代直至90年代初期，他在大众杂志专栏里和讲台上，对改革主义、保护主义、社会主义和政府干预主义发动了一场护圣之战。这一时期，他先后出版和发表了《社会阶级间的负债》(What Social Classes Owe to Each Other, 1883)、《被遗忘的人》(The Forgotten Man, 1883)和《改变世界的荒谬之举》(The Absurd Effort to Make the World Over, 1894)。但到19世纪90年代初，萨姆纳开始将注意力转向社会学学术研究。正是在这一时期，他完成了《争地之欲》(Earth Hunger)的手稿，并计划写作《社会科学》(Science of Society)这部巨著。萨姆纳的工作量总是远高于常人，当他意识到有关人类习俗的章节已经写了20万字，便决定将这部分单独出版成册，故而1906年出版问世的《民俗论》(Folkways)几乎像是后来添上的作品。[12] 尽管萨姆纳青年时深厚的道德情感最终让位于他专研社会科学时更复杂的道德的相对主义，但他最基本的哲学理念从未改变。

二

萨姆纳社会哲学的主要前提来自赫伯特·斯宾塞。牛津大学毕业后的好几年，萨姆纳关于能否创建一门系统的社会科学，"脑海中隐约浮现了一些模糊的概念"。1872年，《社会学研究》开始在《当代评论》(Contemporary Review)杂志上连载，萨姆纳马上抓住斯宾塞的观点，也被社会科学范畴中的进化论观点所吸引。斯宾塞的提议似乎表明了萨姆纳逐渐萌芽的思考所具有的充分潜力。这个曾对斯宾塞《社会静力学》不屑一顾的年轻人（因为"我不相信自然权利，也不相信他所谓的'基本原理'"）此时发现自己无法抗拒《社会学研究》，认为"它解决了那个社会科学与历史关系的古老难题，把社会科学从怪人的统治下拯救出来，划出了一个明确而宏伟的研究领域，我们终于有希望找到解决社会问题的明确结果"。又过了几年，O. C. 马什教授(O. C. Marsh)有关马的进化

---

[12] 可比较 The Science of Society, I, xxxiii 的前言。萨姆纳生前未能完成此书的工作。此书后由凯勒完成并于1927年出版，分四卷，耶鲁大学出版社出版。

的研究,使萨姆纳完全确信了发育假说。他一头扎进达尔文、海克尔、赫胥黎和斯宾塞的研究,对进化论深信不疑。[13]

与达尔文之前一样,萨姆纳体系也从马尔萨斯(Malthus)的学说中提取了一些首要原则。就很多方面来看,他的社会学只是重溯了从马尔萨斯到达尔文再通过斯宾塞发展至现代社会达尔文主义,基于生物学和社会学推导的几个步骤。萨姆纳认为,人类社会的基础是人—地比例(the man-land ratio)。人类终将要从土地中谋得生计,而人类能实现的生存方式对土地的获取方式,以及他们在这一过程中的相互关系,都取决于人口与可用土地的比例。[14] 在地广人稀之处,生存斗争相对不那么野蛮,民主的制度就有可能胜利。如果人口过多,给土地供应造成压力,攫取土地的欲望就会升腾,人类族群将在世界范围内迁移,军国主义和帝国主义崛起,战争冲突肆虐——主导政府的将是贵族统治。

人类为适应土地条件而展开斗争,也因此展开了对征服自然的领导权的竞争。萨姆纳在他的科普短论中强调了这样一个观点,即生活的困苦是人类与自然斗争的附带事件,"我们不能因为我们对此都有份,就责怪其他同胞。我和我的邻居都在努力摆脱这些弊病。如果我的邻居在斗争中表现比我好,就这一事实而言,我没什么好委屈的"。[15] 他接着写道:

毫无疑问的是,那些拥有资本的人在生存斗争中的优势,要比那

---

[13] 见 The Challenge of Facts, p.9 的作者自传体简介。评估萨姆纳的社会学思想所受主要影响时,凯勒认为,斯宾塞位列第一,第二是尤里乌斯·利佩特(Julius Lippert),第三是古斯塔夫·拉岑霍弗尔(Gustav Ratzenhofer)。"William Graham Sumner," American Journal of Sociology, XV(1910), 832—835. 利佩特是一位德国文化历史学家,其所用的研究方法与《民俗论》类似。见利佩特的著作《人类文化学》(Kulturgeschichte der Menschenheit, 1886),此书于1931年被George Murdock译为《文化进化论》(The Evolution of Culture)并引入。拉岑霍弗尔是一名德国冲突理论派的社会学家。

诚然,萨姆纳并非不加批判地接收斯宾塞的思想。萨姆纳不接受斯宾塞进化即进步的观点,斯宾塞所持的乐观主义也对他毫无价值。他对政府合理的限制性措施这一概念,也不那么严苛。可比较 Starr, op. cit., pp. 292—293. 他并不十分坚持自由主义,理解工业社会对个人自由施加的限制。见 Essays, I, 310 ff. 最后,他的伦理相对主义也有别于斯宾塞的伦理理论。

斯宾塞由衷地认同萨姆纳对自由放任和产权的辩护方式。他曾试图说服英国的自由和财产捍卫联盟重印《社会阶级间的负债》。Starr, op. cit., pp. 503—505.

[14] Science of Society, chap. i. 另比较萨姆纳所撰短论《争地之欲》。他的这一观念与工资—基金理论的主要原理类似,可溯至萨姆纳早期熟悉的哈丽雅特·马蒂诺的作品。

[15] What Social Classes Owe to Each Other, p.17;另可与 p.70 进行比较。"自然界是全然中立的,屈从于那些最积极、最坚决对其发起攻击的人。她给予适者以奖赏……而不考虑任何别的因素。如果自由真的存在,那么人类从自然界得到的,与其存在和行为成正比。"The Challenge of Facts, p.25.

些没有任何资本的人大得多……这不是说一个人拥有了不利于另一个人的优势,而是说,他们在努力从自然界获取生存资料的过程中成为对手,拥有资本的人所具备的那种不可估量的优势胜于另一个人。否则,资本就无法形成。资本形成的唯一方式在于自我否定(self-denial)。如果拥有了资本,却不能因此得到更高水平的优势和优越性,人们就不会愿意为了获取资本而付出所有必要的代价。⑯

因此,生存斗争就像一场猎犬比赛,一个人追求机械论社会中的金钱上的成功,就好比猎犬追着野兔,而这一事实并不妨碍其他猎犬也这么做。

那种通过化解仇富心理而使穷人对此感到麻木的念头,或许启发了萨姆纳希望尽可能减少生存斗争的人类冲突,但他也从未停止把人类的竞争和动物斗争进行直接类比。⑰ 在19世纪70—80年代的斯宾塞式的智识氛围中,保守主义者自然会将竞争性社会的经济竞赛看作一种动物界斗争的反映。这种类比论证很简单:更适应环境的生物体的自然选择过程,可类比为更适应环境的人的社会选择过程;适应能力更强的有机形式,可类比为拥有更多经济美德的公民。这种竞争性秩序现在得到了一个适用于全宇宙的合理解释。竞争是光荣的。正如得以生存是能力的结果,成功也是美德的回报。萨姆纳对那些大肆补偿无德者的人,没有半点耐心。他曾(在1879年一场关于困难时期如何影响经济思维的演说中)宣称,不少经济学家:

……似乎很害怕世界上仍然存在贫穷和苦难,害怕只要人性之恶尚存,贫穷和苦难就必然存在。他们中有很多人惧怕自由,尤其惧怕以竞争形式表现的自由,他们甚至把竞争视为怪物。他们认为竞争对弱者来说过于苛刻。他们没有意识到,"强者"和"弱者"是无法定义的,除非这两个概念相当于勤劳和懒惰、节俭和奢侈。进一步来看,他们没意识到,如果我们不喜欢适者生存,那么唯一可选的,就是不适者生存。前者是文明的规律,后者是反文明的规律。我们可以在这两者之间进行选择,或者像过去那样摇摆不定;但如果说有第三种计

---

⑯ *What Social Classes Owe to Each Other*, p.76.
⑰ 萨姆纳有时将生存斗争,即他认为是个人面对自然界所作的努力,区别于其所谓的"生活中的竞争"(the competition of life)。后者是冲突的一种严格的社会形式,即人类的不同群体在征服自然的过程中联合起来进行斗争。可比较 *Folkways*, pp.16—17; *Essays*, I, 142 ff.

划——社会主义者迫切想要实现的——既能滋养不适者又能推进文明进程,这样的计划没人能达成。[18]

根据萨姆纳的观点,文明的进步依赖于这一选择过程,选择也依赖于竞争不受限制地发挥作用。竞争是一种自然法则,它"不可能被消除,就像万有引力一样"[19],忽视这一法则的后果,只能是悔恨。

三

撰写社会学著作之前,萨姆纳早在杂志文章中提出了其哲学的基础原理。他断言,生活的首要事实即生存斗争;这场斗争中最伟大的进步,即资本的产生,资本增加了劳动成果的丰硕性,为文明进步提供了必要手段。原始人很久以前已退出竞争性斗争,停止积累资本货物,其代价必然是落后和生活方式不开化。[20] 社会进步首先取决于世袭财富。这是因为,财富把个人努力作为第一重要的因素;财富的世袭能对勇于创业进取的勤劳之人保证,他们这些能令社群富足的美德还将在下一代身上存续。任何对世袭财富的突袭必然始于对家庭的攻击,从而将人降格到"猪"的状态。[21] 社会选择的运作有赖于保持家庭的完整。体能素质的继承构成了达尔文式理论的关键部分;而与之对等的,即对孩子们进行必要的经济美德教育。[22]

要让适者得以生存,社会得以获取有效管理带来的好处,就必然要向具有特殊组织才能的工业界领袖支付回报。[23] 他们获得的巨额财富,是对其发挥了监督管理职能的正当工资;在生存斗争中,金钱就是成功的象征(token),以数额来衡量这个世界实现了多少有效管理,消灭了多少浪费。[24] 百万富翁即为竞争性文明绽放出来的"花朵":

> 百万富翁是自然选择的产物,自然选择作用于全体人类,目的是

---

[18] *Essays*, II, 56.
[19] *The Challenge of Facts*, p. 68.
[20] 同上, pp. 40, 145—150; *Essays*, I, 231。
[21] *The Challenge of Facts*, pp. 43—44.
[22] *What Social Classes Owe to Each Other*, p. 73.
[23] *Essays*, I, 289.
[24] *What Social Classes Owe to Each Other*, pp. 54—56.

选出那些能胜任特定工作的人……百万富翁正是因为被这样选出来,财富——包括他们自己的和受托的财富——才会聚集在他们的手中……对某些工作来讲,他们很可以被视作自然选择出来的社会主体。他们享受高薪,生活奢侈,但这对社会来说还是很划得来的。他们所处的位置、所属的职业,有最激烈的竞争。这保证了所有能胜任这一职能的人都可以被雇用,成本由此将降到最低。[25]

在达尔文式的进化论模式中,动物之间存在不平等;这样一来,有更强适应能力的有机体形式才有可能出现,而把这种优势传给后代,就能实现进步。如果没有这种不平等,适者生存的规律就可能失去意义。相应地,在萨姆纳的进化论社会学中,权力之间存在不平等也很重要。[26] 竞争过程"根据数量和程度,培育一切存在的权力"。如果社会崇尚自由,那么所有人都能在斗争中自由展现才能,最终结果必定不会处处均等;脱颖而出的将是那些"有勇气、有进取创业精神、受过良好训练、有智慧、有毅力"的人。[27]

萨姆纳总结道,此类社会进化的原则,否定了美国崇尚平等和自然权利的传统意识形态。站在进化论的视角,平等是荒谬的;没人比那些在学校里研究自然的人更清楚,丛林中不存在什么自然权利。"面对自然,我们不可能有什么权利,除了我们必须从自然界获取一切可能的东西,这是生存斗争反复重申的唯一事实。"[28] 按照进化现实主义的冰冷说法,18 世纪流行的那种有关自然状态下人人平等的观念其实有悖于事实。以平等条件为前提的大批人类,永远无法成就任何事,只能处于毫无希望的野蛮之中。[29] 对萨姆纳而言,权利不过是不断演化的民俗凝结于法律之中。权利远非绝对,不是任何特定文化的前情——这只是哲学家、改革家、煽动者和无政府主义者的幻觉。权利的正确含义应该是"此时此地通行的社会竞争的游戏规则"[30]。在其他时间和地点,如果其他的习

---

[25] *The Challenge of Facts*, p. 90.
[26] *The Science of Society*, I, 615. 另可与 p. 328 比较,萨姆纳在此反对一种公有制的经济,理由是公有制经济使变异(variation)变得不可能——"而变异是进行新的调整的起点"。萨姆纳认为,大众是不可流动的,无益于社会改善。变异主要是上层阶级的特征。*Folkways*, pp. 45—47.
[27] *The Challenge of Facts*, p. 67.
[28] *What Social Classes Owe to Each Other*, p. 135.
[29] *Folkways*, p. 48.
[30] *Essays*, I, 358—362.

俗(mores)占据了主导地位,未来还将出现其他的规则。

每一个时期,都沾染了该时期特有的习俗的色彩。18世纪的平等、自然权利、阶级等观念衍生出了19世纪的国家和立法,而所有这一切都带有强烈的崇尚人道的信仰和气质。现在18世纪的观念开始消散,20世纪的习俗也不会沾染19世纪的人道主义色彩。[31]

萨姆纳对美国传统热门词汇的抗拒,还显著体现在他对民主的怀疑上。民主理想的"明灯"被视为一种伟大的希望、温暖的情感和极度友好的幻想,吸引了从尤金·德布斯(Eugene Debs)到安德鲁·卡内基这样背景迥异的人群。但对萨姆纳而言,民主不过是社会进化的暂时阶段,有利的人—地比例商数,和资本家阶级的政治需求,决定了民主的确立。[32]"民主,一种这个年代的迷信行为,不过是那完全不可抗拒的运动的一个阶段。如果你只和很少的人分享充足的土地,那么这些人彼此是平等的。"[33]他认为,民主作为一种基于功绩的进步的原则,"对社会而言是进步的、有利的"。[34]"工业或许是共和的,但只要人类生产力和职业道德依旧存在差异,工业就永远不可能是民主的。"[35]

早在J.艾伦·史密斯(J. Allen Smith)和查尔斯·A.比尔德(Charles A. Beard)发表他们的研究结论之前,萨姆纳在一篇从未发表的精彩文章里洞悉了国父们的制宪意图。他指出,他们害怕民主,试图在联邦制的结构里限制民主;但因这个国家所承袭的观念和环境注定了国家精神必然是民主的,美国的历史就是一部人民的民主脾性与其宪法体制之间持续的战争史。[36]

---

[31] *Essays*,I,86—87。

[32] *Earth Hunger*,pp. 283—317.

[33] *Essays*,I,185。

[34] 同上,I,104。

[35] 同上,II,165。

[36] 见"Advancing Organization in America," *ibid*., II,34c ff.,特别是349—350。萨姆纳在讨论边疆(the frontier)对美国独特的历史发展所产生的影响时,似乎预见到了弗雷德里克·杰克逊·特纳(Frederick Jackson Turner)后来发表的边疆假说。萨姆纳对民主的看法,见Gabriel,*op. cit*., chap. xix,以及哈里·埃尔默·巴恩斯(Harry Elmer Barnes)在"Two Representative Contributions of Sociology to Political Theory: The Doctrines of William Graham Sumner and Lester Frank Ward," *American Journal of Sociology*, XXV(1919),1—23,150—170中所作的讨论。

四

在和改革者们的论战中,萨姆纳有一件武器效果极佳,那就是从斯宾塞那里借来的进化论哲学概念——社会决定论(social determinism)。社会是数个世纪以来逐步进化的产物,不可能通过立法对其快速重造:

> 时间的浩荡洪流和世间万物将按其原样向前,无视我们的存在……我们每个人都是我们所属时代的孩子且无法摆脱。我们身处这一洪流,被洪流裹挟。我们获得的所有科学和哲学都由此而来。潮流并不因我们而改变,而是吞没我们和我们的试验……这就是为什么说,有人想坐下来在空白石板上用铅笔规划一个新的社会世界真是愚蠢至极。[37]

对于萨姆纳和斯宾塞来说,社会是一个超级有机体,按地质演变的速度发生变化。萨姆纳热情拥抱了斯宾塞的《社会学研究》,正是因为它强调变化之缓慢。在他看来,社会干预者苦苦追求的不过是一种妄想,妄想社会秩序中不存在自然规律,可以用人为的规律改造世界[38];但萨姆纳却期待斯宾塞的新科学能化解这些幻想。

萨姆纳就像进化论者特有的那样,对任何形式的社会向善论和唯意志论嗤之以鼻,把厄普顿·辛克莱(Upton Sinclair)和他的社会主义同伴斥为微不足道的干预者和社会庸医,试图随意打破社会生长的古老过程,用他们的狭隘念头改造社会。他们从"人人都应该感到幸福"这一前提出发,据此假定有可能让人人都感到幸福。他们从来不问"社会向着什么方向发展",或者"推动社会进步的机制是什么"。进化论会告诉他们,扎根历史土壤几个世纪的社会体系是不可能一夜之间被拆除的。历史会告诉他们,革命永远不可能成功——看看法国就知道了,拿破仑时代保留的根本利益和1789年之前没什么两样。[39]

---

[37] "The Absurd Effort to Make the World Over," in Essays, I, 105.
[38] 同上,II, 215。
[39] 见"Reply to a Socialist," in The Challenge of Facts, pp. 58, 219;有关改革立法的无效性,见 War and Other Essays, pp. 208—310;Earth-Hunger, pp. 283 ff.;以及 What Social Classes Owe to Each Other, pp. 160—161。

每种制度都有其无法避免的弊端。"贫穷属于生存斗争,我们一生下来,就加入了这场斗争。"[40]如果真能消灭贫穷,那也是通过对生存斗争更有力地执行,而不是通过社会动荡或空谈新秩序来实现。人类的进步根本上是道德的进步,而道德进步主要是通过积累经济美德。"让所有人保持清醒、勤勉、谨慎、明智,也让他们的孩子这么做,那么贫穷将在几代人的时间里被消灭。"[41]

因此,进化论哲学为反对立法干预自然提供了一条强有力的论据。关于什么是适当的国家限制性行为,萨姆纳的观点尽管不如斯宾塞的那么激烈,但也非常严厉。"从根本上来说,政府不得不处理的主要是两件事——男人的财产和女人的荣誉。政府必须保护这两件事免遭犯罪侵害。"[42]在教育领域,萨姆纳始终提倡进步,但在教育领域之外,他在活跃时期内,很少不对国内的改革建议进行抨击。1887年,萨姆纳在《纽约独立报》(Independent)发表一系列文章痛击部分现行改革计划,称其是猖狂利益集团的胡编乱造。他认为《布兰德银币法案》(Bland Silver Bill)是少数公职人员作出的不合理妥协,无法带给债务人、银矿工和其他任何群体任何实际援助。他指责,限制囚犯劳动的州法是为了回应党派的抗议而匆忙制定的无意义法律。《州际贸易法》法理不足,设计欠佳。铁路问题"远远超出了任何拟议立法的范围,铁路问题交织了太多复杂利益,立法者无法在不损害利益相关方的情况下进行干预"[43]。针对自由银币铸造运动,他以经济学正统的论点发出攻击。[44] 他认为,"所有的济贫法、所有的选举制度和支出"都是以牺牲资本为代价来保护个体,只是通过使得穷人更易求生,增加资本消费者的数量,减少对资本生产的激励,最终拉低了总体生活水平的伎俩。[45] 他对工会相对容忍,承认罢工如果以非暴力的形式进行,或许能够成为测试市场劳工条件的一种手段。罢工所要求的全部正当性就是成功;只要罢工失败,就有足够理由谴责它。工会或许有助于工人阶级保持团体精神和获取信息。改善劳工条件——卫生和通风条件、妇女儿童的工时——与其由国家强制

---

[40] *The Challenge of Facts*, p. 57.
[41] *Essays*, I, 109.
[42] *What Social Classes Owe to Each Other*, p. 101.
[43] *Essays*, II, 249—253, 255.
[44] 同上, II, 67—76。
[45] *The Challenge of Facts*, pp. 27—28.

执行，不如劳工有组织地自发进行控制。㊻

在他的时代，除了反帝国主义，萨姆纳唯一感兴趣的那种异见性的动力就是自由贸易。不过，他并不将自由贸易视为一场改革运动，而是一条智识的公理。尽管他在 1885 年撰文阐明了反对保护主义的经典论证（《保护主义——一种传播"浪费致富"的主义》，*Protectionism, The Ism That Teaches That Waste Makes Wealth*），但他不认为保护主义在开明群体之中有什么争议——"对待它应该像对待其他庸医一样"㊼。萨姆纳相信，关税以及其他形式的政府经济干预行为最终可能以社会主义告终，因此他在原则上对保护主义和社会主义作了区分，定义社会主义是"任何旨在通过'国家'干预，使个体免于任何生存斗争和生活竞争的困难或苦难的手段"㊽。但他也承认，关税总能引起自己最大限度的道德愤慨。他给报社寄过不少愤怒的抗议信，因为在"血汗工厂"里缝制胸衣的女工每天只能挣 50 美分，还要为她们所用的线支付关税。㊾

五

萨姆纳竭力反对任何他认为是滥权的行径，无论是出自右派还是左派，因此引来了两方的抨击。萨姆纳去世多年之后，厄普顿·辛克莱在《鹅步走》（*The Goose-Step*）里称他是"财阀教育帝国的首相"㊿；另一位社会主义者则控诉他是智识的"娼妓"。㉛ 这些批评极少表现出对萨姆纳品格或其主要动机的理解。萨姆纳信奉教条，因为他的观念刻在了骨子里。他不受雇于商业，不认为自己是财阀的代言人，而是中产阶级的代言人。他抨击经济中的民主，但他对他所理解的财阀统治没有同情，还认为财阀统治应对政治腐败、保护主义游说行为负有责任。㉜ 他赞扬杰斐逊式的民主，只因为其践行了对国家权力的放弃和政府

㊻ *The Challenge of Facts*, p. 99; *What Social Classes Owe to Each Other*, pp. 90—95。
㊼ *Essays*, II, 366.
㊽ 同上, II, 435。
㊾ Starr, *op. cit.*, pp. 285—288; cf. *What Social Classes Owe to Each Other*, p. 146.
㊿ *The Goose-Step* (Pasadena, 1924), p. 123.
㉛ Starr, *op. cit.*, pp. 258, 297.
㉜ 见 *Essays*, II, 213 ff 中有关民主制度和财阀统治的短论。

的去集权化。㉝ 萨姆纳塑造的"被遗忘的人"(Forgotten Man)——他多数通俗作品中的主人公——不过是中产阶级公民,他们像萨姆纳的父亲一样默默做事,养活自己和家人,不对国家提要求。㉞ 税收对这些人带来的压迫性影响,让萨姆纳倍感焦虑,这也部分解释了为什么他反对国家干预主义。㉟ 不幸的是,当他还在试图用哈丽雅特·马蒂诺和大卫·李嘉图的智识武器与改革事业进行抗争时,中产阶级已经向前一步,支持改革了。

少数情况下,当萨姆纳的思想与既定真理相悖时,他即便肩负最大的压力也要坚持自己的立场。他坚持将《社会学研究》作为教科书,并就这一问题与时任耶鲁大学校长波特展开了一场著名的论战,尽管这可能导致他失去耶鲁的教职,而对于辞职,他也准备好了。他从不讳言他在关税问题的立场,因而持续受到媒体批评,但他也从未动摇。纽约《论坛报》(Tribute)在谴责萨姆纳谈论保护主义时,曾将其言行比作"低劣的监狱骗子"㊱。共和党的报刊与耶鲁大学的共和党校友时常呼吁,要让萨姆纳走人。萨姆纳后来公开宣布反对美西战争,这样的呼声则更加普遍。㊲ 耶鲁的一位老派赞助者曾因萨姆纳而将自己的捐款增加了一倍,因为萨姆纳的出现令他相信,"在文明遭受愚昧者、流氓、煽动家、赖账者、叛乱分子、铜头蛇、巴特勒派、罢工者、保护主义者以及各式各样、大大小小的狂热者的威胁时,耶鲁本科学院得以安全妥善地保存和使用财产,延续文明"㊳。萨姆纳的独立,让他始终受到多数富人和正统派的怀疑。

萨姆纳的声誉变得有赖于《民俗论》一书,其次是他在历史方面的著作,相对而言,他的众多有关社会达尔文主义的短论已被人遗忘。㊴ 思想领域的自然选择给他一生的著作造成影响。《民俗论》最受推崇的观点从未与他的其他观点协调一致。这部著作的最大贡献是,将民俗视为"自然之力"(natural forces)

㉝ *Essays*, II, 836—837。

㉞ "The Forgotten Man," *ibid*., I, 466—496;又见 *What Social Classes Owe to Each Other*, passim。

㉟ *The Challenge of Facts*, p. 74.

㊱ Starr, *op. cit*., p. 275.

㊲ Phelps, *op. cit*., p. 662.

㊳ 转引自 Starr, *op. cit*., pp. 300—301。

㊴ 然而,要证明萨姆纳思想中的这一部分绝未殆尽,见 *Sumner Today* (New Haven, 1940), ed. Maurice R. Davie 的评论。

的产物、进化的结果,而非出自人类的目的或智慧。[50] 批评者常有暗示,萨姆纳否认道德的直觉性质,坚持道德具有历史和制度基础,都从根基上削弱了他反对社会主义者和保护主义者的立场。[51] 如果是一个彻头彻尾的进化论者,准备好执行《民俗论》主张的那种超道德的、狭隘的经验主义社会变革方法,就不会像萨姆纳那样,因自由放任主义衰落而心神不宁,而可能是以一种温和恭顺的心态去接受它,将其视为习俗演进过程的一种新趋势。但在自由放任主义和产权问题上,萨姆纳从不妥协,态度绝对。《保护主义——一种传播'浪费致富'的主义》中没有恭顺,《改变世界的荒谬之举》也从不温和。萨姆纳成为一个神学生活新兵之前,就一直沉浸在他的美国佬文化之中,最终发现,要为全然一致的相对主义付出的努力实在太大。对于索尔斯坦·凡勃伦(Thorstein Veblen)这样水土不服的外国移民来说,用文化人类学家的崇高姿态看待美国社会相对容易;但对萨姆纳来说,瓦旺咖人(the Wawanga)的婚姻习俗或达雅人的财产关系永远是另一个独立话语空间的问题,有别于他所属文化的类似制度。

作为社会现状的捍卫者,萨姆纳是美国生活中引人注目的角色。自革命战争以降,启蒙运动的教条就融入了美国信仰的传统组成。美国的社会思想是乐观的,对于国家的特殊命运是自信的,是人道主义的,也是民主的。美国的改革者们仍旧依赖自然权利作出制裁。带领人们对这些固定不变的意识形态进行一种批判性的检视,是萨姆纳的职能,他的工具就是李嘉图和马尔萨斯19世纪的早期悲观主义,现在又得到了威望极高的达尔文主义的强化。他给自己设定的任务,是用19世纪的科学消解18世纪的哲学猜测。他试图向同时代人表明,他们的乐观主义没有价值,无视社会斗争的现实;他们的"自然权利"在自然界并不存在;他们的人道主义、民主、平等并非永恒真理,只是社会进化阶段的陈旧习俗。在改革匆促的时代,他试图说服人们,他们关于运用意志和计划改变命运的能力的那份自信,得不到历史或生物学或任何经验事实的证明——他们能做到的最好的事,就是向自然之力低头。萨姆纳就像活在后世的加尔文,开始宣扬社会秩序的宿命论,以及对经济生活中生存的适者的拯救说。

---

[50] *Folkways*, pp.4,29.
[51] 可与乔治·文森特(George Vincent)的这篇对《民俗论》的评论进行比较,*American Journal of Sociology*, XIII(1907);以及 John Chamberlain,"Sumner's Folkways," *New Republic*, IC(1939),95。

第四章

莱斯特·沃德:批评家

> 人类终将获得整个世界的统治权,唯独无法统治自己,真是这样吗?
>
> ——莱斯特·沃德

一

现代社会学的奠基人孔德和斯宾塞都从这样一种激情中得到了启发,就是把宇宙纳入秩序。他们的社会学体系都基于这样一种一元论的假定:宇宙的规律同样适用于人类社会。他们工作的最突出特征之一,就是把从天文学这样的自然科学到社会学这样的社会科学,所有学科主题统统安排进一个相互联系的等级体系,以及利用发展迅速的物理学与生物学来实现它们可能产生的社会启蒙。秉持这种一元论精神,孔德可以把社会学表述为"社会物理学"(Social Physics),并在达尔文之前就提出"将社会学建立于生物学整体之上的明显必要性"[①]。基于同样的假定,沃尔特·白芝浩将其社会理论领域的划时代名作,命名为《物理学与政治学》(*Physics and Politics*);赫伯特·斯宾塞则详细阐述了

[①] 孔德的这一讨论,见 Ludwig Gumplowicz, *The Outlines of Sociology*, pp. 28—29。

他的社会有机体类比,用分化、整合、均势等深奥的元物理学(metaphysic)抽象概念来填充他的社会学论述。斯宾塞甚至还从万有引力定律,推导出一条令人好奇的社会学原理,即"城市的吸引力与质量成正比,与距离成反比"②。

与此种一元论思想存在特殊矛盾关系的,是美国第一部社会学综述性专著的作者莱斯特·弗兰克·沃德(Lester Frank Ward)。19世纪60年代初,沃德同许多当时刚迈入成年的年轻人一样,吸收了大量斯宾塞的自由派思想,钦佩斯宾塞和他的普同进化论。沃德似乎认为,这种一元论的教条是不证自明的。在《动态社会学》(*Dynamic Sociology*)中,沃德希望"普同的科学,或者说是真正的宇宙学(cosmology),将成为……当前处于异质状态的科学界的一股巨大推进力量"③。临近职业生涯尾声时,他写道,"对一切事物,我很自然地去考虑它们与宇宙秩序(Cosmos)的关系"。他称自己所著的《纯粹社会学》(*Pure Sociology*)"超越了社会学,是一门宇宙学"④。最能理解沃德方法论这种一元论极致的,恐怕要数《动态社会学》的读者,因为在读到严格意义上的社会学数据之前,他们不得不首先读完前面约200页讲述物理学、化学、天文学、生物学和胚胎学的内容。

沃德尽管在形式上接受了斯宾塞式的方法,但他的社会体系形成于一种截然不同的实用主义偏向,在结构和实质内容上与后者有明显区别。究其原因,沃德的社会学本质上是二元论的。在他所著的一切作品中,极其重要的是,把实体的或动物的、无目的的进化,同精神的、人类的、被人类的目的性行为明确修正过的进化截然分开。通过这样划分斯宾塞式体系,沃德得以将社会原理和简单直接的生物学类比区别开来。他把社会学变成了一门特殊的学科,处理的是一种新颖、独特的组织层次。社会达尔文主义、自然法的自由放任个人主义所作的单一假设被不少思想家抨击,而沃德是这些思想家中的第一个,也是最令人惊叹的那一个。随着时间的推移,沃德所作的批评极其成功地、深刻地影响了美国社会学家。沃德在其领域发挥的作用,类似哲学领域的工具论者:他用一套能适应改革的、积极的社会理论体系,取代了旧的、被动的决定论。

---

② 转引自 Edward A. Ross, *Foundations of Sociology*, p. 48。
③ *Dynamic Sociology*, I, 6; cf. pp. 142—144. 另见 *The Psychic Factors of Civilization*, p. 2。
④ *Glimpses of the Cosmos*, I, xx—xxi; VI, 143.

与美国不少改革倡导者一样,沃德来自边疆地带。[5] 1841 年,他出生于伊利诺伊州乔利特,父亲是流动机械修理工,母亲是牧师的女儿。尽管青年沃德生活贫苦,但他努力在磨坊、工厂和田间工作之余,自学生物学、生理学知识,掌握了法语、德语和拉丁语,最终有资格成为一名中学教师。南北战争期间,沃德应征入伍,曾在钱瑟勒斯维尔战役(Chancellorsville)中身负重伤。1865 年,他在两年服役期结束后进入联邦政府工作,在财政部担任办事员。26 岁时,沃德进入大学夜校学习,5 年内先后取得了文学、法律和医学学位。沃德多靠自学获得教育,为此作出的牺牲不可谓不巨大,他也永远无法对此轻描淡写。沃德敏锐地感受到自己的普通出身,偏爱华而不实的拉丁文、希腊文派生词和合成词,这可能给了他某种慰藉,他在社会学表述里大量使用"协同作用"(synergy)、"社会的核分裂"(social karyokinesis)、"分娩起源"(tocogenesis)、"人类目的论"(anthropoteleology)、"集体创世"(collective telesis)这样的词汇。他将男性的择偶过程,以"男性选择"(andreclexis)一词表述,并称恋爱是"两性互选"(ampheclexis)。他在布朗大学开过一门课,不无谦虚地定名为"全科知识研究"。

在政府部门任职的前几年,沃德编辑——绝大部分是撰写——了名为《反圣像崇拜者》(*The Iconoclast*)杂志的大部分内容。这份杂志,就像 19 世纪 70 年代不断发酵的怀疑论思潮中的一个小气泡,盛满了专业反对者的稚嫩争辩,也为沃德对新近思潮的完全支持提供了早期的确证。沃德后来继续投身科学研究,并作为植物学家、古植物学家获得极高声誉,1883 年,他获职担任美国地质调查局首席古生物学家。同年,他的第一本书《动态社会学》问世,此前筹备这部划时代著作长达 14 年。沃德在《文明的心理因素》(*The Psychic Factors of Civilization*,1893)、《社会学概要》(*Outlines of Sociology*,1898)、《纯粹社会学》(*Pure Sociology*,1903)、《应用社会学》(*Applied Sociology*,1906)等著作中,重复并拓展了其工作的中心构想——终于在 1906 年,沃德受布朗大学聘请,出任该校社会学教授。

《动态社会学》面世时,美国的社会学尚处于早期发展阶段。尽管也有几所

---

[5] 沃德的生平资料,可见 Emily Palmer Cape,*Lester F. Ward*;Bernhard J. Stern,*Young Ward's Diary*;也散见于共计六卷的《宇宙秩序之一瞥》(*Glimpses of the Cosmos*)。

大学开设类似课程，有些还用斯宾塞著作当教材，但威廉·格雷厄姆·萨姆纳或许是当时唯一会用"社会学"（sociology）这个词形容此类大学课程的老师。[6] 这门学科所用的资料也刚从"历史哲学""文明史"一类的课程中出现。尽管该学科对系统性专著有需求，但对一个没名气的前公职人员来说，想对理论进行大胆创新，学科基础依旧十分薄弱，尤其是他还想以此挑战主流的斯宾塞学说。令沃德很失望的是，他的著作从一开始就被忽视，过了很久才被人们接受。阿尔比恩·斯莫尔（Albion Small）回忆，沃德的《动态社会学》出版 5 年后，即便在消息颇为灵通的约翰·霍普金斯大学教职群体中，也只有理查德·T. 伊利听说过它。而到了 1893 年，沃德对他说，这本书才勉强卖了 500 本。[7] 但在 1897 年，阿普尔顿出版公司出版了此书的第二版，而到世纪之交，沃德已被广泛认为是社会学领域的第一流人物。至少有两位美国社会科学领域的先驱受到沃德著述的深刻影响，即阿尔比恩·W. 斯莫尔和爱德华·A. 罗斯（Edward A. Ross）。1906 年，沃德被推选为美国社会学协会的首任主席。尽管职业社会学人终于开始高看沃德，斯莫尔也认为他让人们省去了多年在"被曲解的进化主义"荒原的无果耕耘，但沃德在其一生中，从未获得威廉·格雷厄姆·萨姆纳或其他类似地位学者所拥有的那种在公众之中的普遍声望。[8]

沃德发展的集体主义（collectivism），经过近 20 年才找到完全接纳它的受众。沃德宣扬他的"计划"社会，甚至比《州际贸易法》（Interstate Commerce Act）和《谢尔曼法》（Sherman Act）这种原始而停滞不前、旨在实现中央调控的法律通过还早了 10 年。他的怀疑主义限制了他的影响力，他的自然主义让本可被其吸引的基督教改革者反感，他的支持者也力劝其改用妥协的语气表达观点。[9] 此外，沃德直到职业生涯行将结束之际，才获得了一所知名大学的教职，错过了在公众和专业领域获得与其一流学术地位相衬声望的机会。他在正式著作中的那种冗杂的散文式风格和近乎野蛮的术语，也让他难以获得更广泛的

---

[6] George A. Lundberg, et al., *Trends in American Sociology*, chap. i.

[7] Howard W. Odum, ed., *American Masters of Social Science* (New York, 1927), p. 95.

[8] 关于沃德被忽略之事，见 Samuel Chugerman, *Lester Ward, The American Aristotle* (Durham, 1939), chap. iii.

[9] Richard T. Ely to Ward, November 22, 1887, Ward MSS, Autograph Letters, II, 35; Ely to Ward, July 30, 1890, *ibid.*, III, 48; "The Letters of Albion W. Small to Lester F. Ward," Bernhard J. Stern, ed., *Social Forces*, xii(1933), 164—165.

公众声誉,这在长达 1 400 页的《动态社会学》中表现得尤为明显。[10] 在他生命的最后阶段,随着社会异议声浪愈加强烈,他的部分思想经过层层筛选,终于进入了普通读者能接触到的关键位置,影响了一些希望改革的团体的观念,其中部分原因是他关于"社会民主"(sociocracy)的提议从未吸引到有组织的信徒。他在 1913 年去世后,声誉也迅速消退。在美国思想史乃至国际社会学史上,沃德是最有才干、最富先见的思想家之一。这位思想家的命运最奇特之处在于,他在自己认为最消极之处提出了最中肯的意见。他最大的成就是作为一个批评家(critic),批判那些曾被普遍信奉、影响力强大的智识体系。他所作的这些尖锐批判,极大程度地解放了他所属时代的美国思想,随着这些早已崩塌的体系一同湮没于历史的尘埃。

二

下层阶级出身给沃德带来的刺痛太过敏锐,社会达尔文主义中那种贵族式的暗讽在 19 世纪 70—80 年代得以表达时,沃德认为他的民主感情受到了冒犯。直至生命的最后一刻,他还记得自己在公立学校读书时,每当看到衣着寒酸的同阶层男孩打败富家公子而赢得奖学金时那种强烈的满足感。[11] 如果说童年经历促使他信任底层民众的智识潜能,长期任职政府部门的经历或许也促使他反对斯宾塞式的对政府的不信任。1877 年,沃德刚进统计局没多久,就给华盛顿的《国家联盟》(*National Union*)写了两篇文章,探讨政府统计数据作为立法依据的可能性,并论证,如果社会事件的规律能借助统计得到准确阐述,就能为"科学立法"提供资料。[12]

接下来的几年里,沃德对政治有了更迫切的兴趣。他对《动态社会学》的写作已经相当得心应手。1881 年,他在华盛顿人类学会上宣读了自己的论文,猛烈抨击彼时盛行的自由放任哲学的基本前提。就在这里,他以惊人的方式阐述

---

[10] 见 "Broadening the Way to Success," *Forum*, II(1886), 340—350; "Plutocracy and Paternalism," *ibid.*, XX(1895), 300—310;沃德的手稿集收罗了不少别处没有的材料,可反映沃德影响力的范围。

[11] 见 *Applied Sociology*, pp. 105—106, 127—128 中的自传体评价。

[12] *Glimpses*, II, 164—171.

了他后来终生致力的思想。沃德指出,人们对政府干预社会事务所持的普遍观点的趋势,与现有的社会理论完全不相容,颇具先见之明地预测了即将到来的社会舆论危机。

科布登俱乐部(The Cobden Club)等各类主张"自由贸易"的协会,帮助自由之手向四面八方伸开,企图阻挡时代浪潮。维克多·博默特(Victor Boehmet)发出警告,奥古斯都·蒙雷迪恩(Augustus Mongredien)呐喊,赫伯特·斯宾塞咆哮。但结果呢?德国收购了私营铁路,颁布高额保护性关税。法国下令修建11 000英里的国有铁路,奖赏本国的轮船主。英国出台义务教育法,政府收购电报企业,通过司法裁决提出对电信行业的收购。美国则以一部州际铁路法案、一部国家教育法案以及一场压倒性的公民表决作出回应,保护本国制造商。全世界都被这股浪潮传染,各国正在采取积极的立法措施。[13]

他接着说,学者们不该再谴责这股无可抗拒的立法干预趋势,是时候静下心来好好研究当前形势了。自然法和自由放任的教条作为智识工具,帮助社会从君主制和寡头统治中获得了解放。政府被攥在专制者手中时,反对政府干预是很自然的,但在代议制政府的时代,大众可以通过立法行动行使意愿,依旧坚持反对干预则是愚蠢的。那些假设已经过时了。"自然法和人类利益之间并非总是和谐的。"贸易法造成了财富分配的鸿沟,这种鸿沟建立的基础是纯凭运气的投胎或狡黠,而非卓越的智力和发达的工业。

自然法不对垄断加以阻拦。古典理论说,竞争能保证低价,但竞争往往"使得商店的数量成倍增加,超过了必要需求,每一间商店都不得不盈利,尽其所能将售价提高到超出必要的惊人地步"。这在分销行业尤其如此。在其他行业,竞争还催生了巨量的企业组织,其拥有的广泛权力造成了危险。要打破这些组织,就意味着摧毁"自然法的正当产物"和"社会进化的整合有机体"。唯一具有建设性的选项就是,政府从社会整体利益出发,实行管控。[14] 政府管控或管理不像个人主义者控诉的那样全是灾难。英国的电报行业、德国和比利时的铁路系统就是证据。在文明史上,社会控制的领域一直在逐渐扩大,但是:

---

[13] *Glimpses*,II,336—337。
[14] 同上,II,342—345。

一个多世纪以来,英国消极派经济学家始终致力于遏制这种进步。自由放任派用科学挖出战壕,站稳了脚跟;他们当成真理一般宣布,社会现象和物理现象一样,是同一的(uniform)、受到规律支配的。与此同时,他们通过错误述句和不合理推论宣称,物理现象和社会现象都不在人类控制范畴之内。但事实是,科学带来的所有实际利益,都是人类对自然力量和现象进行控制的结果;若非如此,这些力量和现象只会白白浪费,或是阻碍人类进步。站在反对立场的积极派经济学家,要的只是一个机会使自然力量为人类服务,这和人类利用物质力量的方式想通。只有通过对自然现象进行人为控制,科学才能用来满足人类的需要。如果社会规律真能与物理规律作类比,那么社会科学就没理由不能像物理科学那样得到实际应用。⑮

在一篇题为《实证政治经济学的科学基础》(The Scientific Basis of Positive Political Economy, 1881)的文章中,沃德继续抨击社会理论领域的自然法。他断言,要按人类的标准,自然界本身就是不经济的。自然界的过程已被证明是"在所有可想象的过程中最不经济的",但这一事实被自然界规模之庞大、结果之重要所掩盖。一些低等有机体能释放多达十亿颗卵子,最终只有少数发育成熟,其余的只能在生存斗争中等死。生殖能力存在着惊人的浪费,而无计划的人类冲突,尤其以工业竞争为形式,同样是一种浪费。在这里,沃德区分了有目的的(telic)现象和遗传现象,前者是受人类意志和目的支配的现象,后者即盲目的自然力量所产生的结果。有目的的现象与遗传现象相比、人工与自然相比具有如此之大的优势,但自由放任主义理论家依旧热衷于自然法,这无异于卢梭式浪漫主义甚至原始宗教中的自然崇拜。认为自然界在某种程度上天然有益的进化论观点,完全是神秘主义的观点。⑯人类的任务不是模仿自然规律,而是观察、利用、管理自然规律。

正如存在着两种动态过程,也存在着两种不同的经济状况——动物的生命经济和人类的智识经济。动物经济,即生存斗争中的适者生存,是生物体繁殖超出生存资料导致的结果。大自然产生了超量的生物体,依靠风、水、鸟类和动

---

⑮ *Glimpses*, p. 352。

⑯ *Glimpses*, III, 45—47;另见 VI, 58—63。

物播散种子。相较之下，一个理性的存在者，做的是整土、除草、打孔，在相隔合理的时间内种下种子，这就是人类的经济方式。环境对动物进行改造，而人对环境进行改造。

竞争实际上阻碍了"最适者"的生存。理性的经济不但能节约资源，还造就了更优越的有机体。这一点的最佳例证就是，如果竞争被完全消除，比如人为地培育某种特定的生命形式，这种形式就能很快获得长足的进步，超过那些依赖竞争实现进步的生命形式。这也是为什么人类种植的果树和谷物、饲养的家畜都能达到更优越的品质。即便以最理性的形式存在，竞争依旧会造成巨量的浪费。看看广告业造成的社会资源浪费，这是"动物般狡黠的一种改良形式"的绝佳例证，这种狡黠即商业精明的最显著标志。最后，沃德以辩论者的热情给出了最终意见：自由放任实际上破坏了竞争可能带给人类活动的任何价值；因为完全的自由放任允许出现合并，最终形成垄断，只有在一定程度的监管下，自由竞争才得以确保。[17]

沃德《动态社会学》的灵感源自"一种日益增长的感觉，那就是社会科学领域迄今为止的所有努力，本质上是乏善可陈的"。这本书回应了那些"总结出人类应该以自然界的方式行事"的人。[18] 在这本书里，沃德集中了所有他反对自然法的论点，并且拓展了对目的论进步的呼吁。尽管他一直蔑视改革者这个名头，坚称自己是社会科学家，但究其本质，《动态社会学》论证的是社会组织和指引下的改革——用沃德的话说是"用冰冷的计算来改善社会"，他认为这样的改革注定将取代迄今为止一切自动的社会变革过程。[19] 他刚开始着手《动态社会学》的工作时，曾计划将此书命名为"伟大的万灵丹"。

沃德对生物学理论作出了一个让步：他赞同人类通过自然选择发展到当前阶段，人类的智识是自然选择的最优产物；但如果人类没有通过运用其智力改

---

[17] *Glimpses*, IV, 350—363；可与 *The Psychic Factors of Civilization*, chap. xxxiii 进行比较；*Pure Sociology*, p. 16. 与沃德所持有的人类活动竞争价值受限和人类进化中独有的理性品质类似的观点，得到他的朋友约翰·W. 鲍威尔(John W. Powell)将军的拥护。鲍威尔是美国民族学局的第一任局长。见鲍威尔的"Competition as a Factor in Human Evolution." *The American Anthropologist*, I(1888), 297—323；以及"Three Methods of Evolution," *Bulletin*, Philosophical Society of Washington, VI(1884), xlvii-lii.

[18] *Dynamic Sociology*, I, v-vi.

[19] 同上，I, 468。

善自身,没有用有目的的进步取代遗传的进步,就不能认为自己优于其他动物。[20] 社会进程存在于全社会快乐的不断增加和苦难的不断减少。

到目前为止,社会进步以某种尴尬的方式照管自身,但在不远的未来,它将不得不被其他力量照管。如何实现这一点,如何保持这种动态不受任何敌对的、伴随新发展而壮大的势力影响,是社会学作为一门应用科学要面对的真正问题。[21]

在《动态社会学》第二卷中,沃德强调感觉在社会动态中的重要性。他坚持将感觉视为人类心智的基本组成,而智识作为感觉的一种引导而进化。社会心智是其个体心智的概括或综合,由社会智识和社会情感组成。感觉的无节制运作,产生了冲突和破坏;但智识可以通过制定法规和理想,把感觉引入建设性轨道。智识经由成长,最终能够为社会和个人创制理想。

带来进步的行动,即沃德所称的"动力行动"(dynamic actions),其执行职能是通过创造一种"动力意见"(dynamic opinion)的状态,社会智识在这种状态之下配备起来,发挥其指导功能。[22]

智识,迄今而言是一种成长(growth),而将注定变成一种制造(manufacture)。可以这么说,经验的知识是遗传的产物;教育的知识是目的论的产物。知识的起源和分配无法再交由运气或自然决定。它们注定要被系统化,被建造成真正的学艺(arts)。通过人为的方式习得的知识,依旧是真正的知识,它是所有人所需储备的首要构成。知识的人为供应远比自然供应丰富,正如人为供应的食物远比自然供应的丰富一样。[23]

对沃德来说,教育不仅是一种社会工程的手段,也是一种杠杆,给出身卑微者带来机会,让他们得以运用自身的才能。[24] 对于受教育者和未受教育者存在的巨大差异,沃德从小就深有体会,也始终无法相信这种他亲身跨越的鸿沟,源

---

[20] *Dynamic Sociology*, I, 15—16, 29—30。
[21] 同上,706。
[22] 同上,II, chaps. ix-xii。
[23] *Dynamic Sociology*, II, 539。
[24] Elsa P. Kimball 在《社会学与教育》(*Sociology and Education*)中对沃德的教育观进行了充分讨论。

头可能在于各人天赋能力的差异。他热诚地强调教育的作用,只因为他个人的教育取得胜利。㉕

因为沃德相信教育能作为人类自我改善的长期工具,所以他不愿放弃拉马克式和斯宾塞式的习得性特征可以传递的概念。达尔文接受了这一观点,但起初没有整合到他的进化论里,但沃德认为,这是其乐观主义社会学的必要原料。他与魏斯曼(Weismann)等新达尔文主义者发生过好几次冲突。在1891年发表于《论坛》(Forum)杂志的一篇有关"文化的传递"的重要文章中,沃德承认,习得性知识本身无法经由遗传来传递,但他坚持认为,习得知识的能力(capacity)则是另一回事。某些学艺和才能尽管对生存斗争而言没有价值,却明显能被家族传承下来,这种现象无法用自然选择回答。自然选择解释不了为何这种才能能在不同代际间存续。最能解释这种才能存续的,是假设人类在追求特定目标的过程中,由于心智能力得到锻炼而有所收获,并且这种收获有可能作为种群遗产的一部分被传承下去。如果说魏斯曼的追随者是对的,这种继承确实不存在,那么"教育对人类的未来不再有价值,通过教育得到的好处只限于接受了教育的那代人"。沃德总结道,历史事实和个人观察证明了这种人们普遍相信存在的"使用的继承",那么在科学能确切判断这一问题之前,最好还是"拥抱这种错觉"。㉖

三

沃德有时被归入社会达尔文主义者之列,因为他后来的理论受到了冲突学派社会学家的影响,其中的代表是两位欧陆作家——路德维希·贡普洛维奇(Ludwig Gumplowicz)和古斯塔夫·拉岑霍夫(Gustav Ratzenhofer)。到1903年,沃德已经非常熟悉他们的作品,他们对族群斗争起源的诠释尤其令他印象深刻。沃德称之为"社会学这门科学迄今为止得到的最重要贡献"㉗,甚至将他《纯粹社会学》的一小部分基于其上。在这部分内容中,沃德把有组织的社会的

㉕ 见 *Glimpses*, III, 147—148。
㉖ 同上, IV, 246—252;沃德对拉马克以及新达尔文主义的讨论,另见 *ibid*., IV, 253—295。
㉗ *Pure Sociology*, p. 204.

起源,归结为一个族群对另一个族群的征服。种姓制度即从这样的征服中发展起来,而社会先后经历了五个阶段:种姓制度趋于缓和,但依然存在不平等现象;法律的发展和关系的巩固;国家的起源;各群体逐渐凝聚为一个同质的民族;最终阶段,即爱国主义和社会组织的国家形式的发展。[28]

进步,往往是本不相似的元素强力融合的结果。尽管人们或许震惊于战争的骇象,但战争是族群过去取得进步的必要条件,而对落后族群的征服也是未来难以避免的。[29] 在更先进的社会,理性与和平的社会同化形式或许能取代过去这种遗传的、暴力的手段。友好的和平时代可能即将来临——正如斯宾塞所说的好战型社会让位于工业社会那样,但值得怀疑的是,世界是否已经到达了战争可以停息的地步。对沃德来说,停止冲突究竟是不是人们想要的,这还是个悬而未决的问题。[30]

沃德在这些方面坚守冲突学派的观点,丝毫不影响其社会向善论的社会学观念的基本结构。要调和冲突理论和他的集体主义,沃德觉得不难——尽管困难实际上相当大。他甚至成功地让贡普洛维奇转向他自己乐天派的视角。[31] 在沃德的研究中,冲突学派的思想只短暂占据了一个不太起眼的位置,除此之外,他晚年提出的理论和他在1883年的理论没有明显差别。他的毕生著作在大部分时间里只有一个目的,就是摧毁生物学派社会学(biological sociology)这一传统。

沃德社会学始终具有这样一个特点,那就是从未停止与斯宾塞式令人麻木的乐观主义和同样令人麻木的马尔萨斯式悲观主义的论辩。他认为,马尔萨斯—李嘉图—达尔文的悲观主义思想脉络,和斯宾塞式的乐观主义,都是上层社会对社会压迫与苦难的道歉。[32] 沃德反对马尔萨斯,因为后者的学说不适用于人属(genus homo)。沃德说,马尔萨斯确实发现了生物学的一条基本定律,但套用到人类,就相当于套用在了唯一一种无法证明其效力的动物身上。达尔文阐明了整个有机世界的进程,其天才之处在于,他把马尔萨斯主义卓有成效

---

[28] *Pure Sociology*, p. 204.
[29] 同上, pp. 237—240.
[30] 同上, pp. 215—216.
[31] Bernhard J. Stern, ed., "The Letters of Ludwig Gumplowicz to Lester F. Ward," *Sociology*, I (1933), 3—4.
[32] *The Psychic Factors of Civilization*, chap. xi; *Outlines of Sociology*, p. 27.

地应用在了动物和植物身上。

> 尽管马尔萨斯主义完全宣告失败,但它被普遍认为是社会运作的一条基本规律,过去如此,现在依然如此。目前的社会学也以它为基础……事实是,除在极为有限的意义上,那些控制着动物世界其他部分的伟大动态规律,人类和人类社会并不处于其影响之下……如果我们把生物的过程称作"自然的",我们就不得不把社会过程称作"人为的"。生物学的基本原则是自然选择,社会学的原则是人为选择。所谓的适者生存仅仅是强者生存,这意味着弱者毁灭,而且最好称之为弱者毁灭。如果说自然界通过毁灭弱者实现进步,那么人类则是通过保护弱者来实现进步。[33]

沃德并不犹豫与斯宾塞或他的美国门徒萨姆纳和吉丁斯(Giddings)交锋。萨姆纳的《社会阶级间的负债》(What Social Classes Owe to Each Other)受到的最令人不快的评论,或许正是沃德为纽约《人类》(Man)期刊所写的那篇。沃德说,此书是自由放任主义作者们的"最后哀号"。它带来的正面影响甚至多于负面,因为它极端到变成了某种对个人主义的反讽。

> 整本书基于这样一种根本性错误,即这个世界的恩惠完全按照个体的功绩进行分配。贫穷不过是懒惰和恶行的证明,财富仅是其拥有者勤勉和美德的表现。此书将马尔萨斯主义发挥到了极致,而人类活动被贬低到全然无异于动物活动的地步。有人存活了下来,只证明了他们适合生存;而所有生物学家都明白生存能力与真正的优越性完全不同这一事实,当然,作者忽略了这一点,因为他不是生物学家,而所有社会学家都应该首先是生物学家。[34]

沃德在长篇文章《赫伯特·斯宾塞的政治伦理》(The Political Ethics of Herbert Spencer)中[35],巧妙地选取了斯宾塞所著的部分段落。在这些段落里,斯宾塞试图依赖商人的善意,避免无情的交易和超额的利润。他为污水处理系统的私人控制进行辩护,暗示对于顽抗的住户,可以通过威胁关停其排水设施

---

[33] *The Psychic Factors of Civilization*, pp. 134—135.
[34] *Glimpses*, III, 303—304。沃德对斯宾塞的《社会学原理》的评论,另见 *ibid*., V, 282—305。
[35] 同上,V, 38—66。

来实现对排污费的缴纳。他称失业者"一无是处",说工会是"流浪汉的永久组织"。他还用贵族式的口吻表达对民主进程的蔑视,以及其他类似的个人主义的极端主义论调。沃德接着利用斯宾塞的个人主义及其社会组织论观点的矛盾。沃德提出,如果国家这种社会整合的最高机构的存在就是为了不发挥职能,那么斯宾塞所谓的不断增进的社会整合,要用什么标准来衡量进步?社会有机体的逻辑结果并非极端的个人主义,而是极端的集中化。"即使是最强有力的国家监管倡导者和最极端的社会主义者,面对任何这样的绝对主义都会退后一步,就像公认最低等的后生动物的中枢神经也会发出指令让它们这样做。"㊱这种有机体主义的类比,仅在用于指涉社会的心理层面时才是合理的,而即便在这个层面上,这种类比从逻辑上暗示了社会控制的扩张,因为政府是大众意志的仆从,就像大脑是动物意志的仆从一样。㊲

斯宾塞派还有一处瑕疵,就是给"自然的"(natural)一词添加了太多定义。他们对这个词的使用颇不一致,不是用其形容他们发现的现象,而只用来形容他们认可的现象。但事实上,社会的惯性和无法对变化的压力即刻作出反应,"让那些合法的、必要的社会改革者崛起,不但如此,还成为每个国家、每个时代的自然产物。如此大力强调'自然的'一词的保守派作者们对这一事实的忽视,是现阶段一个令人发笑的荒谬之处"㊳。

拒绝了古典的个人主义前提,沃德就不得不从那些未经试验的意识形态路线出发,从心理学和制度而不是生物学和个体的角度发展其社会理论。与其他多数职业生物学家一样,他对自然和社会的简单类比嗤之以鼻,这些类比讨好的只有竞争秩序的辩护人。沃德在社会中找不到他在自然界观察到的、能发挥作用的粗简过程,便开始发展一种对社会达尔文主义的双重批评。首先,他驳斥了自然界本身,展示了自然界存在的浪费,拆解了自然在大众心中的崇高地位。其次,沃德表明人类心智如何兴起,并且能将自然界有限的遗传过程塑造出极为迥异的形式,以此拆解一元论教条的核心特征,即自然界的过程与社会的过程之间的连续性。

㊱ *Outlines of Sociology*, p. 61; 见 *Glimpses*, VI, 169—177 中的"赫伯特·斯宾塞的社会学"(Herbert Spencer's Sociology)。

㊲ *The Psychic Factors of Civilization*, pp. 298—299.

㊳ 同上,p. 100。

达尔文主义强调的变化,是地质演进时期那种渐变式的,被解读为"意外的"变异产生的结果,这似乎要把目的论从动物的世界中摒除出去。因此,笼罩在一元论教条阴影下的研究者,也要在人类世界中摒除目的论。如果没有更大的目的,如果高等物种的出现没有受到宇宙的指引,如果进化是随机变异的一种无计划的结果,那么宇宙中就不存在"有目的性"(purposefulness),社会必然像其他生命那样漫无目的地成长和变化。在沃德看来,这种对目的论的反应似乎过了头。如果说不存在"宇宙的目的",至少存在"人类的目的",这种目的已经让人类在自然界占有了一种特殊位置,如果人类有意愿去使用目的,还能给其社会生活提供组织和指导。在此之后,有目的的活动必然被认为是一种适当的功能,无论是对个人还是社会而言。

四

沃德始终对世界主义保有兴趣,从一开始就关注向美国人解释欧洲在国家干预方面的思想和经验。他受雇于政府,对此有所洞察,而欧洲到处可见的国家行为的延展,尤其是德国、法国、比利时、英国政府对铁路的所有权和监管令他印象深刻。[39] 他拿欧洲的做法同美国私人监管的实践作对比,后者显得颇为不利。[40] 他很欣赏孔德对自由放任的批评态度,并受到其影响。[41]

当然,这并不是说沃德无异于其他经济学的民族主义者。他在国家监管方面的主张基于他对下层阶级的偏向。他似乎认为,自己在学术论坛上充当的是人民的说客。他反对用生物学的论点支撑个人主义,这是出于他的民主信仰;他拒绝接受萨姆纳和斯宾塞,部分原因是他能嗅到此二人贵族式的偏好。同凡勃伦一样,沃德感到自己对美国智识阶层的主流人物和观念有种疏离感,这无疑让他更快地站在弱势人群的一边。他曾经抱怨芝加哥大学存在"资本主义的审查"。1896 年美国大选时,E. A. 罗斯由于支持布赖恩(Bryan)而受到影响,沃德给他写信说:"我可能比你更倾向民粹主义。没有谁比我更急于扼制金钱的

---

[39] 见 *Glimpses*,II,336—348 中"政治和社会的职能"(Politico-Social Functions)一篇。
[40] *Dynamic Sociology* II,576—583。
[41] 同上,I,104,137,50。

权力。"沃德还补充说,他认为自由铸造银币是糟糕的社会补救手段,他不想再经历一次年轻时那样的货币通胀了。[42]

在1906年美国社会学会的一次会议上,沃德在讨论"社会达尔文主义"时,展开了一次显露其社会偏向的陈述。前一位发言者宣读了其带有社会达尔文主义论调的论文,并主张要以优生学方法谨慎地消除"不适者"和依附者。作为回应,沃德将这一学说称作"最完整体现了以寡头为中心的世界观的例子,这种世界观盛行于当今社会的较高阶层,把全世界的注意力集中于极微小的一部分人,而忽略了剩下的人"。沃德接着说,他不会满足于在如此狭小的领域进行研究,为的只是教育和保护高等阶层中的少数人。"我希望自己从事的领域,广阔到足以容纳全人类,如果我认为社会学不是这般广阔,我就不会对它感兴趣了。"在未来一个不确定的时期内,社会将从它的根基部分——并且不得不从底层——吸引大量的粗糙材料。沃德的反对者或许由此可以总结出,"社会注定将毫无希望地退化"。不过,我们也可以采取另一种观点:

> 唯一的慰藉和希望在于这样一个事实……即在关于实现更高层次生活的原生能力、潜在素质、"允诺和效力"方面,那些蜂拥而至、大量繁殖的数百万人口,社会底层、无产阶级、工人阶级,那些"伐木和汲水的人",甚至是贫民窟的外来居民——所有这些人,本质上和那些自诩为"头脑的贵族"之人是同等的,后者如今占据了社会的主导地位,却瞧不起前者;而除了不享有特权,前者在所有方面都与最开明的优生学教师们是平等的。[43]

尽管沃德是社会规划的先驱,是大众力量的支持者,读过其作品的社会主义者赞扬他、引用他,但沃德并不是一个社会主义者。他对马克思式的传统没有半点兴趣。他认为,除了社会主义和个人主义,自己还有一套办法,即他借用孔德的话来说,叫做"社会统治",或者说是有计划地对全社会实行控制。在这种社会统治之下,有目的的社会活动,或者说"集体创世",能通过"有吸引力的立法",与个体追求的自身利益达成和谐,这种立法旨在通过积极而非消极的强

---

[42] Stern, ed., *op. cit.*, XV(1937), 318, 320; "The Ward-Ross Correspondence, 1891—1896," *American Sociological Review*, III(1938), 399.

[43] "Social Darwinism," *American Journal of Sociology*, XII(1907), 710.

制手段,释放人类行动的源泉,成就对社会有所助益之事。社会统治将废除个人主义人为制造的不平等之处;有别于社会主义寻求的人为的平等,社会统治承认自然的不平等之处。一个社会统治之下的世界,与个人主义者要求的那样,根据功绩分配其利益,但通过使人人所获机会平等,社会统治将消除一部分人目前占有的优势,这部分人拥有了不应有的权力,凭运气拥有了地位、财富或是反社会的狡猾。㊹

沃德在预测社会规划、以历史视角看待自由放任的局限性、呼吁反对生物社会学等方面做了很多工作,促使美国思想从对19世纪科学的保守运用和不加批判的专注中恢复了过来。在社会心理学上,他帮助他的追随者更深入理解了感觉在人类动机中的重要性。他提供积极方案的尝试很容易招致批评,一是因为他对用教育促进社会重构的可能性抱持天真的信心,二是因为他的一些改革提议很含糊。他在哲学上批评一元论思想,但他也并非最连贯一致或最成熟的批评者。在抽象哲学层面,他还有很多工作留待实用主义者完成。尽管沃德有关遗传与目的的二元论,实际上抽离了威廉·詹姆斯所称的斯宾塞的"块状宇宙"(block-universe),但斯宾塞的病毒依旧流淌在他的血液中。他对社会学中的自然崇拜者发起攻击,但很可能陷入了他们所用的语言,比如将大规模的合并描述为自然秩序的产物。他曾写道,集体创世本身可以"将社会再次置于自然法的自由中"㊺。如果他真的意识到了自己系统的漏洞,他却只是掩饰说,有目的的行为是一种遗传的产物。他如此不断强调社会组织、社会进程的独特性和人为性,却用物理学、化学和生物学装点自己的社会学,将其置于一个宇宙论的体系框架中,这种前后不一致实在很奇怪。

沃德的批判,无论在技术层面上有多少缺失,都是一项大胆的开创之举。他遭受了很多不应有的忽视,部分原因在于,他远远领先于同时代的人。"您不仅在时间上超前于我们,"阿尔比恩·斯莫尔在1903年致信沃德时写道,"而且我们都明白,就科学的许多方面而言,您的头部、肩膀甚至臀部都高于我们。您是小人国里的格列佛。"㊻

㊹ *Applied Sociology*, chap. xiii; *Outlines of Sociology*, pp. 273 ff., 292—293; *The Psychic Factors of Civilization*, chap. xxxviii.

㊺ *Outlines of Sociology*, p. 293.

㊻ Stern, ed., *op. ci.*, XV, 313.

第五章

进化、伦理与社会

> 我在一份曼彻斯特的报纸上看到一篇不错的讽刺短文,说我证明了"强权即是公理",照这么说,拿破仑做的是对的,每个奸商也是对的。
>
> ——查尔斯·达尔文致查尔斯·莱尔爵士

斯宾塞、萨姆纳和沃德发表哲学见解的时代,是一个智识上极度缺乏安全感的时代。正如我们看到的,很多人不确定自然选择学说完全被接受之后,自己还剩下多少宗教信仰,还有人则困惑于这样一个问题,那就是达尔文主义对道德生活究竟意味着什么。斯宾塞和持进化论观点的人类学家向他们承诺,达尔文主义意味着进步,或许还意味着完美。[①] 但是,达尔文主义的马尔萨斯原理指向一种为求生存而永不停息的斗争,生存本身即至高无上的裁决。有人对新的更高的道德抱有期待,有人则担心主流的道德标准将全盘崩碎。

亨利·亚当斯(Henry Adams)在小说《民主》(Democracy,1880)中塑造的

---

① 见 Robert H. Lowie, *The History of Ethnological Theory*, pp. 20 ff。

那位参议员戈尔,就身处镀金时代的华盛顿,同堕落腐化、金钱至上的环境作斗争。这位参议员表达了不少人内心的恐惧,害怕未来主流价值观在本质上将是漫无目的而贫瘠的:

> 但我有信心,我的信心或许并非来自旧的,而是新的道义;我对人性有信心,对科学有信心,对适者生存有信心。李太太,坚守我们的时代吧!如果我们的时代注定要被打败,我们战死沙场;如果我们的时代注定要获胜,我们第一个带队出发。无论如何,我们不逃避躲闪,也不怨天尤人。[②]

对传统理想有着更深刻理解的人,不只抱有这样的希望。达尔文主义是否真能证明野蛮的自我主张、忽视弱者和穷人、放弃慈善事业是合理的?达尔文主义是否意味着,在持续增长、无限逼近生存界限的人口之中,进步必然取决于对不适者的无情淘汰?

美国是一个经过基督教伦理训练,而后获得民主观念、人道主义传统强化的国家,想在此实现这种尼采式的价值转换,当时看来绝无可能。斯宾塞调和进化论与理想主义,预测社会将从好战过渡到和平、从利己主义过渡到利他主义,作出了当时最常见的回答。但斯宾塞常用选择主义粗鲁论调,尽管这能满足那些不太坚定的严格竞争秩序的捍卫者,或不愿对自然主义伦理学作出重要让步的人,却也剥除了人们熟悉而感到温暖的神学制裁。在斯宾塞的《社会学原理》一书中,他这样宣称:

> 我们不仅看到,适者生存规律在相同类型个体的竞争中,从一开始就促进了更高等类型的产生;我们还看到,增长和组织导致了物种间的不间断战争。没有普遍的冲突,就不能发展活跃力量。[③]

考虑到所有这类"不间断战争""普遍的冲突"的说辞,斯宾塞允诺的那个遥远的社会涅槃,对关心此时此刻的人来说有什么价值?有位慈善家问道:

> 如果等待着人们的只有斯宾塞的未来,而没有其他,那么他们是不是都要吞服氯仿了?没有个体的延续、没有上帝、没有超能的力量,只有

[②] *Democracy* (New York, 1925), p.78.
[③] *The Principles of Sociology*, II, 240—41. 对这种冲突的强调还存在一个有趣的思想分支,见 John Stahl Patterson 不具名出版的《自然与生活中的冲突》(*Conflict in Nature and Life*, New York, 1883)。

进化,奔向在此地建立仁慈互爱社会、在世间实现完美的进化。能否成功已经要打个问号;即使成功了,最终要付出的代价也很值得怀疑。④

"赫伯特·斯宾塞的伦理学无疑将是最终的伦理学,"另一位评论家写道,"但我们确实无法回避这样一个问题,什么是现在和过去时代的伦理学?"⑤詹姆斯·麦考什问道:"正在读书的年轻人从科学讲座和杂志中得知,旧的道德裁决已经被破坏殆尽,那么我们该拿他们怎么办?"⑥

1879年,《大西洋月刊》上发表了戈德温·史密斯(Goldwin Smith)名为《道德间歇期的展望》(*The Prospect of a Moral Interregnum*)的文章,正视自然主义带来的这个棘手问题。史密斯认为,西方道德准则的基础始终是宗教。实证主义者和不可知论者认为,即便进化论摧毁了基督教,但基督教伦理的人道价值还能延续,但这只能是空想。他承认,基于科学的伦理或许最终会诞生,但至少目前进入了一种道德的间歇期,与过往危机时期发生的类似:在希腊世界,宗教在科学思考的兴起之下崩溃,之后就出现过这样的道德间歇期;在罗马世界,在基督教到来并成为新的道德基础之前,也出现过间歇期;宗教的第三次崩溃发生在文艺复兴后的西欧,迎来了波吉亚和马基雅维利家族、吉斯家族以及都铎王朝的时代;最后,英国的清教主义以及天主教会内的反宗教运动重新恢复了稳定的道德根基。而眼下,宗教地位的又一次崩碎正在进行之中:

> 我们要问的是,这场革命会对道德产生什么样的影响?它很难不产生任何影响力。进化是动力,生存斗争是动力,自然选择也是动力……
> 但是,人类的手足情谊,以及人类这个概念本身,会变成什么样?⑦

什么能防止更强的族群劫掠弱者?(史密斯听到有帝国主义者说,"殖民者的首要任务是把野兽从这个国家赶出去,而所有野兽之中,最有害的就是野人"。)换句话说,如果暴政者夺得了某个强国的政权,那么基于生存学说的框架,民众还有什么说法能用来一以贯之地反对暴政?(拿破仑不就是被生存斗争选出来的吗?)人道主义在19世纪将面临什么样的境遇?如何抑制社会冲突的激情?对这些问题,史密斯没有答案,但他确信,迫在眉睫的道德危机也将给

---

④ Emma Brace, *Charles Loring Brace*, p. 365.
⑤ "What Morality Have We Left?" *North American Review*, CXXXII(1881), 504.
⑥ 引用自 Joseph Dorfman, *Thorstein Veblen and His America*, p. 46。
⑦ "The Prospect of a Moral Interregnum," *Atlantic Monthly*, XLIII(1879), 629-642, esp. 636.

政治和社会秩序带来危机。

其他作者还关注更具体的问题。哈佛大学的道德哲学教授弗朗西斯·鲍恩(Francis Bowen)本就在宗教问题上对达尔文抱有敌意。他试图强调达尔文主义造成的社会后果,好让人们对达尔文主义丧失信任。他或许表达了众多老派基督教保守人士的态度。鲍恩将达尔文主义与他熟悉的马尔萨斯的自然选择谱系联系起来,认为这两个错误是双生的。他指出,马尔萨斯主义之所以在英国受欢迎,是因为其抵制了戈德温等人的革命思想,同时马尔萨斯主义也被用来为富人开脱,想要免除他们对穷人受苦所负的责任。然而,后来发生的事证明了马尔萨斯是错的,而在其理论逐渐消失于政治经济学之际,达尔文的生物学又给它提供了新的支持。反对马尔萨斯这一理论的论据仍然有效,因为社会的过程正站在达尔文所说过程的对立面。下层阶级的生育能力无可否认地强于上层阶级,存活下来的是"最不适者"而非"最适者"。因此,在社会进程中,濒临危险的是高级而非低级形式的存在。解决这个问题只能靠那些拥有财富、文化和修养的人,他们必须违反马尔萨斯的准则,更自由地繁衍后代,以此促进文明发展。达尔文—马尔萨斯的体系,无论用在哪个领域都会导致恶果:应用到社会学,人们将以铁石心肠冷漠看待穷人的苦难;应用到宗教,社会转向无神论;应用到哲学,走入德国悲观主义的黑暗废墟,蔑视人的生命价值,成为社会灾难的预兆,就像罗马的斯多葛主义(stoicism)那样。[⑧]

另有作者的观点与鲍恩在社会保守主义方面相似,但更倾向科学精神。这位作者预言,他所谓的"存有同情的政府理论和科学的政府理论"之间将发生巨大冲突。存有同情的政党只想借助社会立法缓解工人阶级现状,但美国并不真正需要这种带有慈善性质的温情,在美国,阻挡一个人成为资本家的,只有这个人与生俱来的无能。没有谁可以人为地拯救大众于其自身的无能之中而不造成社会灾难。美国社会在这些同情党慈善家的影响之下,如今遍地是移民,越来越多的无能者正在拖垮这个国家。而坚持科学的政党将"捍卫生存竞争的原则,依从供求规律,为适者生存的实验提供公平的环境"[⑨]。

[⑧] "Malthusianism, Darwinism, and Pessimism," *North American Review*, CXXIX(1879), 447−472. 鲍恩不怀疑这一社会达尔文主义的前提,即上层阶级从某种程度来说等同于"适者"。

[⑨] M. A. Hardaker, "A Study in Sociology," *Atlantic Monthly*, L(1882), 214−220.

"科学党"的学说与贪图安逸之人的学说相似,威廉·迪安·豪威尔斯(William Dean Howells)在他的小说《来自奥尔特鲁里亚的旅客》(*A Traveler from Altruria*,1894)中,无情地审视了这类人的社会偏见。在小说中,美国社会明显固化的阶级壁垒让"霍默斯先生"(Mr. Homos)十分震惊,而美国人这样对他解释:

"我们有这样的划分,更多是一种自然选择的过程。如果你熟知我们的体制运作,你就会发现,这样的区分并非随意专断,每个人的社会等级,取决于他们与其工作的相互适应程度……"

我接着说:"你知道我们美国人算是某种宿命论者。我们笃信,'一切到最后都会是正确的'。"

"啊,我并不惊讶于此,"奥尔特鲁里亚人说,"如果自然选择真的如你所说,能在你们之中完美运作的话。"[⑩]

"科学党"中也有人怀疑进步的可能性。有作者在《银河》(*Galaxy*)杂志上发表文章,反对对机器、发明和大众改革的普遍盲从,辩称其狂热者开出的万灵丹在人口压力面前不起作用,乔治·卡里·埃格尔斯顿(George Cary Eggleston)则用强烈的进化论的乐观主义,在《阿普顿期刊》的专栏里对此作出回应。埃格尔斯顿说,哀叹人口承压或限制人口增长都没有必要。世界变得拥挤是实现进步的最大动力,实现进步就应当通过刺激工业发展,迫使人们提升自身能力,应当通过打击那些不适应的人,"通过驱逐没有价值的人,来给予有价值的人财富和权力"。

著名地质学家纳撒尼尔·S.谢勒(Nathaniel S. Shaler)则表达了更人道主义的态度。谢勒属于"同情党"中的科学家,质疑数字在社会中的价值。谢勒指出,高级物种的一个特征即不那么挥霍生育能力,文明摒弃了自然选择,用基于智力的选择来取而代之。如果说自然选择在文明中真能得到充分发挥,谢勒将承认人口增长是可取之举,但实际上,保护包括弱者和强者在内的所有人,正是人性的要求;甚至就连现代战争,也选出了弱者、懦夫和老朽之人继续存活,而摧毁那些能适应战争状态的人。最好的办法是,依靠教育来供应天选之子,否则自然只能以更浪费的方式作出选择。发展教育需要高标准的舒适条件,反过

[⑩] *A Traveler from Altruria* (New York, 1894), pp. 12—13.

来则要求"将人口繁衍限制在族群真正需要之处"⑪。

在这样的种种表述之中,这些未解决的问题进入了大众讨论的范围。1871—1900年,希望在严肃书籍中求解的读者会发现,关于达尔文主义对伦理、政治和社会事务的意义存在许多激进的讨论。除了萨姆纳和斯宾塞,还有一些人对美国知识分子产生了强大的影响。在他们之中,约翰·费斯克是美国人,其他多是英国人:沃尔特·白芝浩、赫胥黎、亨利·德拉蒙德(Henry Drummond)、本杰明·颉德(Benjamin Kidd)、威廉·马洛克(William Mallock)对美国思想界的影响几乎无逊于任何一位美国作者。另外,至少有一位来自欧洲大陆的思想家,彼得·克鲁泡特金(Peter Kropotkin)王子,也收获了自己的听众。他们的贡献尽管有高有低,但都得到了尊重。

二

对于其发现在道德上的含义,达尔文本人给出的意见则稍显含混。他对道德感和同情心对进化的作用有所讨论,但我们不难发现,他对有人暗示自己证明了"强权即公理"感到有些受伤。对自己注定要成为知识分子的"潘多拉"这件事,他少有疑虑;原因是,藏在达尔文体系中的马尔萨斯式逻辑,无论多么令人悲戚,也被达尔文本人温和的道德感过滤了一层。诚然,《物种起源》(*The Origin of Species*)秉持了霍布斯式的精神,达尔文在《人类的由来》中对"自然选择对文明国家的影响"的评价,与斯宾塞《社会静力学》的最严酷部分也有相似之处。

> 我们文明人……付出最大限度的努力来制止淘汰过程。我们为低能者、残废者和患病者建立庇护所,我们制定济贫法,我们的医务人员付出最大努力挽救所有人的生命,直至最后一刻……文明社会的弱者能因此继续繁衍他们的同类。照料过家畜繁殖的人都不会怀疑,这么做无疑将对全人类造成很大害处。⑫

但是,这段话不能代表达尔文道德情感的特征,因为他接着说,无情的淘汰

---

⑪ Titus M. Coan, "Zealot and Student," *Galaxy*, XX(1875), 177, 183; G. C. Eggleston, "Is the World Overcrowded?" *Appeton's Journal*, XIV(1875), 530—533; N. S. Shaler, "The Uses of Numbers in Society," *Atlantic Monthly*, XLIV(1879), 321—333.

⑫ *The Descent of Man* (London, 1874), pp. 151—158.

政策背叛了"我们天性的最高尚之处",这部分天性本就牢固建立在人的社会本能之中。因此,我们必须忍受弱者生存繁衍带来的恶果,寄希望于"社会中的弱者和下等成员无法像健全者那样自由结合"。他还主张,无法保证后代能免于赤贫的人应当避免结婚;他再次陷入马尔萨斯主义,因为他说,谨慎之人不该推卸维持人口增长的责任,正是通过人口压力及其随之而来的斗争,人类才实现并将继续实现进步。⑬

如果说在达尔文所著作品中,坚毅的个人主义者和无情的帝国主义者能找到对应各自观念的文本,那么主张社会团结互助的人也能字对字地找到合适的文本,甚至还要更多。达尔文在《人类的由来》中,用大量篇幅论证了人类的社会性和道德感的起源。他认为,社会性或许是原始人和他们的类人猿祖先,以及众多低等动物行为习惯的一部分;远古的原始族群已经有了分工的实践,而社会性习惯对人类的生存意义也堪称巨大。他写道:"自私之人和自负之人没办法凝聚起来。而没有了凝聚力,什么也做不成。"他将人的道德感视为其社会本能和习惯的必然产物,是群体生存的一个关键因素。达尔文将群体舆论的压力、家庭情感产生的道德效应与智识的自身利益并列,构成了道德行为的生物学基础。⑭ 难怪克鲁泡特金在写《互助》(*Mutual Aid*)时,称达尔文是他的前辈,指责他人对达尔文的学说进行霍布斯式的解读。⑮

《人类的由来》出版两年之后,出现了第一部从生物学角度进行社会思考的重要作品,打破了斯宾塞在这一领域的垄断,那就是沃尔特·白芝浩的《物理学与政治学》(*Physics and Politics*),此书还有个更贴切的副标题——"关于把'自然选择'和'遗传'应用至政治社会的思考"。白芝浩将此书作为尤曼斯的《国际科学丛书》的一部分出版,随即在国内大受欢迎,极大鼓励了人们按照生物学逻辑来解读社会。白芝浩试图重新建构政治文明发展的模式,用的是卢伯克(Lubbock)和泰勒等进化论民族学家的方法,也从他们那里获得了部分数据。

白芝浩没有试图解释法律和政治建制起源的情形。"一旦有了政治,就不

---

⑬ *The Descent of Man*(London,1874),pp. 706—707。见 Geoffrey West,*Charles Darwin*(New Haven,1938),pp 327—328。

⑭ *The Descent of Man*,chaps,iv,v. 关于达尔文如何看待互助和道德法则在人类进程中发挥的作用,George Nasmyth,*Social Progress and the Darwinian Theory*,chap. ix 中有详尽的研究。

⑮ *Mutual Aid*(New York,1902),chap. i.

难理解为什么它能一直延续下来。无论其他部门对'自然选择'原则如何异议,'自然选择'无疑在人类早期历史中占据了主导地位。最强的人尽可能杀光了最弱的人。"鉴于政治组织无论采用何种形式都更优于混乱,那么拥有政治领导权和多少有些法律惯例的家庭聚集起来,便能迅速征服不具备这些条件的家庭。早期的政治组织的大小不重要,其存在本身已经足够重要。政治的功能是做好一个"惯例的蛋糕",把人们联系和绑定起来;确切地说,无论人们在社会秩序中各自处于什么位置,他们都因此受到约束——因为组织诞生于一种地位的制度(a regime of status),很久之后才演变为一种契约的制度(a regime of contract)。有了组织之后,第二步是民族性格的锻造。人们不自觉地模仿一两个杰出人物表现出的偶然的"变异性",就此形成了民族性格。民族性格仅是自然选择出来的教区居民的性格,就像民族语言也是成功的教区方言一样。

人们习惯性地认为,进步是人类社会的正常现象,但实际上这在人类的各个民族中鲜有发生:古人没有这种进步观念,东方人也没有;而野蛮人根本没有进步。进步这种现象仅发生在祖先源自欧洲的少数国家。有些国家进步了,有些停滞不前,因为最强者在任何情况下都会胜过其他人,而就"某些显著的独特性"方面,最强的也是最好的。国家内部占据主导地位的是最能打动人的性格,通常也是最好的性格;如今在占据世界主导地位的西方,各国及其国家性格类型间的竞争,又因各国"内在的动力"而变得更为激烈。进步存在于军事艺术之中,这一点毋庸置疑;作为其推论,最先进的将摧毁弱势的、团结紧密的将消灭散兵游勇,也同样毋庸置疑。因此可以说,文明取得一次进步,就构成一种军事上的优势。因其法律与惯例的结构相对僵化,落后文明在"变异出现时就将其扼杀",但进步取决于变异的产生。"只有令人满意的情况才能出现进步,这种情况就是合法性起到的推动作用强大到足以凝聚整个国家,但又不足以扼杀所有的变异,破坏自然界永久的变化趋势。"早期社会处于进退维谷的境地:一方面,为了生存,它们需要延续惯例;另一方面,如果社会不能灵活到接纳变异,就只能冰封于古老模式而无法向前。现代社会处在一个开放讨论而非惯例僵化的时代,已经找到了一种方法用来调和秩序与进步法则。[16]

达尔文的任务是为人类的道德感情找到自然根基,为支持社会合作的同情

---

[16] W. Bagehot, *Physics and Politics*, *passim*, esp. pp. 24, 36—37, 40—43, 64.

心找到自然根基,约翰·费斯克则在他的《宇宙哲学概要》(*Outlines of Cosmic Philosophy*,1874)和《幼年期的意义》(*The Meaning of Infancy*,1883)中接过了这项任务。读完阿尔弗雷德·华莱士(Alfred Wallace)在马来群岛的观察记录后,费斯克突然意识到,人类与其他哺乳动物的一个显著区别,就是人类的幼年期要比其他哺乳动物的长得多。一个物种的潜在行为的复杂性,通常与其个体出生后习得行为所占的比例有关。人类婴儿在妊娠期获得的极限能力占比最小;与其他物种的幼儿相比,人类婴儿刚出生时发育更差,必须在此后经历漫长的可塑期,学习人类的行为方式。费斯克推断,人类这一物种得以进步,正是因为人类婴儿出生后,他们所能获得的能力不是"早就安排好了的";相反,人类婴儿必须用更长时间来学习,并因此学到范围极广的行为方式。人类必须在这段漫长时期关注他们的婴儿,延长母爱和照顾的时间,父母因此更多地和孩子们在一起;简单来说,人类更有可能建立稳定的家庭,并最终建立氏族组织,这是迈向公民社会的第一步。人类从单纯的群居性动物,变成了社会性动物。

一旦人类组织形成了氏族,自然选择就会介入,以维持氏族。这是因为,如果能使个体原始的自私本能最有效地服从于群体需求,氏族就能在生存斗争中获胜。这样一来,体现在母亲照顾婴儿时的利他主义和道德,从最初的萌芽发展,普及到越来越广的社会纽带,直至形成足够广泛的同情心,支持着我们如今所知的文明人的社群生活。道德感的基础在于原始的生物学单位,即家庭,如果说人与人之间的社会合作和团结并非自然,那就什么都不是了。[17]

费斯克的哲学,试图给高级的道德冲动找一个进化过程的直接根源。T.

---

[17] *The Meaning of Infancy*(1883);*Outlines of Cosmic Philosophy*(13th ed. ,1892),II,342 ff. 理论的风向正稳定吹向进化论者,这一点可以表现在费斯克极受欢迎而雅各布·戈尔德·舒尔曼(Jacob Gould Schurman)的小书《达尔文主义的伦理意义》(*The Ethical Import of Darwinism*)被忽视。舒尔曼是康奈尔大学赛基哲学学院的教授,试图证明达尔文主义在逻辑上并未破坏传统的行为制裁,因为达尔文主义的根基并不仅限于自然进化。舒尔曼试将达尔文置于他所处的历史环境中,指出达尔文的理论与效益主义者以及马尔萨斯学说存在着逻辑上的联系。基于一些有趣的文本证据,舒尔曼认为,达尔文的全部自然选择论都基于效益主义的预想——有用者得以生存;或者如达尔文所称,有机体中只有那些"有利可图的"(profitable)变异才得以生存。舒尔曼反对进化论者在伦理学方面的倾向,因为自然选择预设了一种效益(utility),因此道德仅是一种效益。他的结论是,道德只能在直觉主义的基础上才能牢固树立。见 *The Ethical Import of Darwinism*, pp. 116 ff. ,141—160,*passim*。James Thompson Bixby 在《进化论的伦理》(*The Ethics of Evolution*,New York,1891)中,对斯宾塞的伦理学说进行了一番理想主义的抨击。对这一文献的全面审视,见 C. M. Williams,*A Review of the Systems of Ethics Founded on the Theory of Evolution*(New York,1893)。

H. 赫胥黎(T. H. Huxley)在其著名的罗曼尼斯讲座(Romanes Lecture)上发表的《进化与伦理》(*Evolution and Ethic*, 1893)试图打消人类道德疑虑的论调,与费斯克的观点不太相同——其实,与赫胥黎同时代的大多数人也并不满意。与费斯克不同的是,赫胥黎表面上接受了对达尔文主义的那种霍布斯式的解读,承认"社会中的人无疑受制于宇宙的进程",生存斗争和不适者淘汰当然也包括在内。不过,赫胥黎直截了当地反对把"适者"和"最优者"画等号的惯常做法。他指出,在某些宇宙秩序的条件下,唯一"最合适的"生物体将被证明是低等的。人类和自然对价值的判断截然不同。伦理的过程也就是能产生人类真正认为是"最优者"的过程,与宇宙过程相互对立。"社会的进步,就意味着每向前一步,都在制止宇宙的进程。"

在同时发表的一篇短文中,赫胥黎把伦理学的过程比作园丁的园艺工作:花园的状态没有"自然带血的尖牙利齿",因为园艺的过程是要调整植物的生长条件来根除斗争,而不是让植物去适应自然。园艺并非鼓励而是限制了物种的繁衍。人类的伦理和园艺一样,都有悖于宇宙的过程;因为园艺和伦理行为都是在避免原始的生存斗争,为的是实现外界强加于自然过程的一些理想。

一个社会越是先进,就越能消除其成员之间的生存斗争。按丛林法则在社会中进行自然选择,会破坏,甚至是摧毁维系社会的纽带:

> 我由此想到,那些习惯了思考主动或被动消灭弱者、不幸者和多余者的人;那些将此种行为视为合理并辩称这是宇宙进程裁决的人;那些,如果行为自洽的话,必然要将医学视为黑魔法、将医生视为恶意保护社会不适者的人;那些首先按照挑选种马的原则来经营婚姻的人;那些全部生活因此无异于一种压制自然感情和同情心的高尚艺术教育的人——不可能大量保有任何这些日常所用的社会联结。然而,一旦没有了这些,就等于没有了良知,没有了任何对人类行为的自我约束,只剩下对自身利益的计算,试图配平某些眼前的满足和未来很有可能出现的痛苦;而经验告诉过我们,这究竟价值几何。[18]

现代社会中所谓的生存斗争,实际上是一种争夺享受手段的斗争。真正具有实质意义的生存斗争,仅发生在极度贫困、被迫受贫和犯罪的人之间。这种

---

[18] *Evolution and Ethics and Other Essays*(1920), pp. 36—37.

仅发生在沉没于社会底层的 5% 的人之间的斗争,对全社会来说并不能发挥选择作用,因为即便是处于这一阶级的成员在死亡之前也能设法迅速繁衍后代。为了争夺享受手段而进行的生存斗争,尽管有可能发挥适度的选择作用,但这与自然选择或园艺家的人为选择相比,没有任何可类比之处。这样看来,人类的需求并非对自然的默许,而是"一种为了保持和改善与自然状态相对的艺术状态的、有组织的政体的持续斗争"[19]。

与费斯克的幼年期理论相似的,是亨利·德拉蒙德(Henry Drummond)有关其著作《人的上升》(*The Ascent of Man*, 1894)的罗威尔讲座。德拉蒙德是一位苏格兰传教士,他的伪哲学书《精神世界的自然法》(*Natural Law in the Spiritual World*, 1883)此前已经获得相当可观的关注。他不否认"生命之争"(Struggle for Life)的重要性,但将其视作戏剧作品里的反派而非情节本身。但是,进化的第二因素也同样重要,那就是"为他人生命之斗争"(Struggle for the Life of Others)。生命之争源于对营养的需求,而为他人生命之斗争则基于繁殖以及繁殖带来的情感和关系。与费斯克一样,德拉蒙德在家庭中发现了人类同情和团结的基础,家庭是为他人生命之斗争的源头。

德拉蒙德批评赫胥黎的宇宙和伦理二元论,努力给道德行为寻找自然基础。他提出的解决方案是以目的论来解读进化过程;其中,为他人生命之斗争被视为一种实现完美的"天赐"手段。这样一来,德拉蒙德可谓以一石击中二鸟:他既恢复了自然进化与道德之间的连续性,又将唯信仰论从进化论的机械解释中拯救了出来。"通往进步的道路,与通往利他主义的道路是一体的。进化无异于'爱的演化',是对'无限精神'的启示,'永恒生命'得以回归'自身'。"[20] 德拉蒙德认为生存的能力谈的只是适合性,不涉及道德价值。他承认,工业进程与进化斗争之间存在某种相似性,认为工业"与纯粹的动物的斗争仅有一两步之遥"[21]。但是,随着为他人生命之斗争变得越来越重要,加之技术不断进步,这种斗争正在失去动物的激烈性。尽管进化的开头几个章节可能以"生命之争"为标题,但整本书讲述的是一个关于爱的故事。

---

[19] *Evolution and Ethics and Other Essays*, pp. 44—45. 此篇短论的主体见于 pp. 46—116;论证部分在 pp. 1—45 得到扩充。

[20] *The Ascent of Man*, p. 36.

[21] 同上,p. 211。

克鲁泡特金的《互助》(Mutual Aid, 1902)不如德拉蒙德的书受欢迎,影响力却更持久。这部作品起初被认为是对赫胥黎的《进化与伦理》(Evolution and Ethics)作出回应,其原因是,克鲁泡特金对忽视了合作是进化主要因素的哲学思想有着那种集体主义的天然敌意。当克鲁泡特金还生活在北亚时,西伯利亚的啮齿目动物、鸟类、鹿和野牛的群体互助行为令他印象很深。他强烈地意识到,为争夺生存手段进行的激烈斗争不存在于同属一个物种的动物之间。有达尔文主义者把自相残杀看作进化的关键因素,但克鲁泡特金说,达尔文无须为这样的观点负责,因为他本人非常明确地承认了合作的重要性。

克鲁泡特金从广泛的文学作品中收集了大量的自然与历史传说,支撑起他的论文。从蚂蚁、蜜蜂、甲虫到所有的哺乳动物,克鲁泡特金发现了以物种为单位的群体内存在社会性与合作。鸟类善于交际,即便属于掠夺性物种的鸟类也是如此。狼以成群结队的方式狩猎。啮齿目动物与同类一起工作。马群居,多数猴子也在一起生活。追随这条线索,克鲁泡特金对不同的人类互助行为展开调查——原始人、野蛮人、中世纪和现代人皆是如此。关于生物学对人类生活的启示,他总结道:

> 令人高兴的是,竞争不是动物世界抑或人类社会的规则。在动物界,竞争仅限于特殊时期,自然选择找到了更好的领域进行发挥。通过相互帮助和相互支持,实现对竞争的消灭来创造更好的条件……
>
> "不要竞争!——竞争给物种带来的总是害处,你有足够的资源来避免它!"这是自然界的趋势,尽管并非总能完全实现,但它一直存在。这是来自灌木、森林、河流、海洋的警句。"因此,结合吧——实行互助!"这是保障从每个人到所有人最大限度安全的最可靠手段,是实现身体、智力和道德上生存与进步的最好保证。这就是大自然教给我们的东西。[22]

三

还有其他学派站出来捍卫竞争原则,为其赋予新的微妙含义。在19世纪

---

[22] *Mutual Aid*, pp. 74—75.

90年代,竞争尽管趋于防守地位,但有两位颇受欢迎的代表性作者再次试图把竞争伦理纳入守卫进化论神圣地位的思想框架。

智识界出现了两股新潮流,促使为进化论的辩护在基调上发生改变:一方面,亨利·乔治(Henry George)与爱德华·贝拉米(Edward Bellamy)的运动表现出愈加明显的社会抗议,费边社(Fabian)出版了短论集,马克思主义越来越为人所熟悉;另一方面,在生物学领域,奥古斯特·魏斯曼(August Weismann)发表了他有关后天特征遗传的研究结果。㉓ 如果魏斯曼是对的——多数生物学家也认为他是对的,那么赫伯特·斯宾塞哲学所用的拉马克式的特征就再也站不住脚了。人类要想进化成一个理想中的族群,就无法再寄希望于知识和仁爱的逐渐积累并在后代中传续;社会的进化必须重新规划,沿袭一条更严格的、达尔文式的路线;如果希望有任何进步得以实现,就必须严格依赖于自然选择。

英国人本杰明·颉德(Benjamin Kidd)是一位默默无闻的公务员,他在1894年出版的《社会进化论》(*Social Evolution*)中讨论了上述问题,并因此成为英美学界的热议焦点。颉德试图在魏斯曼学说的基础上搭建理论架构,调和竞争过程、自然选择以及在新的抗议浪潮中崛起的立法改革趋势。他的学说从人们熟悉的教条出发,即进步来自选择,而选择不可避免地涉及竞争。㉔

但对数量庞大的大众阶层和遍及各地的弱势群体来说,维持竞争的动力越来越小,颉德意识到了这一点。这也是社会抗议的呼声日益高涨的原因。

> [人类的]个体利益,事实上已进一步服从于人类作为一个社会有机体的利益,后者的范围与前者相比得到了极大拓展,生命周期得到了无限延伸。究竟要怎么做,才能使理性的占有与服从于如此苛刻的生存条件的意愿相一致?也就是说,如何要求个体福利持续有效地服从于对个体而言无法获益的发展进程?㉕

面对更进步民族的进攻,印第安人或新西兰的毛利人正在经历种族的消亡,那么他们为什么要对进步感兴趣?或者换个例子,就西方文明及其未来而言,更重要的是,对"广大的大众阶层,即所谓的下层阶级"而言,什么构成了一

㉓ Benjamin Kidd, *Social Evolution*, pp. 72—73.
㉔ 同上,pp. 36—37。
㉕ 同上,p. 68。

种合理制裁力(rational sanction),让他们顺从社会进步的竞争性体系中出现的对他们个人的考验和折磨?他们逐渐意识到,站在个人的理性利益立场,竞争明显要被废除,敌对要被终止,社会主义应当被建立,人口数量应当被调节并保持在一个"与所有人都感到舒适的生存手段相衬"的水平。

颉德认为,大众阶层的个人理性利益与社会有机体的持续进步之间存在的这种对立,无法用理性来调和。但是,如果放弃尝试以哲学作为对人类行为的合理制裁力,这个问题就能换个角度来看。与此同时,宗教的社会功能也变得清晰起来。

所有的宗教概念都揭示了,"人在某种程度上是与其自身理性存在冲突的"。人类普同的本能的宗教冲动,帮助发挥了这项不可或缺的社会功能:它为社会进步提供了一种超自然的、非理性的制裁力。无论怎样的宗教体系都"与行为有关,具有某种社会意义上的重要性;无论在何处,宗教对其规定的行为拥有的终极制裁力都属于一种超理性的制裁力"。作为一种社会制度,宗教之所以能存续至今,原因在于,宗教为人类提供了一项基本服务:它促使人类以一种对社会负责的方式行事。而这种冲动是所有单纯受到理性驱动的思维方式所缺乏的。[26]

颉德为利他主义对人类事务的作用进行辩护,但采用了与斯宾塞截然不同的方式。对于利他主义,不存在一种理性的制裁力;对于利他主义的制裁力是超理性的,有悖于个人的自身利益。因此,利他主义往往与宗教冲动紧密联系起来,这是不难理解的。这种利他主义冲动应当得到重视,也正在得到重视,因为现在的一种趋势是强化弱者的力量和装备,让他们能与更高、更富裕的社会阶层对抗。无论是慈善团体,还是用社会立法强化大众竞争的整体趋势,都想促使竞争进一步加剧。任何旨在促进进步的立法,必然要提升大众阶层,让他们参与到这种充满活力的竞争中去。

颉德向他的成千上万的读者输出的是一种蒙昧主义、改革主义、基督教和社会达尔文主义的特异混合物。在希望为自身信仰找到理性基础的宗教人士、崇尚自由放任的老派社会达尔文主义者、正统的斯宾塞主义者、训练有素的哲学家、社会学家以及理性主义者看来,颉德的学说应该被革出教门。但这种敌

---

[26] Benjamin Kidd, *Social Evolution*, chap. iv。

意并不妨碍颉德对公众的巨大吸引力。"他能出名,"一位知名美国社会学家抱怨道,"在我来看,就像一种读书人能想到的最丢人的怪癖,先把汉弗莱·沃德夫人(Mrs. Humphrey Ward)推上神坛,现在又迷恋特里尔比(Trilby)。"㉗对此,约翰·A. 霍布森(John A. Hobson)在《美国社会学杂志》(*American Journal of Sociology*)上的解释相对更有耐心一些:

> 正统教会的忠实群体越来越迅速地感到宗教的智识基础已经散失。他们并不是一群理性主义者,其中大多数人从未认真检视过其所奉信条的理性基础,但理性批评的这种扰乱人心的影响力也开始令他们隐约感到不安。如今,这群曾依赖教义行事的人在道德上变得软弱,所以他们准备好了,要急切地抓住一种学说,这种学说将以看似符合维系现代文化的方式来拯救他们的宗教体系。㉘

西奥多·罗斯福(Theodore Roosevelt)在《北美评论》杂志上发表的文章表达了一种复杂的反应。他赞同颉德的主张,即社会进步取决于生物学的规律;赞同颉德抨击社会主义的行为是开倒车;赞同颉德的结论,即国家应让人们获得平等的竞争机会,而不是废除竞争;赞同颉德强调效率应当成为衡量社会的标准,性格比智力更重要。但罗斯福认为,颉德过分强调竞争的必要性,低估了不适者即便没有得到社会组织援助,也会努力存活下来成为适者,而不是趋向于被社会淘汰的能力。罗斯福还认为,颉德夸大了大众所受的苦难。在一个进步的社会里,五分之四或十分之九的人能够满意,因此确实存在合理的制裁力,促使他们为社会进步作贡献。另外,颉德对所有宗教的评价都差不多,但又认为基督教在教育个人服从人类整体利益方面远胜于其他宗教。最后,罗斯福不满意颉德所持的宗教观点,称其无异于"推动世界向前所必需的一连串谎言"㉙。

四年后,威廉·H. 马洛克凭借其书籍和杂志文章在美国出名,这位替人捉刀的英国作家在名为《贵族制度与进化》(*Aristocracy and Evolution*)的书中建议,人们应当完全抛弃颉德的体系和其他盛行的进化论社会学说,回归纯粹的个人主义。

㉗ Albion W. Small, in Stern, ed., *op. cit.*, XII, 170.
㉘ "Mr. Kidd's Social Evolution," *American Journal of Sociology*, I(1895).
㉙ "Kidd's Social Evolution," *North American Review*, CLXI(1895), 94—109.

马洛克的意图是把较富裕阶层的权利和社会功能确立下来,他感到这部分权利和功能在斯宾塞和颉德的进化论哲学中没有被充分理解。社会学界目前最大的错误在于笼统地谈论"人类""族群"或"国家",而没有将这些术语细化到阶级和个人。斯宾塞与颉德尤其对此负有责任,因为在以进化论观点谈及整个社会进程的时候,他们从未重视伟人的作用,忽视了他们的贡献和成就。他们错误地贬低伟大领导者的地位,认为他们的所作所为应当归功于整个社会,以及社会整体继承下来的技能和成就。按照同一逻辑,伟大的大众阶层群体的功劳也被他们表现出来的可鄙之处掩盖了。

在马洛克构想的方案中,伟人当然不能与体能上最适应生存斗争的幸存者们相提并论。对于这些体能上最适应的幸存者,你只能说,他们设法活了下来。尽管这肯定有助于族群进步,但这种助益缓慢而不受瞩目。但是,伟人不同,他们在获取独特的知识或技能后又施加于大众,以此激发了社会活力。体能上的适者推动进步的方式是使自己活下来,别人死去;而伟人推动社会进步的方式是帮助别人活下来。普通劳动者为了找到一份工作而进行的斗争,相当于社会范畴里的生存斗争;这对社会进步是有贡献的,但贡献很小,因为人类发展向前迈出的最大步伐,是在劳动者种类没实现任何改进的前提下完成的。真正推动社会进步的是工业斗争,这是领导者之间的斗争,也是雇主之间的斗争。两位雇主彼此竞争,其中一个雇主成功征服了另一个,那么被征服的雇主的劳动者将被纳入为征服者工作的劳动者队伍,这不产生任何损失;但是,成功领导者所拥有技能的成果,成为对这一社群的馈赠。这样看来,实现社会进步的不是为求生存进行的残酷斗争,而是富裕阶层之间为争夺统治权而进行的战争。

适者占据统治地位,有利于整个社会的利益最大化。为了促进这一进程,伟人必须有足够强烈的动机并获得统治工具。这究其根本是一个经济问题。伟人可以通过两种经济手段施加影响——要么是奴隶制度;要么是资本主义工资制度,前者是强迫性的手段,后者则是基于自愿的激励。社会体系想要实现进步,必然要保留这种劳工主管之间的竞争,保留这种对工业统治权的争夺。无论社会如何改变,伟大的适者占据统治地位——资本主义的竞争——必须得到保证。这些人才是真正的产出者。社会进步的根本条件是这些领导者得到大众的服从。与在工业上一样,政治上的民主制度形式是空洞的;原因是,尽管

行政机构的设置是为了执行多数人的意志,但这些多数人的意见是由少数人形成的,他们操纵着这些意见。㉚

四

如果有读者抱着同等的虔诚和轻信,追随前述各位作者们的建议,他可能会感到自己越来越困惑,疑问得不到解答。但是,在这片混乱中尚存一种决定性的趋势,如果考虑到费斯克、德拉蒙德、克鲁泡特金都对什么表示赞同,那么答案更是呼之欲出——他们都赞同社会连带主义(solidarism)。他们把群体(如物种、家庭、部落、阶级或国家)视为生存的基本单位,尽可能减少或完全忽略竞争的个人方面。首先,作为个人主义者的马洛克,正是反对当时进化论思潮中的这一点。费斯克、德拉蒙德、克鲁泡特金不仅同意社会团结是进化的基本事实之一,而且进一步提出,连带(solidarity)完全是一种自然现象,是自然进化的逻辑产物。㉛ 在这一点上,他们与赫胥黎不同,赫胥黎同样关注生存斗争哲学对"社会纽带"造成的影响。但是,赫胥黎认为,"伦理过程"的依据不存在于"宇宙秩序的过程"之中,只得将两者割裂开来,建立一种事实和价值的二元论,这也给他招致了大量批评。即便是颉德理论上对竞争的贡献,也因认可了旨在实现群体效率的社会立法而算是合格。

向着社会连带主义的过渡,是范围更广的美国思想重构的一部分,这在19世纪90年代表现得更加明显——德拉蒙德和颉德的作品、赫胥黎的短论、初具雏形的《互助》都在这一时期出版问世。与连带主义同时兴起的还有其他批评流派。实用主义运动的兴起,标志着新的哲学精神出现,尤其是实用主义运动驳斥了斯宾塞哲学中那种无情的决定论,构建了新的心理学说,这部分采用了达尔文的资料。随着社会异议愈加激烈,有意识的社会控制开始得到关注。政治领域和工业领域中发生的事件也启发了社会科学界,对其目标和方法进行重新评估。关于达尔文主义的社会意义,早期的概念开始发生深刻变化。

㉚ *Aristocracy and Evolution* (London, 1898), *passim*.
㉛ 德拉蒙德和克鲁泡特金明白他们论证的限度。德拉蒙德承认自己受惠于费斯克和克鲁泡特金的思想(*Ascent of Man*, pp. 239—240, 282—283),克鲁泡特金回应了他的赞美,并提到了吉丁斯(Giddings)的"同类意识"(the consciousness of kind)原则。*Mutual Aid*, p. xviii.

第六章

持异议者

> 我们可能会远远超越斯宾塞先生提出的种种界限,但在社会主义这方面却止步不前。
>
> ——华盛顿·格拉登

> 真诚坦率的改革者不应再继续认为国家承诺注定会自动实现。改革者宣称,他们坚信对人民有益的国家未来肯定会到来。但是他们不相信也无法相信这个未来会自动实现。作为改革者,他们必然会断言,国家机构暂时需要大量的医疗护理,而且他们中的许多人预测,即使在医生停止每日探访之后,患者仍然需要卫生专家的监督。
>
> ——赫伯特·克罗利

一

19世纪70年代、80年代和90年代困扰美国的混乱事件及不满情绪催生了一系列关于自由竞争秩序优点的不同意见。70年代和90年代发生的两次恐慌事件及随之而来的漫长痛苦的大萧条,令美国经济深受其害;在难得一见的持续繁荣的 80 年代,爆发了规模空前的劳工起义和暴力事件。劳工骑士团(Knights of Labor)的发展和 80 年代的罢工事件,在八小时工作制运动和干草市场事件中达到高潮,促使劳工冲突成为公众关注的焦点。在 90 年代的大萧条时期,农民抗议与劳工骚乱相互结合,共同酿成了 1896 年席卷全美的政治动荡。

除了直接发挥影响的劳工阶层之外,城市社区人民改革情绪的清晰来源之一便是社会福音运动(Social Gospel)。许多新教神职人员此时批评工业主义,就像其前辈批评奴隶制一样,他们的抗议为战后出现的异议赋予了浓厚的基督教色彩。

城市里的神职人员对工业发展造成的罪恶有着直接经验。他们目睹了工人的生活条件、工人居住的贫民窟、低微的工资、悲惨的失业境遇,以及妻女被迫参加劳动。许多牧师感到担忧,因为教会与工人阶级脱节,他们也意识到在这样一个压迫和残酷的环境中谈论道德改革和基督教行为不切实际。这些牧师对工业场景不仅感到震惊,而且十分惊慌。尽管这些牧师同情工会,特别是作为防御性组织的工会,但他们对可能的工业暴力深感不安。彼时这些牧师正在学习欧洲社会主义的学说和方法,至少在开始时,他们担心这些学说和方法会在美国传播开来。因此,他们寻求在竞争秩序的严格个人主义和社会主义可能蕴藏的危险之间达成妥协。尽管农民的不满情绪在美国及其各州政治生活中占据了主要地位,但神职人员几乎只关注劳工问题。这是因为,劳工问题既蕴藏着危险,又孕育着希望。①

大多数社会福音运动领袖在城市工作。其中最著名和最活跃的是著作颇丰的华盛顿·格拉登(Washington Gladden,1836—1918),他曾在几个城市担任传教士,曾是《纽约独立报》(Independent)编辑部的一名作家。在格拉登同时代人中,与他一样持温和改革主义观点的有:当时最为著名的神职人员之一莱曼·阿伯特(Lyman Abbott);A. J. F. 贝伦兹牧师(Rev. A. J. F. Behrends),此人希望说服基督徒通过预测社会主义更可接受的建议防范其威胁;在哈佛大

---

① 本章对城市运动和思想家的强调,并非意在贬低农民抗议对美国激进主义的重要性。然而,有组织的基层运动对任何类似于系统社会理论的知识都不感兴趣。

学教授基督教伦理学的弗朗西斯·格林伍德·皮博迪(Francis Greenwood Peabody)。社会福音运动其他倡导者的观点更接近社会主义观点。位于波士顿的威廉·德怀特·波特·布利斯(William Dwight Porter Bliss,1856—1926)组织了新教圣公会的改革团体——促进劳工利益教会协会(CAIL),并出版了一份激进的报纸《曙光》(The Dawn)以支持各种左翼运动。乔治·赫伦(George Herron,1862—1925)是爱荷华学院的著名演讲家、应用基督教教授,他于1889年加入社会党,是这场运动的主要宣传者。沃尔特·劳申布施(Walter Rauschenbusch,1861—1918)也是一位社会主义的皈依者,他通过作品对进步时期的基督教社会思想产生了深远影响。

这场运动中最伟大的文学成就出自中西部人士之手。乔赛亚·斯特朗(Josiah Strong)关于国家问题的论述《我们的国家》(Our Country)是19世纪80年代的畅销书。来自堪萨斯州的牧师查尔斯·M.谢尔登(Charles M. Sheldon),写了一本内容粗糙的小册子《在他的脚下》(In His Steps,1896),描述了一言一行遵循耶稣戒律的小镇会众的社会经历;从出版之日到1925年2月,《在他的脚下》英文版销量约为2 300万册。②

受亨利·乔治和爱德华·贝拉米启发的运动与社会福音运动是一体的。乔治和贝拉米出生于虔诚的宗教家庭,都有强烈的宗教信仰;他们的作品中充满了社会福音文学读者熟悉的道德抗议。倡导社会福音者以及乔治和贝拉米的追随者有着共同观点,许多具有社会主义意识的牧师坚持民族主义和单一税收运动反映了这一点。另一方面,社会福音运动与开始批判个人主义的学术经济学家建立了联系;约翰·R.康芒斯(John R. Commons)、爱德华·贝米斯(Edward Bemis)和理查德·T.伊利(Richard T. Ely)等进步经济学家,在教会人士和其他专业经济学家之间架起了一座沟通桥梁。一度有六十多名神职人员获列为美国经济学会会员。③

---

② 关于社会福音运动的历史和意识形态,作者对查尔斯·霍华德·霍普金斯(Charles Howard Hopkins)所著《美国新教中的社会福音派崛起:1865—1915》(The Rise of the Social Gospel in American Protestantism,1865—1915)深表感谢。另见James Dombrowski,The Early Days of Christian Socialism in America,其中(第一章)包含了对社会福音运动意识形态的分析。一篇内容丰富的当代讨论,可见Nicholas Paine Gilman,Socialism and the American Spirit(London,1893)。

③ Rauschenbusch,Christianizing the Social Order,p. 9.

社会福音运动兴起于进化论使进步神职人员转变信仰的年代,由于在社会观上持自由主义态度的牧师在神学上几乎也都是自由主义者,所以社会福音运动的社会理论深受自然主义对社会思想的影响。思想日益世俗化加速了神职人员从神学抽象化问题转为关注社会问题的趋势。神学的自由化打破了宗教的狭隘性。社会福音运动的领袖们也受到了进化论观点以承前启后方式所开拓的发展前景的启发;他们坚信在地球上必然出现一个更好的秩序——天国(the Kingdom of God),这一信念得到了进化论观点的进一步支持。沃尔特·劳申布施写道:

> 将进化论转化为宗教信仰,就有了天国学说。这种与科学进化论观点的结合,使天国理想摆脱了其灾难性环境和灵鬼崇拜背景,适应了现代世界的氛围。④

斯宾塞将社会看作一个有机整体的观点也吸引了进步神职人员,尽管他们通常将此观点用于斯宾塞严厉反对的用途。对神职人员来说,社会有机体(social-organism)的概念意味着救赎单一个体失去了意义,未来人们将与华盛顿·格拉登一起谈论"社会救赎"。社会有机体的概念还意味着阶级之间的利益和谐,这种和谐是神职人员用于呼吁反对阶级冲突和扩大国家干预的一种框架。⑤ 然而,莱曼·阿伯特却认为,社会有机体的思想为缓慢而渐进的改革提供了论据。⑥ 一些社会福音派作家摆脱了人性彻底堕落的神学观念影响,也接受了应当通过改变个人性格来改变社会秩序的观点。在这一点上,他们的看法与斯宾塞和其他保守派人士的看法十分接近。

社会福音运动的先驱在一个关键方面背离了进化论的主流社会用途:他们憎恶并惧怕自由竞争秩序及其所有的作品。无论受到个人主义多么深刻的影响,无论多么害怕社会主义,他们都一致认为有必要改变竞争的自由运作方式,有必要摒弃曼彻斯特经济学派和斯宾塞主义者的社会宿命论(fatalism)。A. J. F. 贝伦兹牧师写道:"基督教无法承认'自由放任'哲学的适当性,亦无法承认完

---

④ Rauschenbusch,*Christianizing the Social Order*,p. 90。
⑤ George Herron,*Between Caesar and Jesus*(New York,1899),pp. 45 ff.
⑥ *Christianity and Social Problems*(Boston,1896),p. 133.

美永恒的社会状态是自然法和无限制竞争的产物。"⑦贝伦兹引用比利时社会主义论者埃米尔·德·拉韦莱(Emile de Laveleye)的话说,达尔文的追随者和自然法政治经济学的倡导者"是基督教和社会主义真正和唯一的逻辑对手"。贝伦兹继续写道:

> 我们的论点并非反对达尔文主义作为一种无意识和不负责任的存在哲学;这在纯生物科学中可能是正确的;但是理性和良知的天赋、自我意识和自我决定的力量,使人类超越了动物或植物,因此赋予人类修改和控制自然选择法则的力量,降低生存斗争的激烈程度……
>
> 穷人和被压迫者现在应该明白,他们永远无法从与海克尔和达尔文学派结盟的政治经济学中获得解脱,因为这一政治经济学对仁慈的义务一无所知,而只承认适者生存的权利。⑧

华盛顿·格拉登也持相同观点,他经常坚决反对斯宾塞和所有鼓吹选择性竞争的人。格拉登警告说,弱势阶级将联合起来攻击一个他们面临毁灭威胁的竞争体系,资本和劳动力构成的巨大斗争组合,将是接受冲突法则作为工业社会规范自然产生的结果。⑨格拉登敦促雇主和雇员之间建立"工业伙伴关系",以解决灾难性问题。如果具有约束力的自然法则被认为可以支配经济行为,那么敦促雇主服从其基督教良知的提醒,以及敦促雇主更为慷慨地对待员工的提醒,都将是徒劳无用的。⑩格拉登表达了发展工会以平衡大型工业企业的愿望,希望仲裁取代冲突作为解决问题的手段。竞争原则和适者生存是适用于植物和野兽以及野蛮人的法则,但不是文明社会的最高法则。更高级的善意和互助原则开始在社会秩序中发挥作用,生存的斗争随着人类进步而消失。⑪

乔治·赫伦更加激烈地抨击利己主义和冲突是社会组织基础的观点,嘲笑

---

⑦ Behrends, *Socialism and Christianity*, p. 6. 另见 Lyman Abbott, *op. cit.*, p. 120; Gladden, *Social Fads and Forces* (New York, 1897), p. 2; *Tools and the Man* (Boston, 1893), p. 3; Josiah Strong, *The Next Great Awakening* (New York, 1902), pp. 171—172。

⑧ Behrends, *op. cit.*, pp. 64—66。

⑨ *Applied Christianity*, pp. 104—105; cf. pp. 111—112, 130. 格拉登认为,基督教伦理学计划的总体目标是抵消适者生存造成的伤害。Gladden, *Tools and the Man*, pp. 275—278。

⑩ 同上, p. 36。

⑪ 同上, p. 176; cf. pp. 270, 287—288。另见 *Ruling Ideas of the Present Age* (Boston, 1895), pp. 63 ff., 73—74, 107; *Social Facts and Forces*, pp. 93, 220; *Recollections* (Boston, 1909), p. 419。

萨姆纳和斯宾塞对利己主义的诉求。⑫ 赫伦认为，平静地假定竞争是生活和发展的规律，是"社会和经济科学的致命性错误"。赫伦宣称，如果是这样，该隐（Cain）就是"竞争理论的作者"了。⑬

在这些领导者的心中，对抗竞争原则最普遍的方法，就是基督教伦理原则和基督教良心的训诫。正如赫伦所说，"登山宝训是社会科学"⑭。然而，他们也欢迎费斯克和德拉蒙德等人努力在自然进化过程中找到基础，以证明他们有关竞争作为人类生活规则存在局限性的观点。⑮

随着社会福音运动的发展，它变得日益热衷于市政社会主义或基础产业的公共监管；这一点可以从许多传统上反社会主义人士的著作中看出来。成千上万的人听过社会福音运动讲座，数十万人读过社会福音运动书籍，无数人加入社会福音运动组织或参加严肃的社会福音运动会议，因而社会福音运动对美国思想界日益兴起的团结主义趋势作出了重大贡献。作为一股经常被美国社会文学史家忽视和低估的批判潮流，社会福音运动为一些宗教团体提供了持久有效的改革方向，并为后来所有具有社会意识的新教运动铺平了道路。社会福音运动的成就之一是为进步时代开辟了道路。

二

城市中持异见者的两位最杰出的代言人——亨利·乔治和爱德华·贝拉米——觉得有必要驳斥进化论社会学的保守论点。亨利·乔治的观点不同于其他持不同意见的思想家，他认为竞争是经济生活的必要方式。⑯ 然而，像大多数其他持异见者一样，乔治发现自己不得不与进化论社会学的宿命论开展斗争。如果把单一土地价值税视为通往进步富足新世界"敲门砖"的话，乔治觉得

---

⑫ *The Christian Society* (New York, 1894), pp. 103, 108—109.

⑬ *The Christian State* (New York, 1895), p. 88; *The New Redemption* (New York, 1893), pp. 16—17. 有关劳申布施对竞争的看法，见 *Christianity and the Social Crisis*, pp. 308 ff. 和 *Christianizing the Social Order*, passim.

⑭ *The New Redemption*, p. 30.

⑮ 见 Gladden, *Ruling Ideas of the Present Age*, p. 107; *Tools and the Man*, p. 176; Herron, *The Christian State*, p. 88; Josiah Strong, op. cit., pp. 171—172.

⑯ *The Science of Political Economy* (New York, 1897), pp. 402—403.

他必须首先反驳马尔萨斯对苦难的解释和斯宾塞反对快速进步的论点。因此，乔治的巨著《进步与贫困》第二册致力于反驳马尔萨斯，因为乔治认为马尔萨斯仍然深刻影响着许多经济思想家的看法。乔治指出，贫困与最高生产力并存，证明马尔萨斯提出的人口生存压力尚未发挥作用。

乔治总结道：

> 我断言，社会不公，而非自然界的吝啬，才是当前理论认为人口过剩所造成的贫困和痛苦的原因。我断言，随着人口不断增长，新出生人口并不会比已出生人口需要更多食物，而新出生人口的双手在遵守自然规律的情况下，可以生产更多东西。[17]

在《进步与贫困》的最后一部分，乔治直接驳斥了盛行的进化保守主义。乔治写道，达尔文生存之争所贯彻的进步学说的实际结果，"是一种充满希望的宿命论，而当前发表的文献充斥着这种宿命论观点"。

> 按照这种观点，进步是各种力量的结果，这些力量缓慢稳定且不屈不挠地发挥作用，从而不断提高人类能力。战争、奴役、暴政、迷信、饥荒、瘟疫，以及现代文明滋生的贫困和苦难，都是促使人们通过消灭较贫穷的人而迈向更高层次发展的原动力；遗传传承是固定进步的力量，已有进步为新进步奠定了基础。个人是变化的结果，这些变化通过许多个人得以铭记和延续，而社会组织的形式则来自组成它的个人。

赫伯特·斯宾塞在《社会学研究》一书中曾说过，由于这种社会理论预期人性本身会发生变化，因此它"激进到了当前激进主义所设想的任何东西都无法企及的程度"；但是，乔治表示，因为"这种社会理论认为，除了人类本性中的缓慢变化之外，任何变化都是无用的"，因此它也保守到了当前保守主义所设想的任何东西都无法企及的程度。这一理论代表了主流文明观[18]，既没有解释一些民族未能取得进步的原因（白芝浩试图解决的问题），也未解释其他民族一旦达到一定的文明水平就无法继续维持的原因。历史表明，文明以波浪式的节奏兴衰起伏。每个民族或种族可能都有供其生存消耗的能量储备；随着能量的消

---

[17] *Progress and Poverty* (New York, 1879), p. 104.

[18] *Progress and Poverty*, pp. 342—343.

散,国家也就衰落了。但是乔治认为,他的如下解释更加妥帖:"最终使进步停滞不前的障碍是由进步过程引起的;摧毁所有先前文明的是文明本身成长所产生的条件。"[19]社会进步的主要条件是联合及平等,社会现在正受到其所滋生的分裂与不平等的威胁。现有秩序毁灭的种子可以在其自身贫困中找到;肮脏的城市里滋生了可能会颠覆社会的野蛮部落。文明必须为新飞跃做好准备,否则就会陷入新的野蛮状态。[20]

在撰写《进步与贫困》时,乔治就已熟知斯宾塞在《社会静力学》中阐述的反对私人土地所有权的论点,乔治非常希望他所推动的运动能得到斯宾塞这位伟大哲学家的权威支持。不过,斯宾塞并未承认收到寄给他的《进步与贫困》一书,这可能预示着乔治即将经历失望。1882 年,乔治在英伦三岛旅行期间,在 H. M. 亨德曼(H. M. Hyndman)家中遇到了斯宾塞,他们的谈话内容立刻转到引起乔治同情的爱尔兰土地联盟发起的骚动上。斯宾塞立即告诉乔治,被囚的土地联盟煽动者罪有应得,于是乔治彻底改变了对这位哲学家的看法。十年后,在斯宾塞允许出版删除了对土地所有权进行攻击的文字之后的修订版和删节版《社会静力学》一书之后,乔治以《困惑的哲学家》(A Perplexed Philosopher)为题发表了一篇针对斯宾塞的长篇攻击文章,以此了结此事。

虽然《困惑的哲学家》主要评述了斯宾塞收回言论的不可信动机,但乔治也抨击了斯宾塞在《人与国家》(The Man Versus the State)中所述的那种政治哲学的冷酷无情。在文章中,乔治宣称:"斯宾塞先生可能会坚持认为每个人都应该自己游泳过河,但他却忽视了一个事实:有些人被人为地装上了软木塞,还有些人却被人为地装上了铅块。"[21]

1888 年,贝拉米的《回顾》(Looking Backward)一书出版之后兴起的民族主义运动,其中心议题不是土地问题,而是竞争制度基本原则和私有财产制度。当《回顾》的主人公朱利安·维斯特(Julian West)在 2000 年醒来后发现自己生活在贝拉米描述的机械乌托邦中时,他的第一反应是说:"人性本身一定发生了很大变化。"对此,维斯特的主人李特(Leete)博士回答道:"一点也没变,但是人

---

[19] Progress and Poverty, pp. 344—349。
[20] 同上, pp. 349—390。
[21] A Perplexed Philosopher, p. 87. 见 Henry George, Jr., The Life of Henry George, pp. 369—370, 420, 568 ff。

类的生活条件发生了变化,人类行动的动机也随之发生了变化。"㉒ 随着合作秩序的奇迹不断出现,朱利安·维斯特清楚地意识到,生活条件的改变主要是为了废除争斗。李特博士如此埋怨生活在 19 世纪的人们:"自私自利是他们信奉的唯一科学。在工业生产中,自私自利等同于自杀。竞争是自私自利的自然产物,是能量耗散的另一种说法,而联合则是高效生产的秘诀。"㉓

贝拉米民族主义运动的"原则宣言"(Declaration of Principles)(其名称源于他针对工业国有化提出的提议)开头部分写道:

人类的兄弟情谊原则是支配世界进步的永恒真理之一,它将人性与兽性区分开来。

竞争的原则无非就是最强者和最狡猾者生存的残酷法则的应用。

因此,只要竞争仍然是工业体系的主导因素,个人的最高发展就无法实现,人类最崇高的目标就无法实现。㉔

在波士顿举办的一次演讲中,贝拉米宣称:"在这个时代,任何形式的暴行的最后辩护理由都是适者生存;很恰当地说,这一辩护理由是为了支持容纳所有暴行的这一制度。"贝拉米继续说,如果最富有的人的确是最优秀的人,那么就不会有社会问题,人们也会心甘情愿地忍受条件差异;但竞争制度显然会使最不合适的人生存下来,这不是因为富人比穷人更差,而是因为这个体系鼓励了所有阶层最差的人。㉕

对竞争或个人主义的类似攻击在民族主义文学作品中十分常见。㉖ 当莱斯特·沃德(Lester Ward)发表《社会经济学的心理学基础》(The Psychological Basis of Social Economics)一文详细阐述动物经济学与人类经济学的区别时,贝拉米给沃德写了一封热情洋溢的赞许信,建议想办法使此文广为流传。随后,贝拉米在第二份民族主义杂志《新国家》(The New Nation)上重新出版了此文的大部分内容。贝拉米为读者提出了建议:"这篇文章值得研究,因为它为

㉒ *Looking Backward*(1889),pp. 60—61.
㉓ 同上,p. 244. 贝拉米在《论平等》(*Equality*)一书中对 19 世纪资本主义作了更详细的分析。
㉔ *Nationalist*,I(1889),封面内页.
㉕ *Edward Bellamy Speaks Again!* pp. 34—35.
㉖ *Nationalist*,I(1889),55—57;II(1890),61—63,135—138,155—161.

回答反对民族主义的'适者生存'论点提供了最佳弹药。"㉗

美国社会主义作家坚持不懈地试图证明，进化生物学并不能为竞争性个人主义提供辩护理由。劳伦斯·格罗伦德（Laurence Gronlund）曾与民族主义运动关系密切，后来成为社会主义劳动党官员。格罗伦德煞费苦心地将合作团体的健康"竞争"与资本主义的不健康竞争区分开来。在其著作《合作的联邦》(*The Cooperative Commonwealth*, 1884)中，格罗伦德采用斯宾塞的社会有机体思想来反驳斯宾塞的个人主义观点。在格罗伦德看来，社会生活的有机特征需要日益增强的中央集权和管理。㉘ 如今，人们几乎已经遗忘了格罗伦德的著作，但是对社会主义感兴趣的知识分子曾经广泛阅读其著作，他们似乎从格罗伦德偶尔使用的宗教用语、温和的语调和理论权威的气质中找到了满足感。社会福音运动先知从格罗伦德那里汲取了许多思想。在贝拉米的《民族主义者》(*The Nationalist*)杂志上以节选版形式发表的格罗伦德著作《我们的命运》(*Our Destiny*, 1890)，是对斯宾塞及其追随者所构想的竞争伦理的攻击。格罗伦德用与他曾读过的沃德所著《动态社会学》(*Dynamic Sociology*)一书不同的语言，坚持认为有意识的进化将与过去未经修饰的自然进化截然不同，而且人类干预必须在发展中发挥日益重要的作用。格罗伦德也读过马克思的著作，他断言托拉斯的兴起为社会主义铺平了道路，而工业的持续"托拉斯化"证明了联合优于竞争。虽然格罗伦德一直批评斯宾塞社会理论的"宿命论"，但他敦促读者相信，联合是社会进化"不可避免的"下一步，鼓励他们在垄断资本主义与集体社会秩序之间作出选择。㉙

三

20世纪早期，正统马克思主义社会主义者在进化论环境中感到颇为自在。

㉗ Ward, *Glimpses*, IV, 346. 见华盛顿的民族主义俱乐部（The Nationalist Club）的秘书 M. A. Clancy 于1889年2月23日致沃德的信，Ward MSS, Autograph Letters, III, 18。

㉘ *The Cooperative Commonwealth*, pp. 40, 77—83, 88.

㉙ *Our Destiny*, pp. 13—14, 18—22, 36—37, 73, 86—95, 113—14; cf. *The Coöperative Commonwealth*, pp. 171—172, 179, 220. 在随后的一卷中，格罗伦德回顾了布赖恩运动中的错误之处，并再次呼吁接受托拉斯并将其集体化。*The New Economy*, passim.

卡尔·马克思(Karl Marx)本人信奉普遍的"辩证唯物主义原则",他和孔德或斯宾塞一样,都是一元论者。当马克思于 1860 年阅读《物种起源》时,他曾向弗里德里希·恩格斯(Friedrich Engels)表示,后来又向斐迪南·拉萨尔(Ferdinand Lassalle)说道:"达尔文的书非常重要,它为我提供了历史上阶级斗争的自然科学基础。"[30]在德国社会主义者开办的书店书架上,并排摆放着达尔文和马克思的著作。美国社会主义知识分子很快就采纳了科学知识领域的最新理论,芝加哥克尔出版社不断发行的绿色小册子经常引用达尔文、赫胥黎、斯宾塞和海克尔的名言。亚瑟·M. 刘易斯(Arthur M. Lewis)在加里克剧院举行的关于科学和革命关系的演讲大受欢迎;他的《进化、社会和有机体》(*Evolution, Social and Organic*, 1908)一书总共发行了三个版本,其预售量是所有本土社会主义出版物中最大的。[31] 社会主义知识分子对这个问题的关注反映在早期出版的《国际社会主义评论》(*International Socialist Review*)中,其内容表明,社会主义者认为"科学的"个人主义是拥有充足生命力的学说,值得予以驳斥。其中一位社会主义者将自然选择称为"个人主义堡垒的最后一道壁垒"[32]。

正如马克思在生存斗争中发现了阶级斗争的"基础"一样,美国社会主义者甚至在斯宾塞的著作中发现了对他们事业有所助益和慰藉的内容。美国社会主义者赞同社会有机体的看法,与格罗伦德一样,他们把这一看法化为己用:赞扬斯宾塞对历史伟人理论的攻击;赞成斯宾塞的不可知论;感激斯宾塞,因为斯宾塞令人们相信,社会同其他有机生命一样都在不断变化。[33] 美国社会主义者自然而然地认为,斯宾塞的个人主义与其科学教条主体并不一致;他们试图严格区分构思社会有机体并持进化论观点的斯宾塞与写作《人与国家》并持个人

---

[30] *The Correspondence of Marx and Engels* (New York, 1935), pp. 125—126.

[31] 见 Lewis 的 *Ten Blind Leaders of the Blind* (Chicago, 1909) 一书序言, p. 3。

[32] Raphael Buck, "Natural Selection Under Socialism," *International Socialist Review*, II(1902), 790. 另见 Robert Rives La Monte, "Science and Socialism," *ibid.*, I(1900), 160—173; Herman Whitaker, "Weismannism and Its Relation to Socialism," *ibid.*, I(1901), 513—523; J. W. Sumners, "Socialism and Science," *ibid.*, II(1902), 740—748; A. M. Simons, "Kropotkin's 'Mutual Aid,'" *ibid.*, III(1903), 344—349.

[33] Robert Rives La Monte, *Socialism, Positive and Negative* (Chicago, 1902), pp. 18—19; A. M. Lewis, *An Introduction to Sociology*, pp. 173—187.

主义观点的斯宾塞。[34]

生物学理论中的后达尔文主义趋势,被社会主义者誉为其方法有效性的决定性证明。沃德和斯宾塞分别依靠教育和渐进的性格发展作为社会改良媒介,对放弃拉马克(Lamarck)的"使用—继承"理论感到沮丧;但是,希望重建经济环境的社会主义者发现魏斯曼提出的理论更为合适。刘易斯写道:

> 如果贫民窟居民被迫接受有辱人格条件的可怕结果真的通过遗传传给了他们的子女,直到几代人之后,这些结果演化成了贫民窟子女的固定性格,那么社会主义者对于一个再生社会的希望将更加难以实现。在这种情况下,无论社会集体行动如何改变环境,这些不幸的人们在几代人的时间里都将继续以相同方式行事。不论怎样,魏斯曼为我们做了很多,他用科学手段摧毁了这个谎言。[35]

他们更喜欢荷兰生物学家雨果·德弗里斯(Hugo DeVries)的突变理论(Mutationstheorie)。通过指出"运动"或突变(即在适应过程中个别生物体的突然和急剧变异)的作用,德弗里斯为解决自然选择理论中的一个难题作出了贡献。德弗里斯的理论为生物学家介绍了一种新观点,即进化过程以灾难性的方式突然发生——这与达尔文进化论认为的缓慢、连续和微小的变化形成了强烈对比。在社会理论方面,达尔文的观点支持了斯宾塞和萨姆纳保守主义中非常突出的"渐进的必然性"论点。刘易斯解释道:"半个世纪以来,缓慢进化的论点作为社会主义解毒剂发挥了重要作用,现在的统治阶级希望永远保留它。"然而,突变理论清楚地表明,自然界采用的方法是在逐渐进化的过程中交替发生突然的"革命性"爆发。与此相对应的社会现象是由马克思主义者提出的对社会经济基础进行突然而剧烈的重建。[36] 刘易斯还很好地利用了克鲁泡特金的

---

[34] 见 A. M. Lewis, *Evolution , Social and Organic* , chaps. vii and ix. 美国和欧洲的社会主义知识分子从恩里科·菲利(Enrico Ferri)所著《社会主义与现代科学》(*Socialism and Modern Science*)一书中借鉴了大量内容。另见 Ernest Untermann, *Science and Revolution* (Chicago, 1905), chap. xv. Cf. A. M. Lewis, *op. cit.* , chap vii, "A Reply to Haeckel". 另见 Anton Pannekoek, *Marxism and Darwinism* (Chicago, 1912)。

[35] Lewis, *op. cit.* , pp. 60—80, esp. p. 78. 另见 Herman Whittaker, *op. cit.* 。

[36] Lewis, *op. cit.* , pp. 81—96, esp. pp. 93—95; W. J. Ghent, *Socialism and Success* (New York, 1910), pp. 47—49.

《互助》和莱斯特·沃德的著作。㊲

虽然这类社会主义者善于抓住和归纳 19 世纪"进化"社会学的标准批评言论，但他们几乎没有提出什么全新的或原创理论。尽管他们的批评听起来可能很有道理，但它们仍然只是老生常谈，都起源于困扰马克思和斯宾塞的 19 世纪的一元论。只有当生物学似乎与他们关于社会的先入之见一致时，他们才准备在此基础上建立社会学。他们愿意用生存斗争而不是个人主义竞争验证阶级斗争。他们反对达尔文主义，认为达尔文主义是一种保守理论，但他们认为，如果以生物学为中心的社会理论的概念能够用于支撑其理论体系，那么这种概念就没有什么问题。在这方面最为独立的作品，即威廉·英格利希·瓦灵（William English Walling）的《社会主义的总体特征》（*The Larger Aspects of Socialism*），该书于 1913 年面世。瓦灵及其同志们否定了生物社会推测得出的保守结论，但其论证形式却有所不同：瓦灵以詹姆斯和杜威提出的人类中心主义人文主义为基础，并试图融入社会主义哲学和实用主义哲学。瓦灵的目标是建立一种新的实验方法，以反对 19 世纪自然哲学家的绝对主义，并且反对从他们的一元论假设中产生的所有论点。

当其他社会主义者仅仅认为当前生物学在社会学中的保守应用并不恰当的时候，瓦灵以一种更全面的方式攻击了将社会学理论建立在生物学基础上的普遍趋势。他不仅反对斯宾塞的"乐观宿命论"和自然选择的竞争论，而且反对社会有机体的类比。在瓦灵看来，这些理论鼓励以牺牲个人利益为代价强调种族或国家的做法；它们不符合真正社会主义的人文主义目标。相反，瓦灵主张把社会进化过程看作在质上有所不同；他还主张，把重点放在由人类创造性能动性引起的环境变化上，而不是放在更被动地适应被视为固定和最终环境的过程上。他总结道：

> 我们感兴趣的重点不是自然界的"物种起源"，而是人类统治下物种的命运，不是自然界的"创造性进化"，而是人类无限的创造性进化。人类的事务与生命的进化及其对自然环境的适应无关，而是与人类的进化和生命对人类目标的适应有关。甚至对我们周围生命的控制也不如对我们自己生活的控制重要，对我们生理进化的控制也不如对我

㊲ Lewis, *op. cit.*, pp. 97—114, 168—82. Cf. *An Introduction to Sociology*, *passim*.

们心理进化和社会进步的控制重要。[38]

四

当然,改革团体从未因看到其计划付诸实施而感到满意,但他们对不受约束的个人主义思想前提提出质疑的努力确实取得了一些成功。如果乌托邦并未出现,至少也发生了一个远离自由竞争秩序的转变。斯宾塞—萨姆纳意识形态的物质基础正在发生转变,社会争论的路线也在不断向前推进。这并不是说个人主义的旧论点得到了普遍满意的赞同;而是它们已被比社会理论家的任何微妙观点更为深刻的大众感情所冲垮。随着新争论者的出现,辩论焦点发生了变化。

民粹主义者、布赖恩派(Bryanites)、扒粪记者、进步主义者、新自由主义追随者、影响深远的人们和运动、支持单一税收制者和仁慈的传教士,都投身于改革事业之中。19世纪出现的相对不受约束的资本主义开始转变为20世纪的福利资本主义;中产阶级的挫折和穷人的需求加速了上述转变。[39] 人们感觉到一种不同的秩序正在慢慢兴起。尽管人们鲜少描述这一新秩序,但他们使用不同的口号和称呼来表述这一新秩序,比如新民族主义、广场协议、新自由主义、新竞争主义、新民主主义——以及来得正是时候的,罗斯福新政。

以往开展的改革和抗议运动都是由工人和农民参与的不连贯和不协调的起义;现在中产阶级也卷入了这场纷争。身为生产者和消费者的中产阶级公民开始感受到垄断的发展,并担心自己会被资本和劳动力的大规模组合所束缚。由于中产阶级担忧能否维持其地位和生活水平,彼时显得十分英勇的伟大资本主义企业家的形象,不再如以往那般魅力无限。人们谴责资本主义企业家是劳工剥削者和消费者敲诈者,嘲笑他是不公平的竞争对手,视他为政治生活的腐败者。在一个拥有巨大集体的社会中,传统上强调个人剥削的做法的吸引力已经大不如前。当人们被迫面对"巨大的诅咒"(即竞争衍生物对竞争构成的更为紧迫的威胁)时,与左翼批评者辩论以便为竞争辩护的老问题就显得苍白无力

---

[38] *The Larger Aspects of Socialism*, p. 86. 有关瓦灵对于这几点的全部论点,见 chaps. i-iv.
[39] W. J. 根特(W. J. Ghent)所著《我们的仁慈封建主义》(*Our Benevolent Feudalism*)在早期对这一变化做了最敏锐的分析。

了。"我们的工业,"亨利·德马雷斯特·劳埃德(Henry Demarest Lloyd)在关于新出现抗议的第一份主要文件中抱怨道:

> ……是人人为己而战。我们给予最适者的奖赏是对生活必需品的垄断,而我们让掌握生死大权的赢家通过他们借以从我们手中夺取权力的相同"自我利益"对我们行使权力……"我们谁都没有希望,但是最弱者必须最早离开",这是商业的黄金法则。人类交往的任何其他领域都不允许存在此类行动规则。如果某人像在商业实践中实际宣扬和使用"适者生存"理论那样,在家庭中或公民权利中应用这一理论,他将成为一个怪物,并将很快灭绝。[40]

作为一项政策,自由放任政策最不可信。虽然古老简单的神化竞争的活动已经消逝,但是几乎没有人完全停止相信竞争的作用。事实上,中产阶级反抗的主要目标之一是尽可能恢复竞争性商业的原始状态。但是,正如莱斯特·沃德很久以前所预测的那样[41],很明显,即使要保留竞争的所谓好处,也需要某种形式的政府监管限制垄断。伍德罗·威尔逊(Woodrow Wilson)在回应小人物的抱怨时宣称:

> 美国工业不像以前那样自由了……只有少量资本的人越来越难以进入竞争领域,越来越不可能与大企业抗衡。为什么?因为美国法律无法阻止强者打败弱者。[42]

因此,小企业家及其同情者试图改变法律,大力支持1904—1914年间颁布的各项措施,旨在顺利实施《谢尔曼法案》,并以其他方式限制企业的兼并过程。沃尔特·威尔(Walter Weyl)解释了个人主义观点的变化:

> 小小的个人主义者认识到自己的无能,意识到自己甚至没有反对老大哥的道德判断基础,于是开始改变自己的观点。他不再寄希望于通过个人努力纠正一切。他开始求助于法律,求助于政府,求助于国家。[43]

坚信威尔逊—布兰戴斯—拉福莱特(Wilson-Brandeis-LaFollette)观点(认

---

[40] *Wealth Against Commonwealth*, pp. 494—495.
[41] 见本书第四章,注[17]。
[42] *The New Freedom* (New York, 1914), p. 15.
[43] *The New Democracy*, pp. 49—50.

为竞争天生可取)的人,以及深信罗斯福—克罗利—范海思(Roosevelt-Croly-Van Hise)论点(认为集中不可避免)的人,都认为有必要实施国家干预。正如布兰戴斯于1912年阐述政府问题时所说的那样:

> 为了保护竞争权利,必须限制竞争权利。因为过度竞争导致垄断,正如过度自由导致专制一样……
>
> 因此,问题就变成了受监管的竞争与受监管的垄断。[44]

随着越来越多的人认真尝试通过立法改变商业结构,出现了大量减轻工人阶级负担的法律。知识分子、人道主义者和社会工作者站在了劳动者一边,也得到了不愿看到工业压迫催生左派集体主义的中产阶级的支持。越来越多的州立法机关通过了限制童工和女工的法律、工人赔偿法和类似改革措施。[45] 知识分子对工会活动的同情日趋强烈。在后来于马萨诸塞州作出的一项判决中,逻辑严密的奥利弗·温德尔·霍姆斯(Oliver Wendell Holmes)宣布罢工是"全人类生命斗争的合法手段",从而扭转了进化论者的看法。虽然霍姆斯认为劳工组织以牺牲无组织工人利益为代价获得了经济利益,但他认为这种活动可被宣布为非法的结论毫无根据。他认为,必须通过普遍斗争的裁决,以便公正地评判群众和各个阶层。[46]

---

[44] "Shall We Abandon the Policy of Competition?" 重印于 *The Curse of Bigness*, p. 104。

[45] 著名社会工作者 Charlotte Perkins Gilman 表达了人道主义者对消灭不适者的科学道歉的不满情绪:
"科学带着庄严的神气出现,向我们展示了社会规律,
解释了纯粹的自然原因如何导致了穷人的出现。
高低贵贱的人挣扎奋斗符合自然规律。

"更差的人将会死去,更好的人将会生存,这也符合自然规律。
我们吞下了所有这些安抚人心的东西。
很容易就认为,如果我们足够严厉,穷人很快就会死亡。
哦!我们徒劳无功地压榨、折磨穷人,并把他们逼入绝境。
尽管我们做了很多狠毒的工作,但我们发现这些工作并未杀死所有穷人!

"我们越是挣扎,他们越是能够继续生存,他们的数量越是不断增加!
尽管很多穷人死去,但似乎还有更多穷人活着!
当我在国外散步时,我看到了很多穷人,
但在我们国家也有许多穷人!主啊,还要多久?这件事究竟还要持续多久?"
In This Our World(Boston,1893),pp. 201—202

[46] 见 Plant v. Woods,176 Mass. 492(1900)的不同意见,转引自 *Representative Opinions of Mr. Justice Holmes*(New York,1931),p. 316。

所有改革者都认为国家是新重建不可或缺的工具。在其针对宣传进步思想的主要著作《美国生活的承诺》(The Promise of American Life, 1909)一书所做的评论中,赫伯特·克罗利(Herbert Croly)强烈呼吁放弃美国传统的"乐观主义、宿命论和保守主义的混合物",转而尝试以更加积极的手段来实现国家承诺。克罗利敦促美国人学会从目的而非命运的角度思考问题,并且不要担心政府集权,应当通过国家政策来实现目标。克罗利的同事沃尔特·李普曼(Walter Lippmann)也对新国家资本主义持正面看法:

> 我们不能再把生活看作涓滴到我们身上的一种东西。我们必须有意识地处理生活,设计生活社会组织,改变生活工具,制定生活方法,对生活进行教育和控制。我们应当使用无穷无尽的方法,将目标放在习惯占主导地位的地方。我们应当打破常规,作出决定,选定目标,选择手段。[47]

沃德所期待的、萨姆纳所极力反对的管制型社会(the managed society)正在成为现实。难怪斯宾塞晚年一直郁郁寡欢,因为对他来说,他没能活到国家干预成熟的那一天。尽管在20世纪20年代受到了干扰,但社会凝聚力趋势不断发展[48],大力支持斯宾塞的那代人的子孙见证了国家机器的诞生,这台机器的规模之大,不亚于维多利亚时代个人主义者最糟糕噩梦中出现的任何机器。[49]不论这台机器的人性潜力是好是坏,团结的中央集权社会的理想逐渐战胜了个人主义全盛时期的理想。虽然个人主义并未消失,但它日益转入守势状态。正如某位罗斯福新政领袖在斯宾塞去世30年后所说:

> 新时代的宗教要旨、经济要旨、科学要旨都必须彻底地认识到,人类拥有强大的精神力量和对自然的控制力量,为生存而斗争的学说肯定已经过时,取而代之的是更高层次的合作法则。[50]

---

[47] *Drift and Mastery*, p. 267; cf. Wilson, *op. cit.*, p. 20.

[48] 重要的是,威尔逊援引社会有机体来证明国家根据宪法进行干预的合理性。威尔逊宣称:"进步人士所要求或渴望的,是在一个'发展''进化'成为科学词汇的时代,允许他们根据达尔文主义原则解释宪法;他们所要求的只是承认国家是活物而非机器这一事实。"Wilson, *op. cit.*, pp. 44—48. 威尔逊所著《国家》(*The State*, Boston, 1889)一书在很大程度上受到达尔文主义影响。

[49] 有关20世纪30年代国家机器规模的图示,见Louis M. Hacker, *American Problems of Today* (New York, 1938), pp. 276—281。

[50] 见Ralph H. Gabriel, *The Course of American Democratic Thought*, p. 306,转引自Henry A. Wallace, *Statesmanship and Religion* (1934)。

第七章

实用主义思潮

"实用主义"是詹姆斯世界观的一种运用,除此之外,其种种含义在不幸消亡很久以后,开放宇宙的基本观念将始终与詹姆斯这个名字相依相存,在这样一个宇宙中,不确定性、选择、假设、新奇事物和可能性都适得其所;人们越是研究那个历史年代下的他,这个观念就显得越新颖、越大胆……这样一种观念从时代的秉性中彻底剔除了,这个时代的工作就是获取利益,忧虑的是安全方面的问题,其信条就是现有的经济制度十分"自然",因此是原则上不可更改的。

——约翰·杜威

在我看来,迄今无任何人能领悟到你的广阔视界……我敢打赌,那就是未来哲学的样子。

——威廉·詹姆斯致约翰·杜威

一

随着斯宾塞的哲学在企业发展的黄金年代大行其道,在 1900 年之后的 20

年里快速成为美国社会主导哲学的实用主义(Pragmatism),也散发着进步时代(Progressive Era)的精神。在一个指望通过无意识的进步和自由放任来获得救赎的时代,斯宾塞的思想无疑是对这个时代恰如其分的表述。当人们还想着操纵和控制时,实用主义已经被吸收到了民族文化中。斯宾塞主义始终是一种必然性的哲学;实用主义则成为可能性的哲学。

实用主义和斯宾塞式的进化主义之间的逻辑和历史对立的焦点在于它们对有机体与环境之间关系的理解。斯宾塞满足于将环境视为固定的常态——对于那些安于现有秩序的人而言,这种状态非常合适。实用主义对有机体活动的看法更为积极,认为环境是可以被操纵的。正是由于实用主义者这种关于环境的思想理论,才让之前的观念开始受到质疑。

实用主义的诞生不仅是对斯宾塞式的进化主义,更是对许多其他思潮批判的结果。当然,自诞生之初,它在本质上就不是一种社会哲学。虽然有极度简化的风险,但审慎之下,实用主义对此处研究的主要目的——简要研究两位主要的实用主义者与斯宾塞主义的关系以及他们与这种在实用主义兴起的年代受到严峻挑战的普遍社会观念之间的关系——将大有裨益。

斯宾塞哲学在美国才刚刚起步,就恰逢其他思潮暗流涌动。在斯宾塞《综合哲学》(Synthetic Philosophy)完成前夕,一场黑格尔哲学运动正在进行中,实用主义在酝酿之中蓄势待发。1867年,威廉·T.哈里斯(William T. Harris)没能说服《北美评论》的编辑发表一篇批判斯宾塞的文章,于是他创立了自己的《思辨哲学杂志》(Journal of Speculative Philosophy)。哈里斯和圣路易斯学派(St. Louis School)的黑格尔理想主义以惊人的速度发展起来,并很快成为斯宾塞主义和古老的苏格兰哲学的有力竞争者。尽管黑格尔主义与斯宾塞主义的哲学学说相去甚远,但两者在美国都通常被认为与社会保守主义有渊源。[①]然而,并不能由此断言实用主义也是如此,因为它在社会思想潜能方面展现出更大的灵活性。

尽管深受达尔文主义的影响,但实用主义者很快就与当时盛行的进化主义思想分道扬镳。进化论由于与斯宾塞关联密切,迄今已被渲染为一种宇宙学

---

① 有关哈里斯社会学说的介绍,见 Merle Curti, *The Social Ideas of American Educators*, chap. ix.

说。实用主义者将哲学从对已完成的形而上学体系的构建转变为对知识使用的实验研究。就其强调将观念作为有机体的手段而言，实用主义是进化生物学在人类观念上的一种应用。实用主义传统协调了达尔文主义的基本概念（有机体、环境、适应性），说的是自然主义的语言，因此在思想和实践方面探讨的问题都与斯宾塞主义大不相同。斯宾塞将进化论神化为客观的进程、条件和环境的无所不能、人类加速或改变事件进程的无能为力，以及社会朝着遥远而舒适的天国这一恢宏宇宙进程的既定方向发展。通过将生命和思想定义为内在与外在的对应，斯宾塞将它们描绘为本质上消极的施为（agencies）。这种态度反映在其社会观念上，就是渐进宿命论。② 实用主义者开始对隐秘的社会结果并无任何特别的兴趣，他们最初以个人主义的方式来对待观念的使用，但后来又以杜威工具主义的形式转向一种社会化的哲学理论。实用主义的发展和传播打破了斯宾塞对进化论的垄断，表明达尔文主义在思想上的运用比斯宾塞的追随者们想象的要复杂得多。实用主义者对社会总体思想的最重要贡献是鼓励人们相信观念的有效性和新事物的可能性——这正是任何哲学上一贯的社会变革理论所必需的立场。斯宾塞主张决定论和环境对人的控制，而实用主义者则主张自由和对环境的控制。

要找到实用主义的源头和它对早期进化论的批判，就不能止步于詹姆斯和杜威，还要了解昌西·赖特和查尔斯·皮尔士的工作。尽管赖特和皮尔士本质上是技术哲学家，但他们也是既定社会思想（包括斯宾塞哲学）的批判者。正是詹姆斯将他们的实验批判发展为一种人文哲学，也正是这样一种相关的哲学观念才在杜威那里发展成为一种社会理论，并造成社会影响。

昌西·赖特（1830—1875）是形而上学俱乐部（Metaphysical Club）的知识领袖，该俱乐部由皮尔士于19世纪60年代创立，成员包括詹姆斯、费斯克、年轻的霍尔姆斯和其他一些剑桥知识分子。赖特哲学著作的闪光点显然是源自这样一群人的聚会，但同时，他作为《北美评论》和《国家》杂志的批评家，也有机会与他们接触。詹姆斯和皮尔士都曾受到他坚定而冷静的经验主义思维方式

---

② John Dewey, *Experience and Nature* (Chicago, 1926), pp. 282—283.

的鼓舞。③

赖特可能是第一位从自然主义的角度发表文章、彻底批判斯宾塞的美国思想家。赖特曾潜心研究约翰·斯图亚特·穆勒的著作,他反对将斯宾塞归为实证主义者的主流趋势。他批判他是自以为追求终极真理的二流形而上学家,并且他一腔误导他人的热血全然浪费在了无用的抽象中。在这篇短论中,他声称:

> 抽象原理可以扩充我们对自然的具体知识,除此以外,没有什么可以证明抽象原理发展的合理性。数学力学和微积分的基础思想、自然历史的形态学思想和化学理论都是这样的工作思想——它们是发现者,而不仅仅是对真理的总结。④

作为斯宾塞的科学知识观定局的替代,赖特相信宇宙中新事物存在的可能性,这种信念是基于对科学定律归纳特征的严格解释。⑤ 可能会出现根据我们对其前情的了解无法预测的"事件"或新事物,比如自我意识的进化或声音在社会交流中的应用。

查尔斯·皮尔士(1839—1914)比詹姆斯或赖特更倾向于体系的构建,但同时他的方向也是科学的。作为哈佛大学著名数学家本杰明·皮尔士之子,查尔斯·皮尔士凭借自身努力,成为一名杰出的数学家、天文学家和测地学家。皮尔士主要对逻辑理论,尤其是归纳问题感兴趣,他将科学定律视为概率的陈述而非恒定的关系。在特定情况下,事实必将"无规律地偏离定律"。⑥ 皮尔士认为,一个始终如一的进化论者必须将自然法则本身视为进化的结果,因此自然

---

③ 莫里斯·R. 科恩(Morris R. Cohen)写道:"毫无疑问,皮尔士是在昌西·赖特的影响下开创实用主义原则的。"Charles Peirce, *Chance, Love, and Logic*, pp. xviii—xix. 关于赖特,参见:Gail Kennedy, "The Pragmatic Naturalism of Chauncey Wright," *Columbia University Studies in the History of Ideas*, III(1935), 477—503; Ralph Barton Perry, *The Thought and Character of William James*, I, chap. xxxi; William James, "Chauncey Wright," *Collected Essays and Reviews*, pp. 20—25; Sidney Ratner, "Evolution and the Rise of the Scientific Spirit in America," *Philosophy of Science*, III, 104—122. 赖特最重要的一些文章,被查尔斯·艾略特·诺顿(Charles Eliot Norton)收于《哲学讨论》(*Philosophical Discussions*)。

④ *Philosophical Discussions*, p. 56.

⑤ 对赖特观点最清楚的解释,见于莫里斯·R. 科恩的 *The Cambridge History of American Literature* (New York, 1917—1923), III, 236。

⑥ Peirce, *op. cit.*, p. 190.

法则是有限的而不是绝对的。他总结说:"自然界中存在一种不确定性、自发性或绝对偶然的因素。"⑦因此,他反对斯宾塞试图从力学的原理(力的永存)中推导出进化论,而不是从进化论中解释这些原理的产生。他还指出,由于能量守恒定律意味着所有受力学定律支配的运作都可以逆转,因此这些定律无法解释持续的发展。⑧ 皮尔士对斯宾塞的严厉批判,首先让詹姆斯从《综合哲学》转向更具实验性的方法;之后皮尔士于1878年发表在《大众科学月刊》(*Popular Science Monthly*)上的划时代文章《如何使我们的观念清晰》(*How to Make Our Ideas Clear*),首次阐述了观念意义的实践标准,詹姆斯又将其扩展为真理的实用理论。⑨

二

威廉·詹姆斯是19世纪60—70年代美国科学教育兴起的第一大受益者。詹姆斯在哈佛劳伦斯科学学院接受了艾略特(Eliot)、怀曼(Wyman)和阿加西斯(Agassiz)的指导,他对科学方法的理解带有一种浓厚的神秘主义色彩和极高的道德及审美上的敏感度,这让他从那个时代脱颖而出。这可能是部分受到他的父亲——信奉施维登博格学说的老亨利·詹姆斯——的影响。⑩ 个人因素、情感和性格对詹姆斯思想的形成至关重要。1869—1870年间,他经历了严重的情绪低落,几乎失去了生存的意志。但他最终渡过难关,并由此获得了一种高

---

⑦ Peirce, *op. cit.*, 162。

⑧ 同上, pp. 162—163; *Collected Papers*(Cambridge, 1931—35), VI, 51—52。

⑨ *Chance, Love, and Logic*, p. 45. 皮尔士在他的文章中并没有将实用检验阐述为一种理念的真理,而只是将其阐述为一种理念的明晰。有关皮尔士和詹姆斯的实用主义之间的差异,参见约翰·杜威的文章(同上, pp. 301—308)以及 Justus Buehler, *Charles Peirce's Empiricism*(New York, 1939), pp. 166—174。

皮尔士对他所认为的达尔文主义的伦理含义表示反对,这一点值得注意。他在1893年坚称,《物种起源》"仅仅是将政治经济学进步的观点扩展到整个动植物界而已……在动物之中,由于它们无止境的贪婪,机械的个人主义被极大地强化为一种造福的力量。正如达尔文在他的扉页上所说,这就是生存的斗争;他还应该写上这样一句话作为他的格言:每个人都为自己,而落后者遭殃。耶稣在登山宝训中则表达了不同的观点"。Peirce, *Chance, Love, and Logic*, p. 275.

⑩ Perry, *op. cit.*, I, *passim*. C. Hartley Grattan, *The Three Jameses, A Family of Minds*.

度理智化的思想,即对意志自由的热切信念。[11] 对"伴随我成长的一元论迷信观念"[12]的反抗——他思想的首要主旨——导致他反抗所有"块状宇宙"哲学以及所有已经完成的、固定的、不受可能性或选择影响的系统。他反对盛行的哲学、斯宾塞主义和黑格尔主义,本质上是反抗迂腐的哲学体系在道德和美学上的乏善可陈。[13] 这就是他宣扬多元主义的根源。"让我们的生活变得真实而热切,这无疑是哲学的一个优点,"他写道,"多元主义通过消灭绝对性,也消除了我们唯一熟悉的生活迈向真实的一大障碍,从而将现实的本质从根本的陌生中解救出来。"[14]

詹姆斯的思想通常被认为是受到他的哈佛同事约西亚·罗伊斯(Josiah Royce)所阐述的绝对理想主义的影响,而在他晚年的著作中,这种影响尤为明显。但是,他在认识罗伊斯之前就已经确立的基本思想趋势在他的作品中是可见的,与此同时,圣路易斯黑格尔主义者开始传播他们的信条。詹姆斯最初的动力很大程度上受到赫伯特·斯宾塞的影响。斯宾塞的哲学引起人们关注的那几年也正是詹姆斯思想形成的重要时期。他在19世纪60年代初阅读了《基本原理》(First Principles),并很快加入了斯宾塞主义的行列。他对斯宾塞显然已大功告成的知识革命如此着迷,以至于查尔斯·皮尔士在他面前攻击这位大师时,他在精神上大受打击。[15] 然而,皮尔士的观点占了上风。詹姆斯很快就开始批评斯宾塞本人,到了19世纪70年代中期,他便开始彻底蔑视斯宾塞沉闷乏味的哲学体系。尽管他在哈佛的教学中使用斯宾塞的《心理学原理》(Principles of Psychology),但他敦促他的学生积极批判斯宾塞的理论,并且在他近三十年的课程中,这位英国哲学家始终是他批判的目标。[16] 詹姆斯认为,《基本原理》充斥着逻辑混乱,从他对斯宾塞思想的不满中,我们可以瞥见他的

---

[11] Perry, *op. cit.*, I, 320—323. 关于法国思想家查尔斯·勒努维耶(Charles Renouvier)当时对詹姆斯的影响,请参见 Perry 和 *The Will to Believe*, p. 43; *Some Problems of Philosophy* (New York, 1911), pp. 163—165。

[12] *Some Problems of Philosophy*, p. 165 n.

[13] 关于威廉·詹姆斯,请参见:John Dewey, *Characters and Events*, I, 114—115; Theodore Flournoy, *The Philosophy of William James* (New York, 1917), pp. 34—35, 112, 144—145。

[14] *A Pluralistic Universe* (London, 1909), pp. 49—50; cf. *Some Problems of Philosophy*, pp. 142—143.

[15] *Memories and Studies*, pp. 127—128.

[16] Perry, *op. cit.*, I, 482.

情感态度:"(斯宾塞的思想)毫无亲切、幽默、生动和诗意可言,实为其致命弱点;且如此露骨、机械,对生命全景的描绘如此平淡无味。"[17]詹姆斯对斯宾塞身上的那种"极其单调的品质"感到困扰,他说:"在他的思想中根本找不到黄昏暮色,也从不耽于幻想或消极被动。它的一切都充满了正午炽烈的眩光,就像一片干燥的沙漠,每一粒沙子都逐一显现,没有任何奥秘,也无阴影。"[18]在他的《实用主义》(Pragmatism)中,他反对斯宾塞"冷冰冰的校长气质……他在争论中偏爱庸俗的权宜之计,甚至在力学原理方面缺乏教育,总之,他的所有基本思想都含混不清,他的整个体系呆板僵化,似乎是用劣质的板材草草拼凑出来的"[19]。詹姆斯在他的那本《基本原理》的页面空白处用诸如"荒谬""愚蠢至极""去他的形而上学"和"该死的学术牢骚"之类的字眼进行评论。他嘲笑斯宾塞基本原理空洞、缺乏思考,称斯宾塞对力之永存的应用是"含混的化身",并针对他的运动规律原理提出了一些荒谬的例子,比如人们上楼下楼、间歇性发烧以及摇篮和摇椅。他还在讲座中嘲弄斯宾塞对进化的定义:"进化是通过持续的团结一致的作用和其他事物的影响,从一种不明就里、不可谈论的全部相似,转变为稍明就里、总体上来说可谈论的非全部相似。"[20]

显然,詹姆斯反对斯宾塞的部分原因是,詹姆斯在寻找一种承认人类为改善生活作出积极努力的哲学。在《实用主义》中,詹姆斯反对斯宾塞已完成的决定论哲学,因为其"秘而不宣的实际结果让人沮丧"[21]。他在那本标有大量注释的《基本原理》的最后一页写道:"如果生活的全部训练就是为了让我们成为追求更崇高事业的斗士,那么为什么反对这样一门哲学——接受这种哲学就等同于接受崇高事业的彻底失败——就是离谱或错误的呢?"[22]詹姆斯哲学方法的一个特征是,他对恶(evil)的问题有着经久不衰的兴趣,这一点在他给罗伊斯的答复中尤其明显。他拒绝那些否认恶存在或最小化其实际意义的哲学,这一倾向

---

[17] "Herbert Spencer," *Nation*, LXXVII(1903),460.
[18] *Memories and Studies*, p. 112.
[19] *Pragmatism*, p. 39.
[20] Perry, *op. cit.*, I,482—483. 詹姆斯的这种嘲弄首次见于英国数学家托马斯·柯克曼(Thomas Kirkman)的 *Philosophy Without Assumptions* (London,1876), p. 292。见斯宾塞《基本原理》一书第四版美国版附录,特别是 pp. 577—583。
[21] *Pragmatism*, pp. 105—106.
[22] Perry, *op. cit.*, I,486—487.

从他对绝对主义的攻击中可见一斑。他赞许地引述了无政府主义作家莫里森·I. 斯威夫特（Morrison I. Swift）对哲学家的控诉，称他们冷漠地忽视了社会弊病。[23] 他关于《决定论的困境》（The Dilemma of Determinism）的文章完全围绕着验证道德判断的必要性。作为逻辑学家的皮尔士对偶然性这一想法也感兴趣，但这对于作为道德学家的詹姆斯而言则意义重大。詹姆斯表示，决定论坚称那些未能实现的可能性根本谈不上是可能性，而是幻觉；它断言未来没有什么是模棱两可的，即便是人的意志。但是，如果没有可能性这样的东西，那么道德判断则没有任何实际意义。

> 称某种事物是"坏的"意味着——如果它有任何意义——该事物不应该存在，应该由其他事物来代替它存在。而决定论否认任何其他事物代替它的可能，因而实际上将宇宙定义为一个应该存在的事物不可能发生的地方；换句话说，它将宇宙定义为一个有机体，受害于不可矫正的污点和无法弥补的缺陷。[24]

只有最极端的悲观主义或浪漫的放任自流情绪才与决定论相符。然而，只要存在道德判断，那么宇宙中一定有哪怕是最低限度的不确定性；这并不意味着一个完全无序的世界，而是一个偶尔有选择的世界。即使人们对普同宿命论的理想与斯宾塞一样乐观——他相信和平的千年终将到来，还是有保存这种选择的必要性。即便真的如斯宾塞所说，任何爱好只有与和平、正义和志同道合的最终胜利协调一致才能取得成功，那么"我们仍然可以自由决定何时以公正与和平的方式安顿下来"。到底什么会取得成功？在这个问题的答案显露出来之前，我们都可以自由尝试自己的爱好。[25]

1878 年，《思辨哲学杂志》发表了詹姆斯的一篇题为《论斯宾塞将思想定义为对应关系》（Remarks on Spencer's Definition of Mind as Correspondence）的文章，明确地预示了他后来的思想路线。这篇文章还表明，詹姆斯所理解的达尔文主义对心理学的影响要比斯宾塞的理解更有活力。斯宾塞从调整的角度来定义思想，从而忽略了人们通常认为的精神生活的大部分内容。斯宾塞将生

---

[23] *Pragmatism*, pp. 23—33.
[24] *The Will to Believe*, pp. 161—166.
[25] *Collected Essays and Reviews*, pp. 148—149. 对比约翰·杜威在 *The Influence of Darwin on Philosophy*, pp. 16—17 中的表述。

命定义为内外关系的不断调整,并将思想和认知视为这种调整的对象。在詹姆斯看来,他忽视了思想中所有的非认知元素,即所有的情绪和情感。他完全淡化或忽略了有机体的兴趣这一对整个认知过程至关重要的因素。他将智识和思想上的反应定义为通过安排内在关系以适应环境,从而促进生存,但认知情境中的关键要素——对生存或幸福安康的强烈愿望——是他忽略的一大主观要素。内在与外在对应关系的这种观点,要想作为精神行为有意义的标准,就必须通过某种主观或目的论的参照加以限定。再者,思想只为生存服务的想法本身无法解释高级文化活动的全部,因为这些活动没有生存价值。因此,詹姆斯得出结论:

> 知者(knower)……不只是一面漂浮的镜子,所到之处都无立足点,被动地映射出他偶遇并发现恰好存在的秩序。知者一方面是真理的参与者和缔造者,另一方面表达出他帮助创造的真理。思想兴趣、猜想、假设这些人类活动的基础——这些活动在很大程度上改变了世界——帮助他们所宣称的真理成为现实。换句话说,从真理诞生开始,思想中就酝酿着一种自发性、一种表决。真理处在这个过程中,而不仅仅是旁观者;它对"应该如此"的判断,它的典范,无法从思想的主体中剥离出来,就好像判断和标准是赘生物一样,一旦脱离,就连基本的生存都难以做到。㉖

詹姆斯在1890年面世的《心理学原理》一书中延续了这一思路。他与将大脑视为一种安静的认知器官这一传统观点彻底决裂,并批判后达尔文主义心理学对大脑积极作用的忽视。㉗ 他抱怨说,人们言谈之间似乎认为只有拥有大脑的身体有所爱好,将肉体的生存视为绝对目的,而从不谈及任何指挥才智。在这种赤裸裸的身体观念下,生物体的反应既不能被认为是有用的,也不能被认为是有害的;只能说,如果这些反应以某种方式出现,生存将是它们偶然的结果:

> 但是,当你将思想带入的那一刻,生存就不再只是一个假设。不再是"如果要生存,那么大脑和其他器官就必须工作"。现在已经成为一项强制的命令:"生存是必须的,因此器官必须如此工作!"世界舞台

㉖ *Collected Essays and Reviews*, p. 67.
㉗ 例如,chap. xi 的"注意"(Attention)。

上第一次出现了真正的目标……每一个实际存在的思想对其自身而言似乎都是不顾一切实现目标的斗士,其中许多目标若是没有了思想的存在,根本不足以成为目标。它的认知能力主要是为了服务这些目标,可以辨别哪些事实促进了目标、哪些事实不起作用。㉘

这种取自皮尔士并得到承认的实用主义学说(或方法)是这种知识检验方法的一种投射。这样一个世界——理论是实验工具而非答案,真理"发自想法"㉙并且可以由知者创造出来,与詹姆斯选择相信的未完成的宇宙一脉相承。

1880年,詹姆斯在《大西洋月刊》上发表了一篇题为《伟人、伟大思想和环境》(Great Men, Great Thoughts, and the Environment)的文章,这是他令人罕见地涉足社会理论的一次尝试。㉚ 相较于斯宾塞和他的信徒,詹姆斯提出这样一个问题:是什么让社群一代代发生改变?詹姆斯与他非常欣赏的《物理学与政治学》(Physics and Politics)的作者沃尔特·白芝浩一样,相信这些变化是不同寻常或杰出的个人创新的结果,这些人在社会变革中的作用与达尔文进化论的变异一样。他们被社会选中并被提拔到极具影响力的地位,是因为他们能够适应他们出生的社会环境。斯宾塞主义者将社会变化归结为地理、环境、外部条件——简而言之,归结为除了人为控制之外的一切因素。他们假设存在一张普遍的因果关系网,而有限的人类智力则无可救药地在这张大网里苦苦纠缠。斯宾塞在他的《社会学研究》中将一切归因于先验条件,如果不断往回推,这个过程就会变成一个循环,在社会分析中不会产生任何价值。它提供的,除了无所不能的外界环境外,一无是处,就像东方人用"上帝是伟大的"来回答每一个问题。这种进化论哲学无法解释伟人改变社会发展进程这一赤裸裸的事实。他们职业生涯中的重要细节既不能归因于各种模糊的要素——在斯宾塞哲学中即"环境"这一术语,也不能通过它们进行预测。威廉·莎士比亚于1564

㉘ *Principles of Psychology*, I, 140—141.

㉙ *Pragmatism*, p. 201.

㉚ *Atlantic Monthly*, XLVI(1880), 441—459; 重印于 *The Will to Believe*, pp. 216—254。另见姊妹篇"The Importance of Individuals," *Open Court*, IV(1890), 2437—2440, 重印于 *The Will to Believe*, pp. 255—262。约翰·费斯克和格兰特·艾伦给詹姆斯的答复,参见 *Atlantic Monthly*, XLVII(1881), 75—84, 371—381。

年出生在埃文河畔斯特拉特福(Stratford-on-Avon),并非源自社会需求的压力。社会学最多可以预测的是,如果这样一位伟人在某些情况下出现,他将以何种方式影响社会。但不应否认,他确实影响了社会。伟人本身就是由其他人所构成的环境的一部分。

斯宾塞的客观历史观有着东方宿命论的烙印——"是一种形而上学的信条,仅此而已。它是一种沉思的心境、一种情感的态度,而不是一种思想体系";并且由于忽略了人类思维的自然变化以及它们对社会的影响,它是"一种退化到前达尔文主义、完全不合时宜的思想"。[31] 在这篇短论中,詹姆斯似乎不再强调个人主义者的个性化,但在他更广泛的思想层面上,他的主要关注点似乎是将自发性和不确定性从斯宾塞社会进化论沉重的因果网络中解放出来。没有自发性,没有个人在某种程度上改变历史进程的可能性,就没有任何变好的机会,并且斗争的所有传奇色彩以及随之而来的胜利或失败都不复存在。正如詹姆斯在随后的一篇文章中所言:"人类活动存在着一个不安全区域,所有引人入胜的趣味都在其中。其余的则属于人生舞台死板的机械装置。"生命引人入胜的趣味被一种普遍的因果关系体系剥夺,这种令人无法忍受的想法,是"宿命论最有害和最不道德"的地方。[32]

詹姆斯与其实用主义传统的继任者杜威不同,他对系统性或集体的社会改革不太感兴趣。他的基本个人主义[33]的一个表现就是,虽然他作为一个反帝国主义者、德雷福斯的护卫者和中立者偶尔对时事感兴趣,但他对社会理论本身没有持久的兴趣。他总是以个人主义的方式处理哲学问题。当他想阐述恶的问题时,他会选择一起骇人听闻的残酷谋杀,而非战争或贫民窟问题。[34] 尽管他会一时起意对温和的改革有兴趣,但他的成长打上了《国家》所宣扬的自由主义烙印,他宣称他"所有的政治教育"都归功于此。[35] 他认为,戈德金是他政治智慧

---

[31] The Will to Believe, pp. 253—254.

[32] 同上, pp. 257—258,262。比较约翰·杜威在 The Quest for Certainty, p. 244 中的表述:"如果存在要么是完全必要的,要么是完全偶然的,那么生活中就没有喜剧也没有悲剧,也不需要生存的意志。"

[33] Curti, The Social Ideas of American Educators, chap. xiii 强调了詹姆斯的个人主义。关于詹姆斯的总体社会观点以及他对改革的兴趣,见 Perry, op. cit., vol. II, chaps. lxvii, lxviii。

[34] The Will to Believe, pp. 160—161.

[35] The Letters of William James, I,284.

的源泉㊱,并且斯宾塞的政治及伦理理论尽管"语气僵硬,缺乏灵活性",但比他的抽象哲学要好得多。㊲ 他认为,斯宾塞试图同时信奉《社会静力学》中体现的个体自由这一古老的英国传统,与普遍进化理论——在这些理论中,个人利益经常被残酷地否决——的做法是相互矛盾的。㊳ 他从没能够表现出立场更为坚定的戈德金式老派自由主义者的那种严厉精神。即使在 1886 年大罢工的动荡时刻,他对劳工的活动也不以为意,当时他写信给他的兄弟说,劳工问题"是进化中非常健康的一个阶段,可能要付出一些代价,但很正常,最后对所有人都好"——当然,芝加哥的无政府主义暴乱除外,它们是"病态的德国人和波兰人干的好事"。㊴

在詹姆斯晚年时期,美国的社会批评之风吹拂了一段时间后,他对集体主义的兴起感到满意,并找到了与之协调的方法,那就是他典型的对个人活动的强调。1908 年,在阅读了 G. 洛斯·迪金森(G. Lowes Dickinson)的《正义与自由》(*Justice and Liberty*)之后,他写信给亨利·詹姆斯说道:"天才每每挥毫,似乎都让七十五年前如此受崇拜的竞争体制受伤致死。接下来的情况可能会更好,但我从未如此清楚地看到,成功的个体在改变盛行的理想典范方面的影响不断累积,并最终显示成效。"㊵ 1910 年,他公开表示,相信"和平时期和某种社会主义平衡将逐步到来"。㊶ 然而,就在十多年前的一次演讲中,他以一种典型的詹姆斯式风格,就集体主义对人类生活内在质量的意义作了一番非常轻蔑的评价:

> 社会无疑会向更新、更好的平衡发展,财富分配无疑会慢慢改变;这种变化一直在发生,而且会一直持续下去。但是,说了这么多,如果你们还有人认为它们会对我们后代的生活产生大规模的真正重大的影响,那么你们就根本没有抓住我整场讲话的重点。生命的坚实意义永远是同一个永恒的东西;某种不寻常的理想——无论多么

㊱ 见上述引文。
㊲ *Memories and Studies*, pp. 140—141.
㊳ "Herbert Spencer," *Nation*, LXXVII(1903), 461.
㊴ *The Letters of William James*, I, 252.
㊵ 同上,II,318。詹姆斯似乎也受到了 H. G. 威尔斯(H. G. Wells)著作的影响。
㊶ "The Moral Equivalent of War," in *Memories and Studies*, p. 286.

特殊——与忠诚、勇气、忍耐紧密结合;还伴随着一些男人或女人的痛苦。而且,无论生命会怎么样、处于何种境地,这种结合总会有发生的机会。㊷

三

"这才是真正的学派、真正的思想,也是重要的思想!"㊸这是 20 世纪初威廉·詹姆斯对芝加哥大学的约翰·杜威周围的一群哲学家和教育家的态度。杜威对詹姆斯的感激之情和詹姆斯对杜威的认可,显示出实用主义学派至关重要的延续性。当杜威第一次阅读詹姆斯的《心理学原理》时,他仍然受到乔治·西尔维斯特·莫里斯(George Sylvester Morris)的黑格尔主义的影响,他在约翰·霍普金斯大学师从莫里斯,完成了他的博士研究工作,并在密歇根大学作为莫里斯的助手开展早期的教学。但是,詹姆斯的心理学改变了他的整个思想趋势,詹姆斯对精神生活的态度也成为他哲学的一个重要特征。㊹ 与詹姆斯一样,杜威也宣扬智识这一工具对于改变世界的有效性;但他的哲学论证中有一种异常强烈的社会重要性意识和哲学家紧迫的社会责任感。杜威将社会理论中的经验主义与智识的创造性特征这一工具主义观点联系在一起——与他1882 年刚来巴尔的摩开始他的研究时盛行的保守主义形成鲜明对比。㊺

杜威对思想行为的解释不仅仅是达尔文主义的简单延伸,而且在其方向上是与生物学相关的。㊻ 思想不是一系列超然状态或植入自然场景的各种行为。知识是自然的一部分,它的目标不仅仅是被动的调整,而是操纵环境来提供"完成性的"(consummatory)满足。想法是植根于有机体自然冲动和反应的行动计

㊷ *Talks to Teachers on Psychology; and to Students on Some of Life's Ideals* (New York, 1925), pp. 298—299.

㊸ *The Letters of William James*, II, 201.

㊹ John Dewey, "From Absolutism to Experimentalism," in George P. Adams and William P. Montagu, eds., *Contemporary American Philosophy* (New York, 1930), pp. 23—24;以及 Paul A. Schilpp, ed., *The Philosophy of John Dewey*, pp. 3—45 中简·杜威(Jane Dewey)编辑的自传章节。

㊺ 杜威作品类型多样、范围极广,他的思想都是一脉相承的,因此任何试图描绘他这些思想的影响的尝试都必然是零碎的。

㊻ 关于杜威知识方法中达尔文主义的要素及其在解释他的知识理论方面的局限性,见 W. T. Feldman, *The Philosophy of John Dewey* (Baltimore, 1934), chaps. iv, vii.

划。"旁观者知识理论"是一种前达尔文主义。[47]"生物学的观点让我们相信,无论如何,大脑至少是一种工作器官,用于控制与生命过程的目的相关的环境。"[48]杜威将这种思想活动的观点与对保守观点的普遍批评结合起来。正如他于1917年所述:

> 在教育、宗教、政治、工业和家庭生活等各个领域中,顽固保守派的终极避难所一直是所谓的固定思维结构的概念。只要思想被认为是先行和现成的东西,制度和习俗就可以被视为它的产物。[49]

杜威相信智力的诸多潜能,与此相关的是,他坚持认为智力在一系列客观"不确定"的情况下运作。正是由于情况的不确定性,由于自然中的偶然性因素,辨别力才拥有了特殊意义。道德与政治、宗教与科学,其"根源和意义在于自然界中安定与不安定、稳定与危险的结合"。没有这种结合,就不可能有"目标"之类的东西,无论是以人类达到圆满成功的形式还是作为目的。"只有一个整块的宇宙(block universe),它要么是已经终结,不容许任何变化,要么是事件朝着早已注定的发展。既没有毫无失败风险的成功,也没有无望取得任何成就的失败。"[50]这一概念虽然令人联想到詹姆斯,但可能更接近皮尔士和赖特早期的观点,因为杜威在此回避了詹姆斯对意志自由的主张。[51]

1920年,杜威在他的《哲学重建》(*Reconstruction in Philosophy*)一书中提出了一个强有力的论据,强调哲学的实际意义,并敦促哲学家将注意力从无价值的认识论和形而上学转移到政治、教育和道德上。尽管这一观点只是附加在他对思想和行动对立问题的敏锐历史分析上,但这仍然是他就这一主题发表的最重要的论述。然而,对社会问题的重视深深植根于杜威的职业生涯中。十年前,他曾预言哲学将成为"一种道德和政治上的判断和预测",且早在1897年,

---

[47] *Reconstruction in Philosophy*, pp. 84—86; *Essays in Experimental Logic* (Chicago, 1916), pp. 331—332.

[48] "The Interpretation of Savage Mind," *Psychological Review*, IX(1902), 219.

[49] "The Need for Social Psychology," *ibid.*, XXIV(1917), 273.

[50] *The Quest for Certainty*; p. 244 and chap. ix; *Experience and Nature*, 特别是 pp. 62—77; *Human Nature and Conduct*, pp. 308—311。

[51] 有关决定论和伦理学的早期声明,见 *The Study of Ethics* (Ann Arbor, 1894), pp. 132—138。

他就从社会角度陈述了对知识问题的看法。(52)

从他早年开始熟悉孔德的著作到后来，社会哲学就成为杜威关注的主要问题。(53) 1894 年，他针对沃德的《文明的心理因素》(*Psychic Factors of Civilization*)和颉德的《社会进化论》(*Social Evolution*)发表了一篇评论文章，读者由此可以将杜威的思想与生物社会学问题联系起来。杜威赞同沃德试图通过一种心灵活动理论推翻社会学中机械的达尔文主义。然而，杜威在詹姆斯的心理学的影响下，对沃德在这一领域过时的拥护进行了批判，并指出沃德的心理学对于他的社会理论来说并不充分。作为他整个社会学的重要观点，他所描述的心灵活动使用了一种陈腐的快乐—痛苦心理学，比洛克的感觉主义(Sensationalism)好不了多少。沃德试图从快乐和痛苦这些感觉的被动状态中推导出行动。如果他的心理学是基于"冲动"这一基本事实——生物的积极动机，"这正是为他的主要论点提供坚定支持所需的事实"，那么他的心理学基础就会更加稳固。在对沃德心理学的批判中，杜威总体上重新论证了詹姆斯 16 年前对斯宾塞提出的批判。杜威也赞同沃德对自由放任主义的批评，他同意"社会生物学理论需要从智力、情感和冲动的意义这一角度进行重构"。他与沃德的分歧在于方法，而非目的。

杜威对颉德的批判更为根本。尽管他承认消除社会冲突是"一种无望和自我矛盾的理想"，但他仍然相信可以通过指导这种努力避免白费精力。他认为颉德相信个人不断地作出牺牲来达到更好的境况，这表现出他对目的和手段的关系感到极其困惑。按颉德的观点，个人永远为子孙后代的福祉牺牲自己，但由于后代的个体也会这样做，这就永远达不到圆满境地。人总是为了一个永远无法达到的目的而作出牺牲。(54) 这是进步哲学的归谬法。

杜威对自由放任主义的怀疑，是他从经验主义得出的必然结果。他坚决反对斯宾塞认为涉足社会事务会妨碍对它们的了解这一观点，他坚持认为，直接

---

(52) *Reconstruction in Philosophy*, *passim*, esp. pp. 125—126; *The Influence of Darwin on Philosophy and Other Essays*, pp. 17, 271—304, esp. pp. 273—274.

(53) Adams and Montagu, eds., *op. cit.*, p. 20. 见杜威所著题为《民主的伦理学》(The Ethics of Democracy)的文章，University of Michigan *Philosophical Papers*, Second Series(1888)。

(54) "Social Psychology," *Psychological Review*, I(1894), 400—409.

参与事件是了解它们的必要途径。[55] 不可能制订通用的计划来确定一个国家的职能。它们的职能范围应该通过实际经验来确定。[56] 自由放任主义在实际政策中的普遍反响获得了杜威的支持,但他对于缺乏连贯的替代理论以及对试图发展一种模糊观点(必须做点什么)的总体倾向表示强烈不满。[57] 他之所以强调教育在社会变革中的作用——这让人想起莱斯特·沃德早期的观点,部分缘于对引导的需要。[58]

杜威的伦理思辨是从道德与科学明显的目标冲突所造成的道德混乱中恢复秩序的一种尝试,尤其重要的是,他在很大程度上将工具主义的发展归因于该问题刺激的结果。[59] 在《一元论者》(*The Monist*, 1898)中的一篇表明了他的黑格尔哲学背景的早期文章中,杜威否决了赫胥黎对宇宙过程和伦理过程的区分。尽管杜威就赫胥黎对该问题的二元论方法表示质疑,但他并不否认赫胥黎对伦理和园艺过程两者类比的合理性。"伦理过程就像园丁的活动一样,是一种不断斗争的过程。我们永远不能放任事情自由发展。这样做的结果就是倒退。"但是,根据我们对进化过程的整体看法,伦理过程和宇宙过程之间这种明显的对立又有何意义?在这一点上,杜威认为,赫胥黎没有意识到冲突并非人与整个自然环境的较量,而是人根据环境的一部分去调整环境的另一部分。他不会涉及与整个环境完全不相关的事物。园丁可以将异域的水果或蔬菜引入特定地点,并且提供特定的阳光和水分条件来帮助它们生长,这些生长条件不是这块土地所常见的;"但是,这些条件是整个自然界即有的存在"。

赫胥黎意识到,在现有环境下,适者生存不同于最合乎道德者生存。然而,难道这些环境不能被解读为一个包括"现存社会结构——其中包含所有的习惯、要求和理想"的整个复合体吗?根据这种理解,适者的确是最优秀的。不适

---

[55] *The Quest for Certainty*, pp. 211—212. 关于杜威对斯宾塞个人主义的历史分析,见 *Characters and Events*, I, 52 ff.。

[56] *The Public and Its Problems*, pp. 73—74.

[57] *Characters and Events*, II, 728—729.

[58] 1897年,杜威表示,他相信"教育是社会进步和改革的根本方法",并且"每一位教师……都是维护适当的社会秩序和确保社会正确发展的社会公仆",见"My Pedagogic Creed," *Teachers' Manuals*, No. 25(New York, 1897), pp. 16, 18. 在《民主和教育》中,他把教育视为一种选择性环境,并表示教育有可能成为一种社会变革的工具;尤其见 chap. ii. Cf. Curti, *op. cit.*, chap. xv; Sidney Hook, *John Dewey*, *An Intellectual Portrait* (New York, 1939), chap. ix。

[59] Adams and Montague, eds., *op. cit.*, p. 23.

者实际上就等同于反社会者,但不是身体虚弱或经济上依赖他人的人。若是以整个环境来衡量,社会中的那些靠他人生活的人可能"适应"得相当不错。人类依赖期的延长(费斯克的幼年期理论)催生了远见、规划以及社会统一的纽带;对病人的关照教会了我们如何保护健康人群。适合食肉动物的那一套完全不适用于人类。人生活在一个不断变化和进步的环境中,在他看来,正是这种灵活机动、未雨绸缪来适应现在和未来的环境的做法,构成了适应的意义。随着环境的意义发生变化,生存斗争的意义也发生了变化。这种生物学上对自我主张的激励既有可能朝好的一面发展,也有可能朝恶的一面发展。这一人类问题的本质在于对远见控制得当——既能维持过去的制度,又能改造它们以适应新的环境;简而言之,在习惯和目标之间维持平衡。"选择"一词不仅可以指一种生命形式或一个有机体,以牺牲另一个有机体为代价被选择,还可以指有机体或社会选择各种行动和反应模式,因为它们优于其他模式。社会根据自身的机制、舆论和教育来选择它认为最合适的模式。因此,伦理过程和宇宙过程之间并无分歧。这种困境来源于对生物功能的静态解释以及将它们断章取义地应用到人类环境独特而动态的境况中。因此,没有必要在自然之外去寻找伦理过程的依据;人们只需要从全局来了解自然环境。[60]

1908年,杜威和他的前同事詹姆斯·H.塔夫茨(James H. Tufts)推出了一本伦理学教科书,其内容与以往那种典型的抽象说教截然不同。对伦理原则的处理是为了辅助当时的社会问题;个人主义和社会主义、企业及其监管、劳动关系和家庭等问题占据显著地位。在杜威撰写的一个简短的章节中,他严厉批判了将达尔文主义粗暴地纳入伦理理论的做法,并在竞争的"自然"层面上采取了与克鲁泡特金相似的立场。[61]

事实上,实用主义正是作为不断成熟的社会批判的一部分,其历史地位才能最好地被理解。这与杜威本人对实用主义传统在美国文化中地位的看法是一致的。杜威一再表示,实用主义——其关注点在于詹姆斯所谓的观念的"兑现价值"——既不是美国商业主义的智力等价物,也不是对商业文化的贪婪精

---

[60] "Evolution and Ethics." *Monist*,Ⅷ(1898),321—341. *Philosophical Review*,Ⅺ(1902),109—124,353—371 中杜威所著题为《应用于道德的进化方法》(The Evolutionary Method as Applied to Morality)的文章,表明了他认为遗传方法对伦理学至关重要。

[61] Dewey and Tufts,*Ethics*,pp. 368—375.

神低声下气的道歉。他提醒实用主义的批判者,反对美国过度崇拜"令人不齿的成功"的人正是詹姆斯。[62] 工具主义始终坚决反对所有绝对主义的社会合理化,无论是保守的还是激进的,而随着社会由进步时代迈向新政时代,工具主义的社会内容也发生了变化。然而,在它的历史中,最为重要的是它与社会意识的联系及其对变化的敏感性。

杜威思想中始终存在的社会取向与威廉·詹姆斯的个人主义形成鲜明对比,表明相似的哲学立场在不同的时代有着不断变化的潜力。这也部分源自个人背景的差异。詹姆斯的家庭继承了丰厚的财富,这为他带来了哈佛大学的教育机会、广泛的旅行和较高的社会地位,在他成长的很长一段时间内没有任何经济问题的困扰。而杜威是佛蒙特州伯灵顿一家小企业主的儿子,他主要依靠自身的努力。然而,工具主义发展出的对社会问题的重视是两者更为重要的区别。杜威出生的那一年,《物种起源》首次出版,在杜威比詹姆斯多活的几十年里,两代人逐渐成长起来,学术界人士的社会批判已经被广泛接受。此外,在进步时代的早期恰逢杜威思想的成长和传播,而在同一时期,詹姆斯本人认为他看到竞争体制正"受伤致死";相较于抽象哲学中对民主和政治行动的进步信仰,杜威显然信仰知识、实验、活动和控制。杜威呼吁采用实验方法来研究社会理论,这与克罗利呼吁他的同胞从目的——而非不可避免的宿命——这一角度进行思考,或者与李普曼主张的"我们不能再将生活看做被动接受的事物"相去不远。如果杜威关于智力和教育会促进社会变革的信仰得到印证,那么他的哲学就远非被动地反映美国思想的转变那么简单了。自从费斯克和尤曼斯大肆宣扬斯宾塞讨好一群着迷的读者以来,有一位杰出的哲学家却始终专注于第三方、改革组织和工会的活动,他的远见在一定程度上深刻影响了美国思想舞台上发生的变革。

---

[62] *Characters and Events*, I, 121—122; II, 435—441, 542—547; "The Development of American Pragmatism," *Studies in the History of Ideas*, Department of Philosophy, Columbia University, II (1925), 374.

第八章

社会理论趋势:1890—1915 年

　　除了可能恢复到一种唯竞争和地位至上的文化境地,基督教的兄弟情谊所体现的那种古老的种族偏见,理应以竞争性商业的金钱道德为代价,持续发展壮大。

　　　　　　　　　　　　　　　——索尔斯坦·凡勃伦

　　生存斗争是生命的另一种短暂体验,眼下对许多人而言,它似乎就是宇宙的主导事实,这主要是因为人们对其进行了大量有趣的阐述,从而吸引了大量的注意力。研究它的前人众多,后继者不断涌现也就不足为奇了。

　　　　　　　　　　　　　　　——查尔斯·霍顿·库利

一

　　进化论对心理学、民族学、社会学和伦理学产生了深远的影响,但它未能在经济学中产生类似的效应。在那些可以称之为经济学家的人中,只有威廉·格雷厄姆·萨姆纳试图将进化论融入传统政治经济学概念。在19世纪70年代和80年代,当他在研究社会哲学的基本原理时,大多数其他经济学家的思想还相当传统。

广受认可的政治经济学之所以如此僵化,最合理的解释是,其代表人物对他们的学科感到满意,认为从生物学中难以获益。正如在美国的大学中所教授的和意见论坛中所宣传的那样,政治经济学的公认功能是辩解性的(apologetic)。它一直是对财产和个体事业的竞争制度下的经济过程的理想化解释;违反既定规则的行为被视为对自然法则的破坏。正如弗朗西斯·阿马萨·沃克(Francis Amasa Walker)在美国经济学会成立之前对自由放任原则的态度:"它(在美国)并不是对正统经济学的检验,而是被用来判断一个人是不是经济学家。"[1]

正统经济学家普遍未能接受萨姆纳所宣扬的社会达尔文主义——即便它显然非常适合他们的理论,只是恰好因为进化与宗教信仰关系的悬而未决。更重要的是,古典经济学已经有了自己的社会选择学说。既然是古典经济学流派的重要人物引导了斯宾塞、达尔文和华莱士得出他们自己的进化论,那么经济学家们就有理由宣称,生物学只是普及了一个他们已经掌握了很久的真理而已。

可以在自然选择模式和古典经济学模式之间找到一些共同之处[2],这表明达尔文主义涉及对传统经济理论词汇而非实质内容的补充。两者都认为,动物在本质上追求自利,在古典经济学中是享乐,在达尔文进化论中则是生存。两者都认为,在实施享乐或生存冲动的过程中,竞争是在所难免的。两者都认为,只有褒义上的"适者"才能生存或获得成功——完美适应其所在环境的有机体,或者最高效、最盈利的生产者和最节俭、最有节制的工人。这里需要补充的是,古典经济学更适合对现状作出温和的解释,因为它欣然接受当前环境作为一种自然的事实,而谨慎敏锐的达尔文追随者认为,"适者"可能被理解为适应劣质和恶化的环境。凡勃伦在1900年写道,他发现"对常态和正当的范畴的辨别是

---

[1] "Recent Progress of Political Economy in the United States," *Publications*, American Economic Association, IV(1889), 26.

[2] 与此处的共同点相比,约翰·M. 凯恩斯(John M. Keynes)得出的相似点更为局限,见 *Laissez-Faire and Communism* (New York, 1926), pp. 39—43。

斯宾塞先生的伦理和社会哲学的重要注解,后来的古典主义经济学家倾向成为斯宾塞哲学支持者"③。此外,古典经济学和自然选择都是自然法则的学说。在这一点上,由于古典经济学平衡的概念与牛顿的学说相关,是静态的,因此更有助于思想的稳定④;而动态的社会理论则提出,可能存在一个不安定世界。

人口对生存构成压力的概念在生物学和政治经济学之间的历史关联中十分重要,它不仅在马尔萨斯的学说中发挥作用,而且与经典的工资—基金理论密切相关。工资—基金理论在美国受到自由放任主义极端支持者的欢迎,根据该理论⑤,工人的工资从固定的资本基金(capital fund)中支付且该资本基金在任何时候都是固定的;工人的平均工资由就业人数和工资—基金比来确定。根据该理论的逻辑,无论是法规还是劳动者的任何行动,都不能改变这种状况,表明它是一种严格默认的政策。竞争通常被认为是分配财富的完美方式。根据这一学说,工人阶级人数的增加对有限的工资—基金比造成了压力,就像总人口对生存资料的压力一样不可避免。沃克表示,这一学说"受到巨大青睐,因为它为关于工资的现有制度提供了一个完全正当的理由"⑥。然而,在1876年他出版《工资问题》(*The Wages Question*)后,该学说的声望迅速下滑。

美国经济思想的内容并没有快速改变。在战后的几十年里,最受欢迎的大学教科书是弗朗西斯·韦兰(Francis Wayland)牧师最初写于1837年的《政治经济学要素》(*The Elements of Political Economy*)的修订版。萨姆纳和凡勃伦正是通过这本书,学习了大学的经济学课程。韦兰最初的目的是有条不紊地重新整理斯密、萨伊(Say)和李嘉图的学说。韦兰和其他经典学派的代表人物,如弗朗西斯·鲍恩、亚瑟·莱瑟姆·佩里(Arthur Latham Perry)和J. 劳伦斯·劳克林(J. Laurence Laughlin)一样,就经济学的前提达成重要的一致。人是欲望的产物,普遍受自身利益的驱使;自由和公平的竞争机制会将经济人的

---

③ "The Preconceptions of Economic Science," Part III, *Quarterly Journal of Economics*, XIV (1900), 257 n.

④ 人们不必成为古典学派的正统追随者,也能体会到这种思维方式在思想上的安全感。"如果正确看待完全竞争的话,它可以被视为经济世界的秩序,就像万有引力是物理世界的秩序一样,并且运作起来同样和谐、有益。"Francis A. Walker, *Political Economy* (3rd ed., New York, 1888), p. 263. 有关对自然法则经济学的陈词滥调的整理,见 Henry Wood, *The Political Economy of Natural Law* (Boston, 1894). Cf. also John B. Clark, *Essentials of Economic Theory* (New York, 1907).

⑤ Francis A. Walker, *The Wages Question*, pp. 240—241 n.

⑥ 同上,p. 142。

自我追求转化为实现"大多数人的利益最大化"。然而,这种机制是微妙的,必须让它在"正常"条件下运行并且不能受到政府干预;要享受这种本质上有益的自然经济法则的成果,人们必须让它不受阻碍地运作;人们必须勤劳、节俭、温和、克制以及自力更生;自主自立而非软弱地求助于国家干预,才是经济救赎之道。⑦ 萨姆纳无须多少努力,就可以将这种模式与达尔文个人主义协调起来。

19世纪80年代中期的发展表明,传统经济思想对年轻学者的影响力在逐渐减弱,部分原因是德国历史学派的影响。刚从海德堡大学毕业的理查德·T.伊利(Richard T. Ely)发表了一篇题为《政治经济学的前世今生》(The Past and the Present of Political Economy)的文章,抨击了古典经济学的教条主义和过于简化、对自由放任的盲目信仰,以及相信自私自利足以解释人类行为。伊利称赞历史学派是一剂解药,认为历史方法不可能导致这种教条主义的极端。

> 这种新兴的政治经济学不再允许贪得无厌者将这门学科作为打击和压迫劳动阶层的工具。它既不承认自由放任是在人们挨饿时无所作为的借口,也不允许将全能的竞争作为欺压穷人的理由。⑧

次年,来自中西部农场、在哈雷大学攻读博士学位的西蒙·帕顿(Simon Patten)发表了一篇名为《政治经济学的前提》(The Premises of Political Economy)的评论文章,质疑自由竞争的社会效用,并表达了对马尔萨斯、李嘉图和工资—基金理论的不满。帕顿说,人们普遍认为,达尔文证实了马尔萨斯定律,然而在一个重要的方面,达尔文的理论与马尔萨斯主义恰好完全相反。马尔萨斯认为,人拥有一套确定的、不可改变的属性;而达尔文主义认为,人是可塑的,环境决定了他的特征。在正确的达尔文主义的前提下,人们不能假设人口永久地自然增长下去,因为人口的增长率很容易受到生存环境的影响而发生变化。⑨

---

⑦ Francis Wayland, *The Elements of Political Economy*,由 Aaron L. Chapin 改写(New York, ed. 1883), pp. i, 4—6, 174; Francis Bowen, *American Political Economy* (New York, ed. 1887), p. 18; Arthur Latham Perry, *Introduction to Political Economy* (New York, 1880), pp. 52, 60, 75, 100; J. Laurence Laughlin, *The Elements of Political Economy* (New York, 1888), p. 349。对19世纪70—80年代美国经济舆论状况的全面描述,见 Dorfman, *Thorstein Veblen*, passim。

⑧ "The Past and the Present of Political Economy," *Johns Hopkins University Studies in Historical and Political Science*, II(1884), 64, passim。

⑨ *The Premises of Political Economy*, pp. 78—79。约翰·贝茨·克拉克(John Bates Clark)在其职业生涯早期也对古典经济学提出了尖锐的批判;见 *The Philosophy of Wealth*,尤其是 pp. iii, 32—35, 38 ff., 48, 65—67, 120, 147, 150, 186—96, 207。

1885年，一群青年经济学家在伊利的领导下成立了美国经济学会，其原则声明部分内容如下：

> 我们将国家视为一个服务机构，它的积极援助是人类进步不可或缺的条件之一。
>
> 我们认为，政治经济学作为一门学科，仍处于发展的初期阶段。我们对那些经济学家前辈的工作表示赞赏，但我们更多地关注对经济生活实际状况的历史和统计研究而非臆测，从而让学科的发展实现令人满意的结果。[10]

总体而言，协会的成员绝不像伊利那样批判传统，他本人也并不是竞争原则的极端反对者。[11] 相反，这则声明表达了对传统辩惑学简单教条主义的日渐不满。相较于大多数正统派的代言人，达尔文科学对年轻叛逆者的意义更大，但对他们而言，它的重要性也就局限于作为一种关于变化或发展的广泛学说而已。他们理想中的典范是德国历史学派，而不是达尔文主义。"我们思想中最基本的事物，"伊利写道，"一方面是进化论，另一方面是相对论。"这些对他们来说，比任何关于经济方法的辩论都重要。"一个崭新的世界正在形成，如果这个世界要变得更美好，我们就必须创造出一种新的经济学与之相伴。"[12]

二

无论达尔文主义对经济理论的影响多么有限，人们都能毫无疑问地列出大量例证，以萨姆纳式的方式证明竞争作为生存斗争特例的合理性。此类表述中最令人难忘的可能是沃尔克对贝拉米诋毁竞争的批判。沃尔克对这位民族主

---

[10] 引用自 Ely, *Ground Under Our Feet* (New York, 1938), p. 140。将其与伊利的原稿进行比较, p. 136。关于伊利对该协会的描述, 见 pp. 121—164。另见 *Publications*, American Economic Association, I(1886), 5—36。

[11] 有关竞争的一种相当模棱两可的表述, 见 Ely, "Competition: Its Nature, Its Permanency, and Its Beneficence," *Publications*, American Economic Association, Third Series, II(1901), 55—70。多夫曼(Dorfman)强调, "新学派"(New School)领导人本质上是保守主义的, *op. cit.*, pp. 61—64。

[12] *Ground Under Our Feet*, p. 154. Cf. "The Past and the Present of Political Economy," *Johns Hopkins University Studies in Historical and Political Science* II(1884), 45 ff. 另见 F. A. Walker, "Recent Progress of Political Economy in the United States," *Publications*, American Economic Association, IV(1889), 31—32。

义者的观点——适者生存只是一种纯粹野蛮残暴的规则——表示愤怒。他说道:"正是竞争的力量才让人类在智力、道德和体力方面逐步完善和强大起来,那些没有从竞争中看到这种力量的人,对生活事实的观察想必十分肤浅。"[13]

这样的表述通常是更大范围讨论——达尔文主义在其中并不占据显著地位——的必然结果。然而,西蒙·帕顿和托马斯·尼克松·卡弗(Thomas Nixon Carver)两位经济学家试图超越这种对达尔文主义的随意应用,并将经济学和生物学结合起来。帕顿的工作从分析古典经济学的缺点开始。古典经济学的主要失败之处在于它是一种对人类经济的静态理解。"环境对人的影响如此之大,以至于人的主观品质可以忽略不计。自然是如此吝啬,它的剩余产出非常少,以至于社会关系不可能发生根本性的变化。"当人们发现经济环境随着人的变化而变化时,看似吝啬的观点也就不攻自破了。新阶层的人以不同的方式看待世界,他们所处的环境取决于他们的心理特征。一个特定社会的法则不仅仅是自然法则,而是"源自社会所利用的自然力量的独特组合"。

环境变化通过改变人的消费习惯而对他们产生影响。成本的每一次降低都会创造另一种消费秩序、一种新的生活标准,这在新的种族心理学的助力下,往往又会激发出新的生产动机、新设备、新一轮的成本降低。这就是动态经济的运作方式:稳定的螺旋式上升的进步。[14]

在一篇题为《社会力量理论》(The Theory of Social Forces,1896)的文章中,帕顿加大了对流行的社会理论的批判。这里的思辨仍然以18世纪的哲学为主导,但几乎没有受到进化论的影响。根据他的文章,变化的环境而非静态环境的观点在帕顿的体系内占据中心地位。经济学中的商品理论实际上是对有机体环境的研究。每个有机体的环境是其经济情况的总和,随着经济情况的变化而变化。实际上,环境的数量是不确定的、是一系列的。任何给定的环境

---

[13] "Mr. Bellamy and the New Nationalist Party," *Atlantic Monthly*, LXV(1890),261—262. 然而,在其他方面,沃克断言,家庭的团结阻止了适者生存原则的运作;*Political Economy*, pp. 300—301. 对生存斗争的其他运用,见 Arthur T. Hadley,*Economics*(New York,1896),pp. 19—88;John B. Clark,*Essentials of Economic Theory*, p. 274. 赫伯特·J. 达文波特(Herbert J. Davenport)表达了批判态度,*The Economics of Enterprise*(New York,1913),pp. 20—21.

[14] *The Theory of Dynamic Economics*(Philadelphia,1892),chaps. i—viii,esp. pp. 18,21,24,37—38. 边际理论的主观方法激发了帕顿对消费作为经济变化根源的兴趣;见 pp. 37—38. Cf. *The Consumption of Wealth*(Philadelphia,1889).

一旦被占据,很快就会充满挣扎求生的生命。"一种进步的进化,取决于从一种环境迁移到另一种环境的能力,从而避免了竞争压力。"一系列不同的环境会带来愈加复杂的情况,每一次过渡都要求新的心理上的进化。对于一个稳步发展的国家来说,虽然其地理位置没有发生变化,但要经历一个完整系列的不同环境。在渐进式进化中,高等动物适应新环境;低等动物之间则陷入对现有有限资源的静态竞争。因此,进步的本质是逃避竞争。

同沃德一样,帕顿对进步的生物学阶段和社会阶段进行了清晰的划分。在此基础上,他还在具备高级感官能力的有机体和具有卓越运动能力的有机体之间做了专门的区分。前者对环境的认识更加清晰;后者能够"敏捷且充满活力地行动"。在进步的生物学阶段,"生物被迫进入一个局部环境",在此环境中,生存必需品的获取几乎不需要思考。运动能力的发展程度决定谁存活下来,运动能力差的个体则被淘汰。然而,它们中的一些更适合占有一个较为普通的环境,其高度发达的感官能力在此可以更好地发挥作用。被征服者找到一片新的居住地,并创造出一个新的社会,生存必需品也与原来不同。随着时间的推移,这个新社会中拥有更强运动能力的将再次生存下来,而那些运动机能不完善但感官能力较好的人再次被驱往一个更普通的环境,在那里,个体又需要新的社会本能并形成新的秩序。与生物学上的进步不同,社会进步的特征取决于这种从一种环境突破到另一种环境的能力。

帕顿把他的这种观点应用于现代社会,认为人类已经实现了对环境的控制且感官能力得到如此大的发展,以至于摆脱了痛苦经济——李嘉图经济学所描绘的原始经济——而进入了享乐经济。享乐经济的本质不是完全没有痛苦,而是恐惧这一主要动机的消失。人们慢慢失去了痛苦经济的本能,并获得了最适应新环境的本能。假以时日,享乐经济的过剩人口将会因为诱惑、疾病和恶习而消亡,届时将孕育出一个"本能地抵抗这些引发灭绝的因素"的族群——社会联合体中真正具有优越性的人类族群。

帕顿一贯强调消费的重要性,他认为饮食多样化、需求较多的人,比饮食简单、需求少的人具有明显的优势。"后一类人需要占据更大面积的土地才能养活相同数量的人口,因此他们在经济的生存竞争中处于劣势。"消费本身成为渐进式进化的手段。⑮

帕顿新颖的社会理论未能赢得很多支持者是有原因的。尽管他对古典经济学的批判颇有价值,但他自己的实证理论与其说是意义重大,不如说是见解独到。他的方法推断过多,他对事物的区分过于刻意,他的阐述含混不清、令人恼怒,他的心理受到享乐主义的所有局限性的束缚;但他同时是一名教学效果显著的老师,对许多学生产生了深刻的影响。⑯ 在某些方面,他的作品是进步时期的表现。他试图彻底地将进化论吸收到经济理论中并对古典经济学作相应修改;他坚信资源充裕(而非匮乏)的生活是完全可能的,并试图在此基础上开辟新的视角。⑰

如果说帕顿试图在社会和经济理论中为生物学找到新的一席之地,那么托马斯·尼克松·卡弗的任务就是继承早期的个人主义传统。卡弗的思想主要出现在威尔逊当权时期,隐约地让人想起萨姆纳25年前提出的熟悉的学说。在一本名为《值得拥有的信仰》(The Religion Worth Having)的短篇畅销书中,卡弗从传统的角度宣扬了拥有生产力优势的生活。他宣称,最好的信仰是能最强有力地激发活力并最有效地引导活力的信仰。最适合人类生存斗争的信仰将为世人所有,正如"工作台"生活哲学注定要取代"猪槽"哲学。生存斗争主要是一种群体斗争,但个体之间的斗争仍在继续,并且提高了群体在更大冲突中的效率。奖励那些最大限度地增强群体的个体,并通过贫穷和失败惩罚那些对增强群体贡献最小的个体,利用这种机制来管理个体竞争的群体才是能够生存下去的群体。让人们高效工作的最好方法就是选择性的竞争方式,最好通过私有财产来奖励有价值的公民。卡弗表示:"自然选择的法则只是上帝表达选择和认可的常规方法,经过自然选择的人也是被上帝选中的人。为了推动生存这一基本事业,教会应该宣扬通过追求富有成效的生活来服从上帝的法则。"⑱在他之后的工作中,卡弗继续以达尔文主义的立场捍卫竞争。⑲

---

⑮ *The Theory of Social Forces*, esp. pp. 5—17,22—24,52—53,76—90.

⑯ Rexford G. Tugwell,"Notes on the Life and Work of Simon Nelson Patten," *Journal of Political Economy*, XXXI(1923),153—208; Scott Nearing,*Educational Frontiers,A Book about Simon Nelson Patten and Other Teachers*(New York,1925).

⑰ 见帕顿最受欢迎的书,*The New Basis of Civilization*(New York,1907)。

⑱ *The Religion Worth Having*,passim.

⑲ *Essays in Social Justice*, pp. 18,19,91—98,103—104,259.

索尔斯坦·凡勃伦(Thorstein Veblen)比任何其他经济学家都更关心后达尔文科学对经济理论的影响。凡勃伦关于达尔文主义在经济学中的应用的观点,在他那一代人中并不是最有代表性的,但从长远来看,它可能是影响最为持久的。尽管凡勃伦在某种程度上是一位进化人类学家——他的理论的一个方面在《有闲阶级论》(*The Theory of the Leisure Class*,1899)和《劳作本能》(*The Instinct of Workmanship*,1914)中得到了最好的体现,但他的成就有两个特征与本文研究的主题最为相关:他对工业头领(captain of industry)作为"最适者"这一传统形象的抨击,以及他从进化论学科的角度对古典经济学的猛烈批判。

尽管(也可能是因为)他与耶鲁大学的萨姆纳有往来(他也是在耶鲁大学获得的博士学位),凡勃伦几乎没有用到萨姆纳教授的那种社会达尔文主义。凡勃伦曾在文章中对恩里科·菲利(Enrico Ferri)的《社会主义与实证科学》(*Socialisme et Science Positive*)评论道,菲利"以一种比社会主义科学辩护者更令人信服的形式"表明,社会主义理论的平等主义和集体主义特征与社会主义理论的事实并不冲突。凡勃伦还对莱斯特·沃德的《纯粹社会学》(*Pure Sociology*)表示热切赞同,他认为,这一著作非常成功地将"现代科学的目标和方法有效地引入了社会学探究"[20]。

凡勃伦对有闲阶级的批评,与萨姆纳"富人就等同于生物学上的适者"的观点截然相反。从广义上讲,凡勃伦的大部分工作是对以下事物理论体系的批判:将个人的生产力等同于他获得财富的能力,以及将其性格的适应性等同于其金钱地位。对萨姆纳来说,财富积累是个人价值的回报,百万富翁则是"自然选择的产物";对凡勃伦而言,商业阶层无论是在观念还是习惯上,其本质就是恃强凌弱的。他把通常对道德缺失者的描述,用来形容"典型的有钱人"的个体特征。[21] 在传统上,工业头领的作用向来被认为是卓有成效的,而凡勃伦将发达商业社会的运作方式描述为一种日益衰微的破坏行为。关于"获取金钱被视为对社会服务的回报",凡勃伦区分了工业的生产功能(作为工艺的一种表现)和商业的某些欺骗属性(作为销售技巧和欺诈的一种表现)。萨姆纳、沃克、卡弗

---

[20] *Journal of Political Economy*,V(1897),99;*ibid.*,XI(1903),655—656.关于沃德和凡勃伦的关系,见 Dorfman,*op. cit.*,pp. 194—196,210—211。

[21] *The Theory of the Leisure Class*(New York,Modern Library,1934),pp. 237—238.

等人将竞争主要视为生产服务方面的竞争,而凡勃伦认为,只有在商业和工业不分家的过去,这种说法才成立。竞争曾经是在生产者之间为提高行业效率而展开的竞争;但是当商业彻底压制工业并占据主导地位,竞争就沦为卖家与消费者之间的较量,通常是卖家大肆欺诈性剥削消费者。[22]

在《有闲阶级论》问世前不久,凡勃伦针对马洛克的《贵族制度与进化论》(*Aristocracy and Evolution*)写了一篇评论文章,为他后来思想的发展埋下了伏笔。他说他最开始想用"马洛克先生又写了一本愚蠢的书"这句话来贬低马洛克的经济论点,但他发现,他可以利用马洛克关于工业头领的价值的主张来扩充他自己的论点——商人的非生产性属性。[23]

在《有闲阶级论》中,凡勃伦将制度、个体和思维习惯解释为选择性适应的结果;但是关于何种类型的品质能在商业社会中经过选择占据主导地位,他与斯宾塞—萨姆纳的观点并不相同。凡勃伦声称,尽管他无意做道德判断,但野蛮文化中单纯的好斗特征已经被"精于盘算的行径和欺诈行为取代,成为积累财富的最佳方法"。它们已经成为经筛选进入有闲阶级必不可少的品质。"一般而言,金钱生活的趋势就是保存野蛮的气质,只不过用欺骗和谨慎,或者管理能力来替代早期野蛮人那种对破坏的嗜好。"在现代社会条件下,选择的过程让贵族和资产阶级的美德——"也就是破坏性和金钱方面的特征"——出现在上层阶级,而勤恳的美德、温和的品质主要存在于"终其一生机械劳作的阶级"[24]。

凡勃伦应用达尔文主义的一个更为基本的层面是他对经济理论方法的批评,这在一篇题为《经济学为什么不是一门进化科学?》(Why is Economics Not an Evolutionary Science?)的文章中得到了最好的体现,该文章于1898年发表在《经济学季刊》(*Quarterly Journal of Economics*)上。凡勃伦问道,后达尔文科学与前进化论科学的区别到底是什么?既不是对事实的坚持,也不是试图提出关于增长或发展的体系。而是一种"精神观点的不同……出于科学目的对事实进行评估的基础不同,或者看待事实的角度不同"。进化科学"不愿偏离对因

---

[22] The Theory of the Leisure Class(New York,Modern Library,1934),chaps,viii-x。凡勃伦在 The Theory of Business Enterprise 中对企业的态度,远没有在 Absentee Ownership(尤其是 chaps,iii-vi)中那么严厉。另见 The Engineers and the Price System (New York,1921)。

[23] *Journal of Political Economy*,VI(1898),430—435.

[24] The Theory of the Leisure Class,chaps,viii,ix,尤其是 pp. 188—191,236—241。

果关系或数量序列的检验"。那些问"为什么"的现代科学家需要根据因果关系得出答案,而不愿超越因果关系将其归结为任何终极体系抑或是任何宇宙目的论的概念。这就是两者区别的关键所在;因为早期的自然科学家并不满足于这种简单的机械化公式,而是想要在"自然法则"的框架内实现某种事实的终极系统化。他们坚持认为,某种"精神上合理的目的"存在于他们所观察到的事实中,并且是这些事实存在的原因。他们的目标是"从绝对真理的角度来阐述知识;而这种绝对真理是一种精神上的事实"。

凡勃伦坚持认为,主导着现代经济学概念的,正是这种前达尔文主义的观点,而不是进化科学的观点。古典经济学家对于"所有事物理应趋向的目的"有先入之见,他们创立的"终极法则"也是根据这种成见提出的,用来规定所谓正常或自然的法则;并且这种先入之见"让事物倾向于找到时代赋予的常理将什么视作人类努力的充分或有价值的目的"。然而,进化自然科学只研究累积的因果关系,而不涉及对某个"正常情况"——通常是基于调查者对经济生活的理想,而非任何现有的事实——的系统阐述。传统经济学遵循一种对常态先入为主的观念,将享乐主义者概括为"一种渴望幸福的同质球体",任由痛苦和快乐反复冲击。相反,在进化科学看来,人被视为"一种偏好和习惯的连贯结构体,在逐渐展现的活动中寻求实现和表达"。真正的进化经济学不是在一个想象中典型的享乐主义者那里寻找常态,而必须是一种关于"经济利益所决定的文化发展过程的理论,而就这个过程本身来看,它还是一种经济制度累积的理论"[25]。

---

[25] "Why Is Economics Not an Evolutionary Science?" *Quarterly Journal of Economics*, XII (1898),373—397. Cf. *The Theory of Business Enterprise*, pp. 363—365.

约翰·贝茨·克拉克的经济学思想尤其受到凡勃伦方法的影响,他的《经济理论精要》(*Essentials of Economic Theory*)是"自由竞争被认为是'自然法则'的特征"这种事物观念的完美体现。见"Professor Clark's Economics," *Quarterly Journal of Economics*, XXII(1908),155—160。凡勃伦还把卡尔·马克思的社会理论视为是前达尔文主义的,尽管其假定——事物存在朝既定目标发展的内在趋势(这也是"黑格尔左派"的主题)——与古典经济学不同。凡勃伦相信,马克思主义有意识的阶级斗争这一概念之所以如此简单,与享乐主义有着紧密联系,因而也就继承了享乐主义的缺陷。追求个人利益的阶级团结"常态"的隐含概念与功利主义非常相似。见"The Socialist Economics of Karl Marx and His Followers," *ibid.*, XX(1906),409—430,尤其是411—418。凡勃伦批评历史学派的成员未能达到现代科学的要求,因为他们"满足于数据的计算和对工业发展的叙述性解释",并且没有假定"提出任何理论或将他们的成果纳入一贯的知识体系"。*Ibid.*, XII,373. 另见"Gustave Schmoller's Economics," *ibid.*, XVI (1901),253—255。本注释中提及的短论被收集于 *The Place of Science in Modem Civilization and Other Essays*(New York,1919)。

其他经济学家在达尔文科学中看到的仅仅是一种尚且合理的类比来源或全新的华丽辞藻，为了证实传统的假设和规范而已。但凡勃伦则将其视为可以重新编织整个经济学思想结构的"织布机"。那些主流学派的经济学家曾说过，存在就是常态，常态就是正确的，人类弊病的根源在于，其行为干扰了这种正常过程，以一种大有裨益的方式自然地达成其固有的目的。

> 由于古典经济学家存在享乐主义的先入之见，习惯于金钱文化方式，又公开宣称"自然总是站在正确的一方"的泛灵论（animistic）信仰，因而他们认为，所有事物理应趋向的完满状态，就是毫无障碍且有益的经济体系。因此，这种竞争的完美典范带来了常态，并且是否遵从它的要求成为检验绝对经济真理的标准。[26]

经济学家试图运用达尔文主义，只是为了强化这种理论结构。此后，经济学应该摒弃这种先入为主的观念，致力于研究制度演化（按照其实际情况）的理论。

尽管当时的批判之风盛行，但凡勃伦的批评经常被误解，虽有成效，但进展缓慢。他的作品一度在他所蔑视的激进分子中最受欢迎。然而，在他关于经济科学中进化方法的论文发表 25 年之后，一位同事发现他创造了一股影响深远的力量——"他对正统观念的无情颠覆驱使他的追随者们重新思考他们的前提并调整他们努力的方向"[27]。

三

社会学作为一门尚未在美国学校扎稳脚跟的学科，其方法和概念经历了比经济学更为彻底的转变。1890—1915 年间，社会现状和其他学科（尤其是心理学）发生的变化对社会学产生了深远的影响。社会学发展得如此之快，其文献如此之多，以至于无法全面阐述达尔文主义社会学的命运，仅能指出其理论上的主要趋势。

---

[26] "*The Preconceptions of Economic Science*," Part II, *Quarterly Journal of Economics*, XIII (1898), 425.

[27] John M. Clark, "Problems of Economic Theory — Discussion," *American Economic Review*, XV, Supplement (1925), 56.

杰出的社会学家要么效仿斯宾塞—萨姆纳模式,要么效仿莱斯特·沃德模式。1893年之后,沃德的名声与日俱增,1906年,他当选为美国社会学协会首任主席,这是对他在该领域领导地位的认可。E. A. 罗斯(E. A. Ross)和阿尔比恩·斯莫尔(Albion Small)都认为自己是他的信徒。斯莫尔特别关注社会科学的历史和方法,他对宣扬沃德的作品尤其感兴趣。而罗斯则与沃德的侄女联姻,是沃德的狂热追随者。

萨姆纳仍然是斯宾塞主义者中的领军人物,然而,他已经从个人主义转向了更大范围的研究,从而诞生了《民俗论》(*Folkways*)和在他去世后出版的《社会科学》(*Science of Society*)。阿尔伯特·加洛韦·凯勒(Albert Galloway Keller)作为萨姆纳的主要追随者,以温和的方式将达尔文的变异、选择、遗传和适应等概念应用于人类习俗,极大地拓展了萨姆纳的工作。虽然凯勒的方法是制度性的而非原子论的——这也代表了萨姆纳自身理论发展的后期阶段,但他和他的老师一样,对社会的快速或极端重建这种提议持怀疑态度,并且他们对社会进化坚定地持有一种严格的决定论观点。对这种观点的热衷,在他对适应的态度上表现得最为明显。凯勒写道:"如果我们能够接受这样的结论……即每一个既有的和固定的制度在其背景下都可以合理地解释为一种适应,那么在我看来,我们就接受了达尔文理论运用到社会科学领域的事实。"[28]

斯宾塞式的分化和平衡的概念以及类似的宇宙原理在被大多数其他作家摒弃很久之后,哥伦比亚大学的富兰克林·H. 吉丁斯(Franklin H. Giddings)依然继续进行研究。[29] 但他欣然承认,社会学是一门心理学而不是生物科学,并很快指出,他的社会理论的基石——"类意识(the consciousness of kind)"——作为所有社会组织的基础,是一种精神状态,而不是生物过程。[30] 作为一个完全的个人主义者,他对社会中的选择原则持保守观点。尽管他承认适者并不总是最好的,但他认为,让两者趋同正是社会进程的特征。然而,社会在选择最优者

---

[28] Keller, *Societal Evolution* (New York, 1915), p. 326; cf. pp. 250 ff.
[29] "The Concepts and Methods of Sociology," *American Journal of Sociology*, X (1904), 172; *Studies in the Theory of Human Society* (New York, 1922), 136—141.
[30] *Principles of Sociology*, p. v.

时,更重视同情和互助等品质。它通常会淘汰掉"无能和不负责任者"[31]。自从政治经济学成为他的主要兴趣以来,吉丁斯一直致力于研究竞争原则,他和斯宾塞都相信,竞争在经济过程中的恒久性可以从能量守恒和遗传事实中推导出来。[32] 他利用生物学来支持天赋贵族的古老学说,并因此主张修改纯粹的民主。[33]

社会学方法最重要的变化是它与生物学的疏离和以心理学为基础进行社会研究的趋势。斯宾塞刚完成《社会学原理》后不久,当时的思想潮流就开始对他大为不利,他的方法受到的批判如此猛烈,以至于人们对他本人提出的限制条件视而不见。阿尔比恩·斯莫尔在1897年写道:

> 可以说,赫伯特·斯宾塞先生是一个毁誉参半的矛盾体……就引领半学习思想(semi-learned thought)的潮流而言,他可能比那个时代的任何人贡献都大,然而,他却亲耳听到他曾经的追随者们批判他的思想不合时宜……斯宾塞先生的社会学是一种往日的而非今时的社会学……斯宾塞的《社会学原理》其实是用所谓的生物学原理来解释社会关系。然而,当今的社会学家认为社会关系中的决定性因素是心理因素,而不是生物学因素。[34]

斯莫尔的观点广泛流行起来。西蒙·帕顿声称:"我认为生物学的偏见会造成对社会现象的错误理解,并让人们的活动朝着毫无成果的方向推进。"[35] 即使是信奉斯宾塞主义的吉丁斯也深受触动,承认"社会现象的严肃的研究者们均放弃了通过生物学类比来构建一门社会学科的尝试"[36]。罗斯的《社会学基础》(Foundations of Sociology,1905)批判了斯宾塞主义及其相关派别。阿尔比恩·斯莫尔注意到,社会学方法论发展的总体路线"从对社会结构的类比表

---

[31] *The Responsible State*, p. 107; *Studies in the Theory of Human Society*, pp. 16—17, 206—207, 226 和 chap. xiv; *The Elements of Sociology*, pp. 234—235, 293—295; *Inductive Sociology*, p. 6.

[32] "The Persistence of Competition," *Political Science Quarterly*, II(1887), 66.

[33] *The Responsible State*, p. 108; *The Elements of Sociology*, p. 317.

[34] "The Principles of Sociology," *American Journal of Sociology*, II(1897), 741—742.

[35] "The Failure of Biologic Sociology," *Annals of the American Academy of Political and Social Science*, IV(1894), 68—69. 然而,帕顿的文章被误用了,它要批判的正是发展了生物社会学的沃德。

[36] *Democracy and Empire*(New York, 1900), p. 29.

述逐渐转变为对社会过程的实际分析"。[37]斯莫尔与乔治·E. 文森特(George E. Vincent)合作撰写的《社会研究导论》(*Introduction to the Study of Society*, 1894)就曾适度运用了类比表述。20 年后,斯莫尔承认:"这种空虚的作品现在让我的牙齿直打战。"[38]在《物种起源》出版的 50 年后,查尔斯·A. 埃尔伍德(Charles A. Ellwood)写道,他发现达尔文主义对社会学非常有用,但是反对斯宾塞将自然原理和机械论植入社会。斯宾塞的解释"从根本上来说与社会生活格格不入,因而注定要失败"[39]。詹姆斯·马克·鲍德温(James Mark Baldwin)也表示同意:

> 这种尝试——借助斯宾塞的影响力,通过严格类比现实世界的有机体来解释社会组织——一度非常流行,但现在已经名声扫地了。如果对最基本的心理学原理稍作考察,就会发现,这种观点是根本站不住脚的。[40]

这种借鉴心理学而非生物学的趋势与沃德呼吁对文明的精神要素进行适当评估的做法如出一辙,并且这种趋势也发生在他的领导之下。社会理论中最富成果的创新者所接纳的心理学与沃德或斯宾塞的心理学相比并不那么传统,其推动力主要来自詹姆斯和杜威的工作成果。在他们之前,心理学一直受制于传统的享乐主义。斯宾塞和沃德对于人类动机的观念,就像凡勃伦批判的古典经济学家的观念那样,很大程度上局限于快乐—痛苦、刺激—反应的范畴。新的心理学——最杰出的代表人物是杜威和凡勃伦——将有机体描述为一种偏好、兴趣和习惯的结构体,而不仅仅是接收和表达快乐—痛苦和刺激—反应的机器。

此外,这种全新的心理学是一种真正的社会心理学。杜威和凡勃伦强调个体反应模式的社会条件作用;查尔斯·H. 库利(Charles H. Cooly)的社会理论和詹姆斯·马克·鲍德温的心理学的核心原则是,坚持主张个人心理与社会环

---

[37] *General Sociology*, p. ix.
[38] "Fifty Years of Sociology in the United States," *American Journal of Sociology*, XXI(1916), 773.
[39] "The Influence of Darwin on Sociology," *Psychological Review*, N. S., XVI(1909), 189.
[40] *Darwin and the Humanities*, p. 40. 另见 *Social and Ethical Interpretations in Mental Development* (New York, 1897), pp. 520—523。

境不可能相互隔绝。㊶ 之前的心理学是原子论的(atomistic)。例如,斯宾塞曾在某种程度上将社会视为个体成员的性格和本能无意识的结果。因此,他得出结论:社会的进步必定是一个缓慢的进化过程,它等待着"适应"现代工业社会生存条件的个人特征的逐步增加。新的心理学已经预见到个人品性与社会制度结构相互依存的关系,试图摧毁这种单向的社会因果关系并批判这种观念潜在的个人主义。鲍德温写道:"个人是其社会生活的产物,而社会是这些个体的组织。"㊷库利社会心理学的论点是:"人的心理是一体的,不能分割为社会性和非社会性;但从更广泛的意义上来说,个体完全是社会性的,这是普遍的人类生活的一部分……"㊸约翰·杜威分析了这种人性观对社会行为的影响:

> 我们可能都希望废除战争,实现行业公正,让所有人都拥有更加平等的机会。然而,再怎么宣扬善意或黄金法则,或是培养爱与公正的情绪,都于事无补。必须改变客观制度安排。我们必须致力于改善环境,而不仅仅是人的心灵。㊹

然而,不应夸大社会理论变革的速度。自1908年问世以来,威廉·麦克杜格尔(William McDougall)的《社会心理学导论》(*Introduction to Social Psychology*)多年来一直是该领域最受欢迎的书;麦克杜格尔是"心灵固定结构"理论最为杰出的支持者。麦克杜格尔从可以追溯到人类生物学历史早期的本能中,得出人类才智的显著特征。对于那些受到麦克杜格尔本能理论影响的人而言,对社会现象进行文化分析的这种进步十分困难,就像那些受到斯宾塞影响的上一代人一样。㊺

受当时的人道主义和大众政治复兴的影响,这种新的社会学在进步主义的

㊶ 见 Dewey, "The Need for Social Psychology," *Psychological Review*, XXIV(1917); Cooley, *Human Nature and the Social Order*,尤其是 chap. i。库利承认受到威廉·詹姆斯和鲍德温的指导(p. 90 n.)。另比较 Cooley, *Social Organization*, chap. i; Baldwin, *Social and Ethical Interpretations in Mental Development*, pp. 87—88; *The Individual and Society*, chap. i。许多作家深受法国社会心理学的影响,尤其是塔德(Tarde)。有关旧心理学和新趋势的分析,见 Fay Berger Karpf, *American Social Psychology*, pp. 25—40, 176—195, 216—245, 269—307, 327—350。

㊷ *The Individual and Society*, p. 118.

㊸ *Human Nature and the Social Order*, p. 12.

㊹ *Human Nature and Conduct*, pp. 21—22.

㊺ 这并非总是如此。罗斯使用了麦克杜格尔的本能理论,但他并没有放弃自己之前的观点。见 *Principles of Sociology* (New York, 1921), pp. 42—43。

思潮中持续发展。社会学家不再将该学科视为一种辩护自由放任主义的复杂方式。罗斯和库利等人拒绝将穷人视为不适者，也不再信仰所谓的"最适者"[46]。重要的是，作为社会学最受欢迎的代表人物[47]，罗斯符合典型的进步主义思想家的形象。他来自美国中西部，早年支持民粹主义，后来与许多丑闻揭露者成为朋友。他在许多正式的著作中表达了激进的反抗和改革精神。他解释说："莱斯特·弗兰克·沃德的实用主义对我影响深远，我不会对这位'谨言慎行'的社会学家毫不关心。"[48]罗斯在他早期的作品中猛烈抨击自然选择与经济过程之间的类比，并指责这种类比是"对达尔文主义的歪曲，发明出来是为商人的残酷无情辩护"[49]。在他的《罪恶与社会》(Sin and Society，1907)中，罗斯批评盛行的道德准则未能揭露现代社会冷漠的企业关系，也未能将社会弊病归咎于作恶者。斯宾塞曾希望通过社会学教会人们放任自由，而正是在这样一门学科中，改革的精神得到了释放。

四

就在社会达尔文主义遭到社会理论家日益猛烈批评的那几年，它在优生学运动文献中以某种新的形式复兴了起来。随着医生和生物学家开展大量重要的基因研究，优生学与其说是一门社会哲学，不如说是一门科学；但在优生学的大多数拥护者看来，它对社会思想产生了深刻的影响。

自然选择理论(假设亲代的变异可以遗传)极大地刺激了对遗传的研究。人们普遍对遗传性状的范围和多样性深信不疑，几乎到了无以复加的地步。在达尔文主义受到公众认可的那几年里，达尔文的堂兄弗朗西斯·高尔顿(Francis Galton)奠定了优生学运动的基础，并创造了"优生学"(eugenics)这个名词。在美国，理查德·杜格代尔(Richard Dugdale)于1877年出版了《朱克家族》

---

[46] 可比较 Cooley, *Social Organization*, pp. 120, 258—261, 291—296; *Social Process*, pp. 226—231。
[47] 罗斯表示，他的24本书已售出超过300 000册。*Seventy Years of It*, pp. 95, 299。
[48] 同上，p. 180。
[49] *Principles of Sociology*, pp. 108—109; *Foundations of Sociology*, pp. 341—343; *Sin and Society* (New York, 1907), p. 53; *Seventy Years of It*, p. 55。

(*The Jukes*),尽管作者比之后的优生论者更加认可环境因素[50],但这本书还是支持疾病、贫困和道德败坏在很大程度上是由遗传控制的观点。虽然高尔顿首次涉足遗传领域,但他的研究成果丰硕并受到高度评价,其著作包括《遗传的天赋》(*Hereditary Genius*,1869)、《论人类才能及其发展》(*Inquiries into Human Faculty*,1883)和《国民的遗传》(*National Inheritance*,1889)。直到世纪之交,优生学运动才开始有组织地发展,首先是在英国,然后是在美国。之后优生学的发展速度如此之快,到1915年,它已经发展成为一种狂热。虽然优生学从未被如此广泛地讨论过,但事实证明,它是社会达尔文主义最经久不衰的一个方面。

1894年,阿莫斯·G.华纳(Amos G. Warner)在他的《美国慈善事业》(*American Charities*)中,试图全力解决贫困背景下遗传和环境相对重要性的问题。[51] 在世纪之交,人们对遗传性状的社会意义越来越感兴趣。[52] 成立于1903年的美国饲养者协会迅速发展为优生学的一个强大分支。到1913年,它的影响力如此之大,其名称更改为"美国遗传协会"。1910年,一群优生论者在E.H.哈里曼夫人(Mrs. E. H. Harriman)的资助下,在冷泉港成立了优生学档案馆(Eugenics Record Office),成为优生学的实验室和宣传的大本营。

1914年举行的全国人种改良会议表明,优生学的概念已彻底深入医学界、大学、社会工作和慈善组织。[53] 优生学运动的思想自1907年开始得到实际应用,当时印第安纳州成为第一个采纳绝育法的州。到1915年,已有12个州通过了类似的法律。[54]

毫无疑问,美国生活的快速城市化进程与优生学的兴起有很大关系,城市化产生了大量贫民窟,那里聚集了众多患病者、残疾人和患精神疾病者。随着人们对慈善事业的兴趣与日俱增,对医院和慈善机构的捐赠和公共卫生的拨款

---

[50] 见 *The Jukes*(New York,1877),pp. 26,39。

[51] *American Charities*,chaps. iii-v.

[52] 关于这一时期典型的危言耸听的观点,见 W. Duncan McKim, *Heredity and Human Progress*(New York,1899)。有关环境保护论者观点的温和表述,见 John R. Commons,"*Natural Selection, Social Selection, and Heredity*," Arena,XVIII(1897),90—97。

[53] *Proceedings of the First National Conference on Race Betterment*(Battle Creek,1914).

[54] 关于优生立法进展的回顾,见 H. H. Laughlin, *Eugenical Sterilization*:1926(New Haven,1926),pp. 10—18。

不断增多,优生学运动也受到大力支持。尤其是 1900 年以后,美国精神病学的迅速发展大大推动了对精神疾病和生理缺陷的研究。随着大城市中越来越多的拥有病患和残疾人的家庭引起医生和社会工作者的注意,很容易将不断增加的已知病例总数同实际增长量混淆。来自中欧和南欧农民国家的大量移民涌入美国,但由于他们质朴的习惯和语言障碍而难以融入美国社会,这也让人们更加信服"移民正在降低美国智力标准"的观点;至少在本土主义者看来就是如此,他们认为熟练掌握英语是衡量智识的自然标准。很多观察家将 19 世纪末经济的明显减速视为国家衰退的开始;将这种明显的社会衰退归咎于因"典型美国人"消失而导致的生物退化,是达尔文主义时代的习惯。[55]

在科学家和医生中,多项生物学的发现进一步推动了优生学运动。魏斯曼的种质学说(germ-plasm theory)激发了人们通过遗传方法来研究社会理论。[56] 1900 年,德弗里斯和其他学者重新发现了孟德尔的遗传研究,这促使遗传学家们掌握了他们的研究所缺乏的组织原则,让他们对预测和控制研究的可能性重拾信心。

优生论者很少自认为是社会哲学家或提供完整的社会重建计划,他们有时会谨慎地利用环境来论证他们的遗传论点,但这并不妨碍他们采用生物学方法来进行社会分析,尽管与此同时,社会理论的领导人物都已经放弃这种方法。威廉·E. 凯利科特(William E. Kellicott)发表以下言论时,可能是在为大多数优生论者辩护:"优生主义者认为,在决定社会条件和实践方面,任何其他单个因素都没有种族结构的完整性和健全性重要。"[57]

早期的优生主义者默认把上层阶级和"适者"画等号,把下层阶级与"不适者"画等号,这是早期社会达尔文主义的特征。他们警告称,社会底层的白痴数量大幅增加,并且他们习惯性地谈论"适者",好像他们都是土生土长、富裕且受过大学教育的公民。这种警告证实了以下陈旧的观念,即穷人之所以受到限

---

[55] 见 John Denison, "The Survival of the American Type," *Atlantic Monthly*, XXXV(1895), 16—28。见查尔斯·B. 达文波特于 *Eugenics: Twelve University Lectures* (New York, 1914), p. 11。

[56] 见 Paul Popenoe 和 Roswell H. Johnson, *Applied Eugenics*, chap. ii。

[57] *The Social Direction of Human Evolution*, p. 44. 对优生学理论中这种倾向的批判,见 G. Spiller 的优秀文章 "Darwinism and Sociology," *Sociological Review*, VII(1914), 232—253; 以及 Clarence M. Case, "Eugenics as a Social Philosophy," *Journal of Applied Sociology*, VII(1922), 1—12。

制,是因为生物学上的缺陷而不是环境条件的束缚。他们几乎完全专注于人类生活的肉体和医疗方面,这有助于分散公众对于广泛的社会福利问题的注意力。他们也要对通过"人种储备"来拯救国家这种论调负大部分责任。这与西奥多·罗斯福这样的激进民族主义者可谓意气相投。[58] 然而,他们与早期的社会达尔文主义者的不同之处在于,他们没有得出影响广泛的自由放任结论;实际上,他们的计划部分取决于国家行动。不过他们的总体偏见几乎都同样保守;而且他们的生物学数据看起来如此权威,以至于说服了像罗斯这样彻底否定斯宾塞式个人主义的人物。

早期的优生主义者并没有认真质疑弗朗西斯·高尔顿爵士的社会成见。高尔顿和鲍恩、萨姆纳、亚瑟·莱瑟姆·佩里一样,都假定存在自由竞争秩序,根据能力分配奖励。他深信"成就卓越的人和天生有能力的人,在很大程度上是等同的"。他补充道:"如果一个人天生拥有超凡的智力、渴望投入工作且有着强大的工作能力,我无法理解这样的人为何会受到抑制。"高尔顿坚持认为,"社会障碍"不能阻止能力强的人成为杰出人才,另一方面,"社会优势也不足以让能力普通的人拥有这种显赫的地位"。[59]

卡尔·皮尔逊(Karl Pearson)估计,遗传因素占一个人能力的十分之九,这为优生学定下了基调。[60] 亨利·戈达德(Henry Goddard)在研究卡利卡克家族后得出结论,低能是导致社会出现穷人、罪犯、妓女和酒鬼的"罪魁祸首"。[61] 大卫·斯塔尔·乔丹(David Starr Jordan)宣称,"贫穷、肮脏和犯罪"可以归咎于人低劣的本质,并补充道:"造成剥削和暴政的不是强者的力量,而是弱者的无能。"[62] 著名医生卢埃利斯·F. 巴克(Lewellys F. Barker)提出,适者和不适者的相对生育能力可以解释国家的衰落。[63] 美国优生学的领军人物查尔斯·B. 达文波特(Charles B. Davenport)质疑主导当前社会实践的环保主义假设,并认为

---

[58] 卡尔·皮尔逊是高尔顿在优生学领域国际领导地位的继任者,在《科学视角中的国民生活》(*National Life from the Standpoint of Science*, London, 1901)这本小书中,他所表达出的社会哲学与德国军国主义者最糟糕的情感表露一样残酷。

[59] *Hereditary Genius* (rev. Amer. ed., New York, 1871), pp. 14, 38—39, 41, 49.

[60] 被 Harvey E. Jordan 转引自 *Eugenics: Twelve University Lectures*, p. 110.

[61] *The Kallikak Family* (New York, 1911), p. 116.

[62] *The Heredity of Richard Roe* (Boston, 1911), p. 35.

[63] "The Importance of the Eugenics Movement and its Relation to Social Hygiene," *Journal of the American Medical Association*, LIV(1910), 2018.

"当今社会科学进步的最大需要是获得更多关于人的个体特征及其遗传方式精确数据"[64]。

爱德华·李·桑代克(Edward Lee Thorndike)在教育者中大力传播心智遗传的优生学观点。桑代克认为,人的"绝对"成就会受到环境和训练的影响,但是他们的"相对"成就,即他们在与他人相互竞争中的相对表现,只能通过初始能力来解释。[65]从根本上说,人种族群的健全和合理创造了环境,而不是反过来。"没有任何确定和合算的方法来改善人的环境,正如不可能改善人的本质一样。"[66]对于教育政策,这种观点要求开发少数能力出众者的智识,而对平庸的人只提供有限的职业培训。[67]

波普诺和约翰逊(Popenoe and Johnson)在他们广受欢迎的教科书《应用优生学》(*Applied Eugenics*)中,详细讨论了优生学观点对社会政策的影响。他们赞成的改革包括巨额遗产税、返乡运动、废除童工和实行义务教育。农村生活将抵消城市社会中非优生的不良结果。废除童工会限制穷人生育。义务教育也会有同样的效果,因为孩子会成为父母新的开支来源;但与此同时,不应提供免费午餐、免费教科书或其他会降低儿童抚养成本的补助形式。这两位作者反对最低工资法和工会,理由是,这两种制度都偏向支持低等工人,而不利于高级工人,因为固定行业工资忽略了个人价值。他们还反对社会主义——这种信仰相信环境变化会带来益处,相信人人平等;他们还确实与个人主义决裂,因为优生学追求的社会目标要求个体具有一定程度的服从。[68]

尽管优生主义者经常攻击杰斐逊的自然平等学说,但很少有人敢于挑战民主政府的理想。当著名的民主批评家阿莱恩·爱尔兰(Alleyne Ireland)在《遗传学杂志》(*Journal of Heredity*)上写道,魏斯曼的种质理论排除了劣等人通

---

[64] "Influence of Heredity on Human Society," *Annals of the American Academy of Political and Social Science*, XXXIV(1909),16,21. Cf. Davenport, *Heredity in Relation to Eugenics*, pp. 254—255; Edwin G. Conklin, *Heredity and Environment in the Development of Men*(Princeton,1915),p. 206.

[65] "Eugenics: with Special Reference to Intellect and Character," *Popular Science Monthly*, LXXXIII(1913),128. Cf. Thorndike's *Educational Psychology*(New York,1914),III,310 ff.

[66] "Eugenics," *Popular Science Monthly*, LXXXIII(1913),134.

[67] 关于遗传在桑代克教育哲学中的地位,见 Curti, *The Social Ideas of American Educators*, pp. 473 ff. 另见桑代克对莱斯特·沃德《应用社会学》的评论,"A Sociologist's Theory of Education," *Bookman*, XXIV(1906),290—294。

[68] Popenoe and Johnson, *op. cit.*, chap. xviii,"The Eugenic Aspect of Some Specific Reforms."

过教育和培训代代得以改良的可能性,这无疑削弱了民主的智力根基。此话一出,他立即受到了一些生物学家的批判,这些人认为,自然不平等和民主政府之间没有任何必然矛盾。[69]

一些生物学家对他们用科学方法解决政治问题的能力非常自信。随着第一次世界大战向世人展现出"专制独裁"的危险性,研究皇室遗传问题的弗雷德里克·亚当斯·伍兹(Frederick Adams Woods)指出,最专制的古罗马皇帝的血缘关系都非常亲近。他总结道,如果暴君很大程度上是遗传的结果,那么"消灭暴君的唯一方法就是控制他们出生的源头"。鉴于暴君就是其祖先类型的重塑,"可以通过控制婚姻,从源头上减少暴君的数量"[70]。

随着社会学中文化分析的趋势日益盛行,这场运动的意识形态遭到这一趋势的众多代表人物的抨击。莱斯特·沃德很早之前就试图驳斥高尔顿的观点,他认为优生学的意识形态对他的理论构成了威胁,因此他在《应用社会学》(*Applied Sociology*)中不惜花费重墨批判遗传论者的观点。在分析了高尔顿用来证明天才是遗传而来的案例后,沃德表示机会和教育也是普遍存在的。[71]

1897 年,受沃德早期工作的影响,查尔斯·霍顿·库利发表了一篇批判高尔顿论点的文章[72],指出高尔顿所有的"遗传天才"案例都涉及某些简单的工具——识字和阅读书籍的机会;如果没有这些工具,即便是天才也很难出人头地。库利指出,到 19 世纪中叶,英国平民中的文盲比例依然非常高,纵使这群文盲中的天才拥有惊人的天赋,恐怕也很难功成名就。[73] 阿尔伯特·加洛韦·凯勒也提醒优生主义者,他们的提议涉及对社会习俗的彻底改造,尤其是要改造根深蒂固的性别习俗。[74] 库利直言不讳地总结了成熟的社会学家对优生主义

---

[69] Alleyne Ireland,"Democracy and the Accepted Facts of Heredity," *Journal of Heredity*, IX (1918),339—342; O. F. Cook and Robert C. Cook,"Biology and Government," *ibid.*, X(1919),250—253; E. G. Conklin,"Heredity and Democracy, a Reply to Alleyne Ireland," *ibid.*, X(1919),161—163. Popenoe 和 Johnson 认为,生物学的事实要求实施一种"贵族民主制"(aristo-democracy),在保留民主议会制的同时,为专家的技能和培训提供空间。

[70] Frederick A. Woods,"Kaiserism and Heredity," *Journal of Heredity*, IX(1918),353.

[71] *Applied Sociology*, *passim*. 沃德的数据主要依据阿尔弗雷德·奥丁(Alfred Odin)的《伟人的诞生》(*Genèse des Grandes Hommes*,Paris,1895),它研究了 6 000 多名法国文人职业生涯的环境因素。

[72] Cooley to Ward,April 28,1898,Ward MSS,Autograph Letters,VII,8.

[73] "Genius,Fame,and the Comparison of Races," *Annals of the American Academy of Political and Social Science*, IX(1897),317—358.

[74] Keller,*op. cit.*, pp. 193 ff.

者所理解的社会因果关系的反对：

> 大多数优生学著作的作者是生物学家或医生，他们从未了解到那种认为在社会中存在一种有着自己独特的生命过程的心理有机体的观点。他们认为，人类遗传倾向于一种确定的行为模式，而环境既可以起到推动作用也有可能起阻碍作用，他们甚至不记得从达尔文那里学到的理论——只有放弃预先确定的适应机能，充分融入环境，遗传才能呈现出独特的人类特征。[75]

五

尽管优生学本质上是保守的，但这种狂热带有一种"改革"的气息，因为它出现在大多数美国人喜欢将自己视为改革者的时代。与其他改革运动一样，优生学接受国家采取行动实现共同目标的原则，并代表了集体的共同命运而非个人的成功。

这对进步时代的总体思潮具有重要意义。社会思想的主导模式发生转变的一个突出特征就是更加重视生活的集体方面。这种新的集体主义并不是社会主义，而是由于人们认识到人的心理和道德息息相关。它在富丽辉煌和贫困不堪的共存中看到了一种超出天意偶然性的存在。人们拒绝将自我主张作为一种合适的解决方案，而是转向集体的社会行动。

普通人政治观念的变化导致社会科学工作者的基本思想方法发生变化。19世纪的形式主义思想构建于原子论的个人主义之上。人们曾认为，社会是个体行动者的松散集合。社会进步取决于他们个人素质的提高，取决于他们充沛的精力和节俭精神；在这些人中，最强、最优秀者跃至社会顶端，领导其他人；他们的英雄事迹是理想的历史题材；能为他们的活动提供最广阔的空间的法律就是最好的法律；那些培育出最多此类领导人的国家就是最好的国家；救赎之道是让培养这些领袖并将世界事务交由他们掌管的自然过程畅通无阻。

这种思维模式是静态的；它似乎在鼓励演绎推理而非探究；它的基本作用就是合理化现有制度。相对而言，那些对这种思想感到自满的人认为，根本不

---

[75] *Social Process*, p. 206.

需要进行具体的学术研究,甚至无须为他们的概念抽象进行重大革新。

从美西战争到第一次世界大战爆发期间,美国社会动荡不安,思辨思维模式也不可避免地受到影响。那些支持进步时代新思想的批评家一再抨击旧的思想体系。这种不满引发的思想领域的摩擦使得历史、经济学、社会学、人类学和法律领域诞生了一批极富才智的学者,他们的热情得到激发,批判才能获得释放。结果带来了美国社会思想的小复兴,短短几年间,查尔斯·A. 比尔德、弗雷德里克·杰克逊·特纳(Frederick Jackson Turner)、索尔斯坦·凡勃伦、约翰·R. 康芒斯、约翰·杜威、弗朗茨·博厄斯(Franz Boas)、路易斯·D. 布兰戴斯(Louis D. Brandeis)和奥利弗·温德尔·霍姆斯等人开始崭露头角。

列举这次复兴的成就比较简单,概括其思想上的假设就没那么容易了,但其主要人物确实在某方面看法相同,他们都将社会视为一个整体,而不是孤立个体的集合。他们都认为,当前需要的是实证研究和准确描述,而不是某些传统的理论思辨。

查尔斯·比尔德对宪法起源的研究和弗雷德里克·杰克逊·特纳从环境和经济角度解读美国发展的尝试,标志着对历史上祖先崇拜的彻底背离。布兰戴斯首次起草了一份基于社会学事实论证的辩护词,支持一项规范私营企业劳动条件的州法律,开创了新的法律辩护形式。弗朗茨·博厄斯引领着一代人类学家从单线进化论转向文化史的研究,并成为批判种族理论的急先锋。约翰·杜威将哲学发展为其他学科的研究工具,并将其卓有成效地应用于心理学、社会学、教育学和政治学。凡勃伦揭露了主流经济理论在思想上的贫瘠,并提出对经济生活的事实进行制度上的分析。

根据当时的时代精神,社会科学中最具独创性的思想家已经不再将从各个层面上合理化和维持现有社会作为主要目标。他们试图准确地描述它,从新的角度来理解它,并对它作出改进。

第九章

种族主义和帝国主义

> 所有国家发展的残酷性都是显而易见的,我们不能为这一点找任何借口。掩盖这一点就是否认事实;美化这一点就是为真相辩解。除了我们的理想,生活中就几乎没有什么是不残酷的。随着我们不断增加个人及其集体活动的总和,我们也相应地提高了残酷性。
>
> ——荷马·李将军

> 在这个世界上,一个畏惧战争、闭关锁国、贪图安宁享乐的民族,在其他好战、爱冒险的民族的进攻面前是肯定要衰败的。
>
> ——西奥多·罗斯福

一

1898年,美国与西班牙打了一场为期三个月的战争。美国通过条约从西班牙手中夺走了菲律宾群岛,正式吞并了夏威夷群岛。1899年,美国通过与德国签订的协议瓜分了萨摩亚群岛,并在"门户开放"(Open Door)照会中阐述了其有关西方国家在华利益的政策。1900年,美国人参与镇压了中国义和团运动。

到 1902 年，美国军队镇压了菲律宾的反抗；同一年，菲律宾群岛被列为无组织领土。

随着美国登上帝国舞台，美国思想再次转向关注战争和帝国这两个主题；扩张和征服的反对者及捍卫者分别为其事业提出了论据。按照 19 世纪晚期出现的思考方式，这些人试图在自然界中为自己的理想找到更为合理的理由。

利用自然选择为军国主义或帝国主义辩护，在欧美思想中并不新鲜。帝国主义者呼吁，运用达尔文主义捍卫他们对弱势种族的征服行动，为此，他们引用的是《物种起源》的副标题——"在生存斗争中保存优良族群"（The Preservation of Favored Races in the Struggle for Life）。达尔文谈论的对象是鸽子，但帝国主义者看不出为何其理论不应适用于人类，而且自然主义世界观的整体精神似乎要求应当坚决而彻底地应用生物学概念。达尔文自己不是曾在《人类的由来》一书中洋洋自得地写道，落后种族可能会在高等文明进步之前消失吗？① 军国主义者也可以将淘汰不适者的严酷事实，用作培养武德和保持国家实力的迫切理由。普法战争后，双方首次引用达尔文主义解释战争事实。② 麦克斯·诺道（Max Nordau）在 1889 年出版的《北美评论》中解释说："所有战争倡导者中，最权威者就是达尔文。自进化论问世以来，战争倡导者就可以借用达尔文的名义掩盖野蛮行径，把他们内心深处的血腥本能，谎称为符合科学原理的最终定论。"③

然而，无论是在美国还是在西欧，人们都很容易夸大达尔文对于种族理论或军国主义的重要性。武力哲学和强权政治（Machtpolitik）早在达尔文提出相关理论之前就已形成。严格地说，种族主义也并非后达尔文主义现象。戈比瑙（Gobineau）所著《人种不平等论》（*Essai sur l'inégalité des Races Humaines*）成为"雅利安人至上论"历史中的一座里程碑，此书出版于 1853—1855 年，并未受益于自然选择思想。美国人长期与印第安人在边疆地区开展战争，美国南方

---

① 达尔文本人并不是明确的社会达尔文主义者，但这并不影响这种呼吁。有关达尔文就社会达尔文主义发挥作用的讨论，见 Bernhard J. Stern, *Science and Society*, VI(1942), 75—78。

② Jacques Novicow, *La Critique du Darwinism Social* (Paris, 1910), pp. 12—15. Carlton J. H. Hayes, *A Generation of Materialism*, pp. 12—13, 246, 255 ff., 以及 Jacques Barzun, *Darwin, Marx, Wagner*, *passim* 均探讨了达尔文主义对欧洲文化中的军国主义和帝国主义发挥的影响。

③ "The Philosophy and Morals of War," *North American Review*, CLXIX(1889), 794.

政治家和政论家支持奴隶制论点,种族优越的观念已经彻底地深入美国人脑海。当达尔文还在私下里犹豫不决地勾勒其理论时,种族命运理论就已被美国扩张主义者用于支持征服墨西哥。一位扩张主义者写道:"墨西哥人现在从北方土著人的命运中看到了他们不可避免的命运。墨西哥人必须融入或消失于盎格鲁—撒克逊种族(the Anglo-Saxon race)的优越力量之中,否则他们将彻底灭亡。"④

盎格鲁—撒克逊教条成了帝国主义时代美国种族主义的主要构成因素,一度对美国历史学家产生了极其强大的影响,但其神秘性(mystique)的起源或发展并不依赖于达尔文主义。如果说爱德华·奥古斯都·弗里曼(Edward Augustus Freeman)的《诺曼人征服英格兰史》(*History of the Norman Conquest of England*,1867—1879),或查尔斯·金斯利(Charles Kingsley)的《罗马人和日耳曼人》(*The Roman and the Teuton*,1864)等著名英格兰盎格鲁—撒克逊历史著作很大程度上要归功于生物学,这确实值得怀疑;同样地,约翰·米切尔·肯布尔(John Mitchell Kemble)的《英格兰的撒克逊人》(*The Saxons in England*,1849)也不可能受到适者生存理论的启发。和其他种族主义理论一样,盎格鲁—撒克逊主义是现代民族主义和浪漫主义运动的产物,而非生物科学的产物。一个国家是一个必须成长或衰退有机体的观点无疑从达尔文主义中吸取了额外发展动力,但这一观点甚至在1859年之前就已被"昭昭天命"(Manifest Destiny)的支持者引用。⑤

尽管如此,达尔文主义还是用于服务帝国的欲望。虽然达尔文主义不是19世纪后期好战意识形态和教条主义种族主义的主要来源,但达尔文主义确实成了种族和斗争理论家手中的一件新工具。达尔文将自然界描绘成战场,这与好战时代的主流观念相似,在这个时代,冯·毛奇(von Moltke)写道,"战争是上帝建立的世界秩序的一个组成要素……(没有战争)世界将停滞不前,迷失在唯物主义中"。达尔文的观点与好战时代的主流观念非常相似,人们很难不注意到这一相似性。然而在美国,这种坦率而残酷的军国主义,远没有盎格鲁—撒

---

④ 由 Julius W. Pratt 转引自 "The Ideology of American Expansion," *Essays in Honor of William E. Dodd* (Chicago, 1935), p. 344。

⑤ Albert J. Weinberg, *Manifest Destiny*, chap. vii.

克逊人为了和平与自由而统治世界的仁慈观念那么流行。1885年后的几十年里,盎格鲁—撒克逊主义无论是好战还是热爱和平,都是美国帝国主义的抽象理论基础。

达尔文主义情绪支撑着对盎格鲁—撒克逊种族优越性的信念,这一信念在19世纪后半叶令许多美国思想家着迷。盎格鲁—撒克逊这个"种族"取得的世界统治地位,似乎证明了它是最适者。此外,在19世纪70—80年代,盎格鲁—撒克逊学派的许多历史观开始反映生物学的进步和其他思想领域的相关发展。有一段时间,美国历史学家陷入了科学理想的魔咒,梦想着发展出一门可与生物科学媲美的历史科学。[6] 美国历史学家信仰的要旨可以在爱德华·奥古斯都·弗里曼的《比较政治学》(*Comparative Politics*,1874)一书中找到。在这本书中,弗里曼结合了比较方法与盎格鲁—撒克逊优越性的观点。他写道:"就比较政治学的研究而言,政治宪法是要被研究、分类和贴标签的标本,就像人们研究建筑物或动物时所做的那样。"[7]

如果维多利亚时代的学者把政治宪法当作动物一样进行分类和比较,那么某些民族的政治方法极有可能比其他民族的政治方法更受青睐。受语言学和神话学中比较方法结果的启发,特别是受爱德华·泰勒和麦克斯·穆勒(Max Muller)工作的启发,弗里曼试图用此方法追溯雅利安人原始制度中最初出现的一致性迹象,特别是在"雅利安人三个最杰出的分支,即希腊人、罗马人和日耳曼人"之中追溯一致性迹象。

赫伯特·巴克斯特·亚当斯(Herbert Baxter Adams)在约翰·霍普金斯大学举办那场具有重大历史意义的研讨会时,得到了弗里曼的正式支持;弗里曼的名言"历史是过去的政治,政治是现在的历史"出现在了亚当斯研讨会上涌现的历史研究文献中。从约翰·霍普金斯学派获得灵感的整整一代历史学家,都可以像亨利·亚当斯那样说:"我顺从地投入了历史意义上的盎格鲁—撒克逊人的怀抱。"[8] 盎格鲁—撒克逊学派的主要观点是,英国和美国的民主制度,特

---

[6] 见 W. Stull Holt,"The Idea of Scientific History in America," *Journal of the History of Ideas*, I(1940),352—362。

[7] *Comparative Politics* (New York,1874),p.23.

[8] *The Letters of Henry Adams*,II,532.

别是新英格兰市民大会,可以追溯到早期日耳曼部落的原始制度。[9] 尽管在细节上存在分歧,但约翰·霍普金斯学派的历史学家们在对高大、金发、民主的日耳曼人的描述以及日耳曼人自治谱系的问题上达成了普遍共识。詹姆斯·K.霍斯默(James K. Hosmer)所著的《盎格鲁—撒克逊自由简史》(*Short History of Anglo-Saxon Freedom*)于1890年出版,该书使用通俗的语言恰当地表述了该学派观点。此书借鉴盎格鲁—撒克逊人领土(Anglo-Saxondom)的全部文献,确立了"民有、民治"的政府观点起源于古代盎格鲁—撒克逊人的论点。霍斯默写道:

> 尽管除俄罗斯之外,欧洲每个国家都或多或少地采用(用"模仿"或许更为恰当)了盎格鲁—撒克逊式的自由,亚洲的日本也采用了这种自由,但是未来自由的希望仍然寄托在讲英语的民族(English-speaking race)身上。只有讲英语的民族才能在千难万险中保持这种自由;只有讲英语的民族才能完全适应这种自由;如果讲英语的种族人民可能消失,那么这种自由存在的概率就会十分渺茫……[10]

霍斯默和同时代的英国人约翰·理查德·格林(John Richard Green)一样乐观,他相信说英语的种族人数会大量增长,并将遍布新大陆(New World)、非洲和澳大利亚。霍斯默总结道:"不可避免的问题是,世界的首要地位将属于我们。英语制度、英语演讲、英语思想将成为人类政治、社会和知识生活的主要特征。"[11]因此,优胜劣汰将在未来世界政治中占据重要地位。

霍斯默对盎格鲁—撒克逊历史作出了重大贡献,约翰·W. 伯格斯(John W. Burgess)对政治理论也作出了重大贡献。伯格斯的《政治学和比较宪法学》(*Political Science and Comparative Constitutional Law*)与霍斯默的《盎格鲁—撒克逊自由简史》出版于同一年。《政治学和比较宪法学》提醒人们,注意德国和英国对美国盎格鲁—撒克逊崇拜思想的影响;伯格斯和赫伯特·巴克斯特·亚当斯一样,在德国接受了大部分研究生课程训练。伯格斯宣称,其作品的独特之处在于它使用的方法。"这是一项比较研究,是将自然科学领域卓有

---

[9] Edward Saveth, "Race and Nationalism in American Historiography: The Late Nineteenth Century," *Political Science Quarterly*, LXIV(1939), 421—441.

[10] *A Short History of Anglo-Saxon Freedom* (New York, 1890), p. 308.

[11] 同上, p. 309。

成效的方法应用于政治学和法理学的一种尝试。"伯格斯认为,政治能力不是所有国家都具备的禀赋,只有少数几个国家才具备这种禀赋。他认为,不同雅利安民族不同程度地表现出了最高的政治组织能力。在所有的雅利安民族中,只有"日耳曼人真正以其卓越的政治天才统治着世界"。

> 因此,不能假定每个民族都必须成为一个国家。如果我们可以根据历史判断的话,不具备政治禀赋的民族在政治上服从或依附于拥有政治禀赋的民族,似乎与国家的民族组织一样,都是世界文明的真正组成部分。我不认为亚洲和非洲可以以任何其他方式接受政治组织……民族国家是……世界上迄今为止针对整个政治组织问题提出的最现代化、最完整的解决方案;这一方案是日耳曼政治天才的创造,这一事实表明日耳曼民族是具备卓越政治才能的民族,并授权他们在全球各地承担建立和管理国家的领导责任……日耳曼民族永远不会把行使政治权力视为一种人权。对日耳曼民族来说,政治权力必须以履行政治职责的能力为基础,而他们则是迄今为止能够确定何时何地存在此能力的最佳团体。⑫

西奥多·罗斯福曾是伯格斯在哥伦比亚大学法学院的学生,也受到了种族扩张主义的启发。在历史著作《西方的胜利》(*The Winning of the West*)中,罗斯福从边民与印第安人斗争的故事中得出结论:白人的到来是不可阻挡的,一场你死我活的种族战争是不可避免的。⑬ 年轻的政治学者罗斯福写道:"在过去的三个世纪里,说英语的民族在全球荒蛮之地的扩张不仅是世界历史最为显著的特征,也是所有其他事件中最为重要、影响最为深远的事件。"罗斯福把这一伟大的扩张追溯至许多世纪以前,那时日耳曼部落从沼泽森林出发对外征服。美国的发展代表了这段强大种族发展史的最高成就。⑭

约翰·费斯克是美国最早的进化论、扩张主义和盎格鲁—撒克逊神话的集

---

⑫ *Political Science and Comparative Constitutional Law*, I, vi, 3—4, 39, 44—45.

⑬ 见 A. B. Hart 所作序言,载于 *The Works of Theodore Roosevelt*, VIII, xiv.

⑭ 同上,VIII, 3—4, 7。虽然罗斯福意识到了许多常见"种族"术语(如"雅利安人""日耳曼人"和"盎格鲁—撒克逊人")的空洞无物,但他仍然无法摆脱种族主义束缚。见 *ibid.*, XII, 40—41,以及罗斯福对 Houston Stewart Chamberlain 的评论,*ibid.*, 106—112。1896 年,罗斯福认为 Le Bon 提出的种族主义"非常正确、非常真实"。*Selections from the Correspondence of Theodore Roosevelt and Henry Cabot Lodge* (New York, 1925), I, 218.

大成者之一。费斯克的著作显示了斯宾塞理想的进化和平主义与继承这一主义的好战帝国主义之间的界限是多么脆弱。费斯克生性善良,其思想以斯宾塞提出的从好战主义过渡到工业化主义的理论为基础,他并不主张将暴力作为国家政策工具。然而,即使在费斯克笔下,进化论教条也是以狂妄的种族命运论形式出现的。在《宇宙哲学大纲》(Outlines of Cosmic Philosophy)中,费斯克追随斯宾塞接受了(家庭关系之外)冲突的普遍性是野蛮社会事实的观点;费斯克认为冲突是一种有效的选择手段。⑮ 但是,更优越、更分化和更融合的社会已经通过自然选择战胜了更落后的社会,大规模发动战争的力量集中在"掠夺活动最少、工业活动最多的社群"手中。所以,战争或破坏性竞争让位于工业社会的生产性竞争。⑯ 伴随好斗性的下降,征服的方法为联合的方法所取代。

费斯克长期以来信奉雅利安种族优越论⑰,也接受了"日耳曼人的"民主理论。⑱ 这一理论认可盎格鲁—撒克逊扩张附带的所有征服活动。在 18 世纪爆发的殖民斗争中,英国战胜法国,代表了工业主义对好战主义的胜利。美国打败西班牙并占领菲律宾群岛,被费斯克解读为西班牙殖民主义与讲英语民族更为优越方法之间冲突的高潮。⑲

1880 年,当费斯克应邀在英国皇家学院演讲时,他以"美国政治思想"为题做了三次演讲,这些演讲因为陈述了盎格鲁—撒克逊论点而广为人知。费斯克称赞古罗马帝国是一个和平机构,但认为古罗马帝国作为一个政治组织系统仍有不足之处,因为它未能将协调一致的行动与地方自治结合起来。代议制民主和新英格兰城镇中存在的地方自治可以解决这一古老需求。通过保留美国雅利安人祖先的质朴民主,美国联邦组织将使许多不同州的有效联盟成为可能。民主、多样性与和平将和谐共存。这一宏伟的雅利安人政治制度在世界各地的传播,以及战争的彻底消除,将是世界历史的下一步。

费斯克以达尔文主义特有的强调种族繁殖力的观点,详述了英美种族巨大的人口潜力。美国至少可以养活 7 亿人;几个世纪之内,英国人就会在非洲建

---

⑮ *Outlines of Cosmic Philosophy*,II,256 ff.
⑯ 同上,II,263。另见 *The Destiny of Man*,pp. 85 ff.。
⑰ *Outlines of Cosmic Philosophy*,II,341.
⑱ *Civil Government in the United States*,p. xiii;*American Political Ideas*,passim.
⑲ *A Century of Science*,p. 222;*American Political Ideas*,pp. 43—44.

起众多的城市、繁荣的农场、铁路、电报网络以及其他所有文明设施。这是英美种族的"昭昭天命"。地球上每一块尚未形成古老文明的土地,都应当讲英语、遵守英国人传统、拥有英国人的血统。未来五分之四的人类将是英国人后代。在全球各地,英美种族将把持海洋主权和商业优势,而英国人首次在新世界定居时,就已经开始逐步获得这种主权和优势了。[20] 如果美国放弃征收令人不快的关税,与世界其他国家自由竞争,那么美国当然会以和平的方式施加压力,令欧洲国家无法再负担得起军备费用,并最终发现和平与联邦的优势。因此,根据费斯克的说法,人类将最终脱离野蛮状态,成为真正的基督徒。[21]

即使是习惯于在讲台上取得成功的费斯克,也对这些演说在英国和美国国内激起的热情感到惊讶。[22] 1885 年发表在《哈珀杂志》(*Harper's*)上的关于"昭昭天命"的演讲,在美国各个城市重复开展了 20 多次。[23] 应海斯(Hayes)总统、首席大法官韦特(Waite)、马萨诸塞州参议员霍尔(Hoar)和道斯(Dawes)、谢尔曼(Sherman)将军、乔治·班克罗夫特(George Bancroft)以及其他人的请求,费斯克再次在华盛顿发表了演讲,在那里,他受到了政界人士的宴请并被介绍给内阁成员。[24]

然而,作为扩张主义代言人,费斯克的影响力与乔赛亚·斯特朗(Josiah Strong)牧师相比,只不过是小巫见大巫。斯特朗的《我们的国家:可能的未来和当前的危机》(*Our Country: Its Possible Future and Its Present Crisis*)一书于 1885 年出版,仅英文版很快就售出了 17.5 万册。时任美国福音协会秘书的斯特朗撰写此书的主要目的是为传教募集资金。斯特朗以不可思议的能力将达尔文和斯宾塞的著作与美国农村新教教徒的偏见融为一体,使这本书成为当时最具启发性的文献之一。斯特朗为美国的物质资源而欢欣鼓舞,但对美国的精神生活感到不满。斯特朗反对移民、天主教徒、摩门教徒、酒吧、烟草、大城市、社会主义者和财富集中,因为所有这些都是对美国的严重威胁。尽管如此,他仍然坚信普遍进步、物质和道德以及盎格鲁—撒克逊种族的未来。斯特朗用

---

[20] *American Political Ideas*, p. 135.
[21] 同上, pp. 140—145。
[22] Clark, *Life and Letters of John Fiske*, II, 139—140.
[23] *American Political Ideas*, p. 7.
[24] Clark, *op. cit.*, II, 165—167.

经济学观点支持帝国主义;他早于弗雷德里克·杰克逊·特纳10年,从公共土地即将枯竭这一事实中发现了国家发展的转折点。然而,正是盎格鲁—撒克逊主义将斯特朗的热情推向了最高点。斯特朗说道:

> 盎格鲁—撒克逊人是公民自由和纯粹精神基督教的传授者,他们……比任何其他欧洲种族的繁殖速度都快。盎格鲁—撒克逊种族已经拥有了地球领土的三分之一,随着该种族的不断发展,盎格鲁—撒克逊人会得到更多领土。到1980年,全世界的盎格鲁—撒克逊种族至少应该有7.13亿人。由于北美洲比英国这个小岛屿大得多,北美洲将成为盎格鲁—撒克逊人领土的中心所在。
>
> 如果人类进步遵循发展规律,如果"时间最高贵的后代是最后出现的",那么我们的文明应该是最高贵的;因为我们是"所有时代中最重要的继承人",我们不仅占据了权力的纬度,而且我们的土地也是这一纬度上最后才被占领的土地。北温带没有其他处女地。如果人类进步的顶峰不在这里,如果还有更高的文明之花,那么产生它的土壤在哪里呢?[25]

斯特朗继续指出,美国正在出现一种新的、更好的体格形态,比苏格兰人或英国人更大、更高、更强。斯特朗得意扬扬地指出,达尔文在《人类的由来》一书中写道,他从美国人的卓越活力中看到了自然选择发挥作用的例证:

> 有一种观点显然很有道理,即美国的伟大进步以及人民的性格都是自然选择的结果;因为在过去很长一段时间,来自欧洲各地更有活力、更不安分和更为勇敢的人们移居到了这个伟大国家,并且在这里取得了巨大成功。展望遥远的未来,我并不认为尊敬的津克(Zincke)牧师的观点过于夸张,津克曾说:"所有其他一系列事件——比如导致希腊精神文化的事件和导致罗马帝国的事件——只有在与……盎格鲁—撒克逊人向西方移民的大潮联系起来看的时候,或者说作为其附属品的时候,才显得有目的和有价值。"[26]

---

[25] *Our Country*, p. 168.

[26] 同上, p. 170, 引自 *The Descent of Man*, ed. unspecified, Part I, p. 142; 达尔文指的是津克的 *Last Winter in the United States* (London, 1868), p. 29。

回到主题,即世界上无人居住的土地正逐渐被填满,美国人很快就会像欧洲人和亚洲人一样面临生存压力,斯特朗宣称:

> 然后,世界将进入历史新阶段——种族的最后竞争阶段,而盎格鲁—撒克逊人正为此接受教育。如果我没看错,强大的盎格鲁—撒克逊种族将向墨西哥、中美洲和南美洲、海洋岛屿、非洲和更远的地方进发。还有谁会怀疑种族竞争的结果是"适者生存"吗?[27]

二

虽然具体的经济和战略利益——比如与对华贸易和海权的极端必要性——是帝国主义辩论中的突出问题,但是这场运动的理论基础却来自更普遍的意识形态概念。盎格鲁—撒克逊主义的吸引力体现在扩张主义运动政治领导人对盎格鲁—撒克逊主义的坚持上。参议员阿尔伯特·T. 贝弗里奇(Albert T. Beveridge)、亨利·卡伯特·洛奇(Henry Cabot Lodge)、西奥多·罗斯福的国务卿约翰·海伊以及罗斯福总统本人,都认为盎格鲁—撒克逊人的昭昭天命是不可避免的。在吞并菲律宾群岛的战斗中,当帝国政策这一更大的问题被公开辩论时,扩张主义者很快就援引了进步法则、不可避免的扩张趋势、盎格鲁—撒克逊人的"昭昭天命"和适者生存等理论。1899 年,贝弗里奇在参议院作证时大声疾呼道:

> 上帝一千年来一直在为讲英语的民族和日耳曼民族做准备,不是为了徒劳无益的自我陶醉。绝对不是!上帝让我们成为世界的主要组织者,在混乱的地方建立起制度……上帝使我们成为管理政府的能手,使我们有能力管理野蛮人和衰老落后的民族。[28]

西奥多·罗斯福在其最为著名的宣传帝国主义的演讲《勤奋的生活》(*The Strenuous Life*,1899)中警告说,在国际生存斗争中,民族有可能被消灭:

> 我们无法回避在夏威夷、古巴、波多黎各和菲律宾面临的责任。我们所能决定的是,我们是否应该以有助于国家荣誉的方式面对这些

---

[27] Strong, *op. cit.*, pp. 174—175。另可比较 Strong 的 *The New Era*(New York,1893),chap. iv。

[28] Claude Bowers, *Beveridge and the Progressive Era*(Cambridge,1932) p. 121.

问题,或者我们是否应该使我们处理这些新问题的方式成为美国历史上黑暗可耻的一页……凡怯懦、懒惰、不相信祖国的人,谨小慎微、丧失坚强斗志、"文明过头"的人,混沌无知的人,思想僵化的人,不能像刚毅有抱负的人那样被鼓舞振奋的人——总之,当看到国家有新的责任要承担时,所有这些人都退缩了……

所以同胞们,我要讲的是,我们的国家要求我们不能好逸恶劳,而只能过刻苦勤奋的生活。迫在眉睫的 20 世纪将决定许多国家的命运。假如我们只是一味地袖手旁观、贪图享乐、苟且偷安,假如我们面临激烈的竞争考验时不是冒着牺牲个人生命和失去亲人的危险去赢得胜利,而是落荒而逃的话,那么,更勇敢坚强的民族就会超越我们,最终得以统领世界。[29]

约翰·海伊在扩张冲动中发现了一种不可抗拒的"宇宙趋势"的迹象。"任何人、任何党派,都不可能与宇宙趋势作斗争而最后获得成功;无论人或事物多么聪明、多么受欢迎,都无法对抗这个时代的精神。"[30]几年后,另一位作家呼应道:"如果说历史给了我们什么教训的话,那就是,国家和个人一样,需要遵循存在的规律;在发展和衰落的过程中,国家都是条件的产物,在这些条件下,国家的意志只发挥了一部分作用,而且往往是最小一部分的作用。"[31]菲律宾问题有时被描绘成美国命运的分水岭;我们的决定将决定我们是应该经历一次比以往任何时候规模都更大的新扩张,还是作为一个衰老的民族重新陷入衰退。美国前驻暹罗大臣约翰·巴雷特(John Barrett)说:

现在到了一个关键时刻,美国应该全力以赴在为争夺太平洋霸权而展开的激烈斗争中保持领先地位。如果我们抓住机会,我们可能永远成为领导者;但如果我们现在落后,我们将继续落后,直到厄运来临。适者生存的规则既适用于动物王国,也适用于国家。这个残酷无情的原则在各种强大力量参与的残酷无情的竞争中得以运用;除非我们训练有素、能够忍耐,并且强大到能够跟上他人步伐,否则这些力量

---

[29] Roosevelt, *op. cit.*, XIII, 322—323, 331.

[30] Tyler Dennett, *John Hay* (New York, 1933), p. 278.

[31] John R. Dos Passos, *The Anglo-Saxon Century*, p. 4.

将无情地践踏我们。㉜

著名记者和经济学家查尔斯·A. 科南特(Charles A. Conant)对为剩余资本寻找出路的必要性感到不安。科南特认为：

> 如果当前经济秩序的整个结构不被一场社会革命所动摇……自我保护和适者生存的法则，正促使我们的人民走上一条毫无疑问背离过去政策的道路，但这条道路不可避免地因当前新条件和新要求而显得与众不同。㉝

科南特警告说，如果美国不立即抓住机遇，就有可能陷入衰落。㉞ 另一位作家不认为殖民扩张政策在美国历史上是什么新鲜事。我们已经殖民了西部。问题不在于我们现在是否应该继续从事殖民事业，而在于我们是否应该将殖民遗产转移到新渠道。"我们绝不能忘记，盎格鲁—撒克逊种族是一个热衷扩张的民族。"㉟

尽管盎格鲁—撒克逊的神秘性旨在维护强权扩张的利益，但它也有更加和平的一面。这一神秘主义的信徒通常认为自己与英格兰有着紧密联系；盎格鲁—撒克逊学派的历史学家强调共同政治遗产，在描写美国革命时，他们似乎认为，这场革命是长期共同政治演变史上的一个暂时性误解，或者对日渐衰弱的盎格鲁—撒克逊自由来说，是一种受欢迎的兴奋剂。

盎格鲁—撒克逊神话的产物是一场走向英美联盟的运动，这一运动在19世纪末迅速取得了一系列成果。尽管这场运动始终坚信种族优越性，但其动机是和平的，而非军国主义的；这场运动的追随者普遍认为，英美两国的谅解、联盟或联邦将开创一个普遍和平与自由的"黄金时代"㊱。任何可能的力量或力量组合都不足以挑战这一联盟。这个被参议员贝弗里奇称作"为饱受战争之苦的

㉜ "The Problem of the Philippines," *North American Review*, CLXVII(1898), 267.

㉝ "The Economic Basis of Imperialism," *ibid*., CLXVII(1898), 326.

㉞ "Can New Openings Be Found for Capital?" *Atlantic Monthly*, LXXXIV(1899), 600—608.

㉟ A. Lawrence Lowell, "The Colonial Expansion of the United States," *ibid*., LXXXIII(1899), 145—154.

㊱ George Burton Adams, "A Century of Anglo-Saxon Expansion," *Atlantic Monthly*, LXXIX(1897), 528—538; John R. Dos Passos, *op. cit*., p. x; Charles A. Gardiner, *The Proposed Anglo-Saxon Alliance*(New York, 1898), p. 26; Lyman Abbott, "The Basis of an Anglo-American Understanding," *North American Review*, CLXVI(1898), 513—521; John R. Procter, "Isolation or Imperialism," *Forum*, XXV(1898), 14—26.

世界永久和平而成立的讲英语人民的上帝联盟",将是世界发展的下一个阶段。英美团结的倡导者认为,斯宾塞从好战文化向和平文化的过渡,以及丁尼生(Tennyson)的"人类议会,世界联邦"即将成为现实。

　　1890年,詹姆斯·K.霍斯默呼吁建立一个力量强大到足以抵御斯拉夫人、印度人或中国人任何挑战的"讲英语的兄弟会"。志同道合的各国联合只是迈向人类兄弟会的第一步。㉟ 然而,直到1897年,美国对讲英语国家联盟的兴趣才导致了一场举足轻重的运动,这场运动得到了政论家、政治家、文学家和历史学家的支持。在与西班牙的战争中,当大多数欧洲大陆国家对美国利益采取敌对态度时,英国的友好态度令美国人感到欣慰。对俄罗斯的共同恐惧和对远东利益的认同感,进一步强化了英美两国对于共同种族命运的理解。一直存在于美国政治家之中的反英国情绪(罗斯福和洛奇是最为顽固的反英国者)得到了极大缓和。反帝国主义者卡尔·舒尔茨(Carl Schurz)认为,他草率地认为完全消除反英国情绪是美西战争最佳结果之一。㊳ 在委内瑞拉与圭亚那边界争端期间担任美国总统克利夫兰(Cleveland)国务卿的理查德·奥尔尼(Richard Olney)曾以挑衅的口吻告诉英国,美国的命令在西半球就是法律。彼时,奥尔尼写了一篇题为《美国在国际上的孤立》(The International Isolation of the United States)的文章,指出与英国开展贸易的好处,并警告在美国孤立于世界的时候不要奉行反英国政策。㊴ 奥尔尼认为,"家庭争吵"已经成为过去,表达了对英美外交合作的希望,同时提醒读者:"这是种族爱国主义,也是国家爱国主义。"即使是海军专家马汉(Mahan)也认可英国人,尽管他一度认为联盟运动为时尚早,但他对让英国人保留海军优势仍持足够友好的态度。㊵ 19世纪末的一段短暂时间里,盎格鲁—撒克逊运动在上层阶级中风靡一时,政治家们认真地讨论了可能的政治联盟。㊶

　　㊲　Hosmer, *op. cit.*, chap. xx.

　　㊳　Schurz, "The Anglo-American Friendship," *Atlantic Monthly*, LXXXII(1898), 436.

　　㊴　*Atlantic Monthly*, LXXI(1898), 577—588. Cf. Dos Passos, *op. cit.*, p. 57.

　　㊵　*The Interest of America in Sea Power*, pp. 27, 107—134.

　　㊶　Dennett, *op. cit.*, pp. 189, 219; Dos Passos, *op. cit.*, pp. 212—219, *passim*; *Selections from the Correspondence of Theodore Roosevelt and Henry Cabot Lodge*, I, 446; *An American Response to Expressions of English Sympathy*; Charles Waldstein, *The Expansion of Western Ideals and the World's Peace* (New York and London, 1899).

然而,盎格鲁—撒克逊崇拜必须与广大民众抗衡,因为这些民众的种族构成和文化背景使他们不受其宣传影响;甚至在拥有盎格鲁—撒克逊血统的人中间,这种崇拜的强烈吸引力也仅存于世纪之交那些激动人心的年头。"盎格鲁—撒克逊"一词冒犯了许多人,一些西部州召开了反对盎格鲁—撒克逊主义的抗议会议。[42] 怀疑英国是美国的政治传统,无法克服。1900年,约翰·海伊抱怨说:"报纸和政客普遍对英国抱有疯狂的仇恨。"[43] 第一次世界大战期间,当争取英美联盟的运动再次复兴时,"讲英语的"一词被用来代替"盎格鲁—撒克逊的",种族排斥不再是人们关注的焦点。[44] 然而,战后美国采取孤立主义的强大浪潮再次将这一运动一扫而空。

盎格鲁—撒克逊主义在范围和持续时间上都是有限的。作为一种民族自立学说,它的影响旷日持久,但作为一种盎格鲁—撒克逊世界秩序学说,它的影响却转瞬即逝。即使是"英美治世"(Pax Anglo-Americana)梦想者的良好理想,也只有在现实政治(Realpolitik)的需要下,作为暂时和解的正当理由才有实际意义。一个对自身生物学优势和神圣使命充满信心的"优越"种族能够强加世界和平的日子尚未到来。

三

由于缺乏有影响力的军人阶层,美国从未发展出一个强大的、大胆到为了战争而美化战争的军事崇拜思想。类似罗斯福《勤奋的生活》演讲这样带有强烈情绪的事件的爆发十分罕见;对美国作家来说,赞美战争对种族的影响同样非常罕见,尽管马汉支持者之一海军少将斯蒂芬·B.卢斯(Stephen B. Luce)曾经宣称战争是人类冲突的伟大媒介之一,"有机世界中某种形式存在的冲突似乎是一个存在法则……如果暂时停止这场名为生命之战的斗争,死亡就会胜利"[45]。大多数研究战争的作家似乎同意斯宾塞的观点,即军事冲突对发展原始

---

[42] Waldstein, *op. cit.*, pp. 20, 22 ff.
[43] William R. Thayer, *Life and Letters of John Hay* (Boston, 1915), II, 234.
[44] 最具意义的讨论是 George L. Beer, *The English Speaking Peoples* (New York, 1917)。
[45] Stephen B. Luce, "The Benefits of War," *North American Review*, CLIII (1891), 677.

文明曾大有裨益,但现在早已失去了作为进步工具的价值。⑭

主张备战的人通常不采取战争本身有什么可取之处的立场,而是引用古老的格言:"欲求和平,必先备战。"马汉承认:"我们应当崇拜和平,将其视为人类必须希望达到的目标;但我们不要幻想能像小男孩从树上拧下未成熟果实那样轻易就能获得和平。"⑮

其他人则认为,冲突是事物本质,必须作为必然发生的不幸情况加以预见。在美国与西班牙之间短暂轻松的战争引发的军事狂热消退之后,1898—1917 年间,由于美国作为世界大国的地位迅速上升,美国人的心理出人意料地紧张且充满戒心。在优生学运动的鼓舞下,美国人讨论了种族堕落、种族自杀、西方文明衰落、西方民族衰弱等话题。种族衰退的警告最常伴随着复兴民族精神的劝诫之词。

悲观主义作家中最受欢迎的是英国作家查尔斯·皮尔森(Charles Pearson),他曾担任维多利亚州教育部部长。1893 年,皮尔森所著《国民生活和性格》(*National Life and Character*)在英国和美国出版,此书笔调忧郁,对西方文化提出了令人沮丧的预测。皮尔森认为,高等种族只能生活在温带,而且将永远无法在热带地区进行有效殖民。人口过剩和经济紧急状态将导致国家把触角伸向西方国家生活的每一个角落。由于公民日益依赖国家,民族主义将会持续发展,宗教、家庭生活和老式道德都会衰落。各个民族也将合并成许多伟大的中央集权帝国,因为只有这些帝国才有能力生存。庞大的军队、巨大的城市、巨额的国家债务,都将加速文化衰退。竞争的式微,加上国家教育,将使知识分子在行动上变得更加机械化,也剥夺了知识分子在艺术上取得杰出成就的主动性。如此一来,世界将遍布心态老旧的人,他们追求科学,却不关注美好事物,他们不关心进步,却追求稳定、不愿冒险,他们缺乏活力、心态灰暗、无精打采、万念俱灰。与此同时,其他种族却不会丧失活力。也许处于统治地位的种族能做的最好的事情,就是勇敢而有尊严地面对未来。

---

⑭ Merle Curti, *Peace or War*, pp. 118—121; Harriet Bradbury, "War as a Necessity of Evolution," *Arena*, XXI(1891), 95—96; Charles Morris, "War as a Factor in Civilization," *Popular Science Monthly*, XLVII(1895), 823—824; N. S. Shaler, "The Natural History of Warfare," *North American Review*, CLXII(1896), 328—340.

⑮ Mahan, *op. cit.*, p. 267.

如果说这一切成真,我们的自豪感就不会受到羞辱,那是无稽之谈。在这个我们认为注定属于雅利安种族、基督教信仰以及我们从过去最美好时代继承下来的文学艺术和社交礼仪魅力终将占据统治地位的世界里,我们正为实现霸权而斗争;我们将发现自己被那些我们视为奴才的人排挤,甚至被那些我们认为注定要为我们服务的人推到一边。唯一值得安慰的是,这些变化不可避免。我们的工作是组织和创造,把和平、法律和秩序带到世界各地,让其他人能够参与其中并享受成果。然而,我们当中的一些人怀有如此强烈的种族情绪,以至于当我们认为自己在那一天到来之前就已不在人世时,我们并不感到遗憾。[48]

皮尔森的种种担忧,是对19世纪80年代费斯克和斯特朗所表达的乐观主义的反应的开始。在1893年发生的恐慌事件和随之而来长期萧条造成的社会不满情绪冲击之下,中产阶级知识分子惶惶不可终日。对这些知识分子来说,皮尔森的末日预言听起来有些道理。这些末日预言与19世纪90年代笼罩在亨利·亚当斯心头的阴暗情绪十分贴合。在给C. M. 盖斯凯尔(C. M. Gaskell)的信中,亚当斯写道:

我确信皮尔森是对的,黑暗种族正在逼近我们,就像他们在海地以及整个西印度群岛和我们南部各州所做的那样。再过五十年,在同样的运动速度下,白人种族将不得不通过战争和游牧入侵行动重新征服热带地区,或者被挡在北纬40°以北。[49]

对亨利·亚当斯的兄弟布鲁克斯·亚当斯(Brooks Adams)来说,悲观不仅仅是个人的绝望问题。在《文明与衰落的规律》(*The Law of Civilization and Decay*,1896)一书中,布鲁克斯·亚当斯阐述了对社会变革表象背后更深层次历史原则的看法。布鲁克斯·亚当斯在一段颇有些让人想起斯宾塞的文字中说:"力和能量定律普遍存在,而动物生命只是太阳能量耗散的渠道之一。"人类社会也是不同形式的动物生命,根据自然禀赋不同,人类社会的能量也有所不同。但是,所有社会都遵循如下一般规律:一个社会的社会运动与其能量和质

---

[48] *National Life and Character*, p. 85.
[49] *Letters*, II, 46.

量成正比，其集权程度与其质量成正比。一个社会在日常生活斗争中没有消耗的剩余能量物质可以作为财富储存起来，储存的能量通过征服或经济竞争优势从一个社区传递到另一个社区。每一个种族迟早会达到其好战能量极限，并进入经济竞争阶段。当过剩能量大量积累并超过生产性能量时，就会成为控制社会的力量。资本会变成专制性力量。经济和科学知识的增长，以牺牲想象力、情感和武术为代价。一个稳定时期可能随之而来，一直持续到它被战争或能量耗尽或这两者共同终止为止。

> 然而，证据似乎指向这样一个结论：如果一个高度集中的社会在经济竞争压力下解体，这是因为种族能量已经耗尽。结果就是，上述社会的幸存者缺乏重新集中注意力所需的力量，并且在注入野蛮人血液以提供新鲜能量物质之前，他们可能必须保持惰性。[50]

在随后出版的《美国经济霸权》(*Americas Economic Supremacy*, 1900)和《新帝国》(*The New Empire*, 1902)中，布鲁克斯·亚当斯基于物理学、生物学、地理学和经济学知识，对社会作出了唯物主义的解释。布鲁克斯·亚当斯研究了历史上各国的兴衰过程，将霸权的变化归因于基本贸易路线的变化。在他看来，经济文明的中心正再次发生转移，并且即将落在美国。不过他警告说：" 霸权总是伴随着牺牲和胜利。对于那些精力充沛、勤奋努力却缺乏武装力量、组织涣散和胆小如鼠的人来说，幸运很少会眷顾他们。"[51]

大自然往往偏爱运行成本最低的生物，也就是那些以最经济方式消耗能源的生物。大自然会淘汰浪费能源的生物；如果不是被征服行动所淘汰，他们也会被商业行为所淘汰。布鲁克斯·亚当斯特别担心，在世界的东方可能与俄罗斯发生冲突，他认为美国应该为此做好武装准备工作。[52] 关于中央集权帝国的趋势，他写道：

> 此外，美国人必须认识到，这是一场生死攸关的战争，这场战争不再是针对单一国家的斗争，而是针对一个大陆的斗争。世界经济容不下两个财富和帝国中心。一个有机体最终会摧毁另一个有机体。弱

---

[50] *The Law of Civilization and Decay*, pp. viii ff.
[51] *America's Economic Supremacy*, p. 192.
[52] 同上，pp. 193—222。

者必须屈服。在商业竞争下，只有成本最低的社会才能生存；但对一个民族来说，被低价出售往往比被征服更致命。㊺

比布鲁克斯·亚当斯影响力更大的是阿尔弗雷德·赛耶·马汉（Alfred Thayer Mahan）上校。马汉的著作《海权对历史的影响》(*The Influence of Sea Power upon History*, 1890)，使他成为全球最著名的海军主义论者。在《美国在海权方面的利益》(*The Interest of America in Sea Power*, 1897)一书中，马汉敦促美国奉行比现行"被动自卫"政策更为有力的政策。马汉指出：

> 现在我们周围充满了争斗；"生命的斗争""生命的竞赛"是我们如此熟悉的短语，以至于我们直到停下来想一想才能意识到其意义。国家与国家之间的争斗到处都是；我们自己的国家也不例外。㊻

许多人试图鼓动美国人反对皮尔森的预言和布鲁克斯·亚当斯预见的不测事件，西奥多·罗斯福便是其中之一。罗斯福认为皮尔森的悲观主义毫无依据；尽管罗斯福承认文明国家并非注定统治热带地区，但他不相信白人会失去信心或被热带种族吓倒。一旦在热带地区建立西方制度和民主政府，出现极其激烈工业竞争的危险将大大降低；如果未能实现明显的西方化，似乎不可能实现高工业效率。罗斯福好友布鲁克斯·亚当斯的作品给他留下了比较好的印象，但是，最悲观的预言再次促使他作出回应。罗斯福不相信人类的好战性一定会随着文明进步而衰落；他以俄罗斯和西班牙为例，认为国家衰落的现象不应与不断发展的工业主义紧密联系在一起。只有当亚当斯提到未能生育足够多的健康孩子时，才算是触及我们社会面临的真正危险。㊼ 罗斯福非常重视这一问题。他对出生率下降带来的种族衰落威胁充满恐惧，因此总是孜孜不倦地谈论有关生育和为人母的问题。如果一对夫妻平均未能生育四个子女，那么种族的数量就无法维持。罗斯福警告说，假如美国和大英帝国的种族衰退进程继续下去，白人的未来将被德国人和斯拉夫人所掌控。㊽

㊺ "The New Industrial Revolution," *Atlantic Monthly*, LXXXVII(1901), 165.
㊻ Mahan, *op. cit.*, p. 18.
㊼ "National Life and Character," *op. cit.*, XIII, 220—222; "The Law of Civilization and Decay," *ibid.*, XIII, 242—260.
㊽ "Race Decadence"(1914), *op. cit.*, XII, 184—196. 可比较"A Letter from President Roosevelt on Race Suicide," [American] *Review of Reviews*, XXXV(1907), 550—557.

与对种族衰落和丧失战斗力感到恐惧相联系的是“黄祸”构成的威胁，1905—1916 年间，人们对“黄祸”问题议论纷纷。(57) 在 1905 年日本战胜俄罗斯之前，西方对日本的态度一直是友好的。然而，在日本人令人信服地展示了其军事实力之后，人们的态度发生了变化，就像他们在德国于 1871 年获胜后对德国的态度一样。(58) 在美国，对日本人的恐惧在加利福尼亚州尤为强烈，那里的东方移民已经被憎恨了 30 多年。(59) 哗众取宠的媒体报道了日本造成的威胁，并且大肆利用这种威胁，甚至偶尔会激发人们对战争的恐慌情绪。(60)

1904 年，一直极力鼓吹种族自信的杰克·伦敦(Jack London)在发表于《旧金山观察家报》(*San Francisco Examiner*)的一篇文章中警告说，如果日本人的组织和统治能力控制了庞大中国人口的巨大工作能力，盎格鲁—撒克逊世界将面临潜在威胁。他认为，迫在眉睫的种族冲突可能会在他所处时代达到顶点。

> 种族冒险的可能性并未消失。我们正处于自己的冒险之中。斯拉夫人正准备开始冒险。为什么黄色和棕色人种不能和我们一样开始一次精彩纷呈且更加独特的冒险呢？(61)

休·H. 卢斯克(Hugh H. Lusk)认为，日本的威胁只是蒙古人种普遍觉醒的一小部分。由于长期存在的人口问题，他们的扩张欲望可能很快就会越过太平洋，最终到达美国西南部，并经由墨西哥到达美国的大门。(62) 就在第一次世界大战爆发之前，当国会议员公开谈论太平洋地区不可避免的冲突时，关于“黄祸”的谈论达到了顶峰。(63)

---

(57) 见 J. F. Abbott, *Japanese Expansion and American Policies*(New York, 1916)，第 i 章。

(58) Payson J. Treat, *Japan and the United States*(rev. ed., Stanford, 1928), p. 187.

(59) 关于西海岸作家的观点，见 Montaville Flowers, *The Japanese Conquest of American Opinion*(New York, 1917)。

(60) Sidney L. Gulick, *America and the Orient*(New York, 1916), pp. 1—27.

(61) "The Yellow Peril," *Revolution and Other Essays*(New York, 1910), pp. 282—283.

(62) "The Real Yellow Peril," *North American Review*, CLXXXVI(1907), 375—383。可与这一更详细的观点比较，见 J. O. P. Bland, "The Real Yellow Peril," *Atlantic Monthly*, III(1913), 734—744。

(63) Abbott, *op. cit.*; S. L. Gulick, *The American Japanese Problem*(New York, 1914)，第 xii、xiii 章。关于战后杞人忧天论的例子，见 Madison Grant, *The Passing of the Great Race*; George Brandes, "The Passing of the White Race," *Forum*, LXV(1921), 254—256。Lothrop Stoddard 担心适者生存的学说开始证明西方人是自食其果。见 *The Rising Tide of Color*, pp. 23, 150, 167, 181—182, 819—821, 307—308。

最接近德国军国主义作家冯·伯恩哈迪(von Bernhardi)将军的美国人,或许是荷马·李(Homer Lea)将军。荷马·李是一位富有传奇色彩的军事冒险家,曾与义和团作战,后来成为孙中山的顾问。李的军国主义思想直接建立在生物学的基础之上。在李看来,国家就像有机体一样,依靠增长和扩张来抵抗疾病和腐败。

> 正如体力代表着人类为生存而斗争的力量,在同样意义上,军事力量构成了国家力量;理想、法律和宪法只是暂时的光辉现象,只有在军事力量仍然强大的时候,它们才会存在。正如成年标志着人类身体活力的顶峰,国家的军事成功标志着其有机体强大力量的顶峰。[64]

好斗性或可分为三个阶段:生存斗争的好斗性,征服的好斗性,以及维护霸权或维护所有权的好斗性。正是在第一阶段,也就是生存斗争中,一个民族的天才达到了顶峰;这种斗争越是艰难,军事精神就越是高度发达,其结果是征服者往往来自荒凉的荒原或岩石岛屿。斗争和生存的规律是普遍且不可改变的,国家存在的持续时间取决于人们对这些规律的认识。

> 尝试挫败、避开、绕过、欺骗、蔑视和违反这些规律的计划都是愚蠢的,只有人类的自负才使之成为可能。从来没有人成功地执行过此类计划,虽然人类一直试图成功完成上述计划,但结局往往都是有百害而无一利。[65]

李警告说,日本有可能入侵美国,并认为与日本的战争将通过陆地战役得以解决,为此,美国需要一支规模更大的军队。如果没有这样一支军队,美国西海岸将面临被入侵的致命危险。李全面而详细地规划了这种入侵战略。

李进一步警告说,撒克逊种族允许人民的好斗性下降,这是对自然法则的蔑视。李认为,让个人需求优先于国家生存必需品的颓废倾向,对盎格鲁—撒克逊人在世界各地的权力构成了威胁。被大量非盎格鲁—撒克逊种族移民淹没的美国不再是撒克逊人大本营。大英帝国受到了有色人种的严重威胁。撒克逊时代行将结束。对于日耳曼人和撒克逊人之间迫在眉睫的斗争,后者准备不足。只有一种解药才能医治盎格鲁—撒克逊人的衰落,那就是更强的好斗

---

[64] *The Valor of Ignorance*, pp. 8, 11.
[65] 同上,p. 44; cf. p. 76。

性。邦联(confederation)在战争中是脆弱的,但是全民义务兵役制可能会阻止业已令人担忧的衰落趋势。⑥

提倡备战者从生物学角度提出了与李的警告相似的呼吁。无烟火药发明者哈德森·马克沁(Hudson Maxim)是马克沁机枪发明者海勒姆·马克沁(Hiram Maxim)的兄弟。哈德森·马克沁曾出版《毫无防备的美国》(*Defenseless America*,1914),此书经由赫斯特国际图书馆公司在各地大量发行。哈德森·马克沁警告道:"自我保护是自然界第一法则,这条法则适用于国家,正如它适用于个人一样。我们的美国必须遵守这条生存法则,否则将无法生存。"哈德森·马克沁认为,人天生就是一种努力奋斗的动物,人的本性总是大同小异。如果对斗争没有准备,就会有灭顶之灾,但是做好准备可以避免战争。⑥⑦

有组织备战运动的战时领导人也抱有类似理念。⑥⑧ 美国国家安全联盟建设性爱国主义大会主席S.斯坦伍德·门肯(S. Stanwood Menken)警告与会代表,优胜劣汰法则适用于国家,美国只能通过国家的重新觉醒来维护自己的适者生存能力。⑥⑨ 伦纳德·伍德(Leonard Wood)将军对压制战争的可能性表示怀疑,他说:"这与有效地压制支配万物的普遍法则——优胜劣汰法则——一样困难。"⑦⓪虽然军国主义的生物学论点在美国领导人中并不占主导地位,但这一论点确实为美国领导人提供了激发达尔文主义民族心态的极为重要的基础。

四

当扩张问题于1898年出现时,反帝国主义者并不愿意回应种族诉求或将其从达尔文主义框架中剔除。反帝国主义者倾向于忽视种族命运这个宽泛主题,而是专注于呼吁关注美国传统的魅力。党派结盟的偶然事件,无疑与具有政治头脑的反扩张主义者拒绝攻击盎格鲁—撒克逊种族优越感的教条有关;民

---

⑥ *The Day of the Saxon*, passim.
⑥⑦ *Defenseless America*, pp. v, 27—41, 240.
⑥⑧ 特别参见 Henry A. Wise Wood 为 W. H. Hobb 所著 *Leonard Wood* (New York, 1920)写的序言。
⑥⑨ *Proceedings*, Congress of Constructive Patriotism, National Security League(New York, 1917), p. 16.
⑦⓪ Hermann Hagedorn, *Leonard Wood* (New York, 1931), II, 173.

主党在南方基地的力量最为强大,也是反对派的中流砥柱。对民主党而言,否认盎格鲁—撒克逊神话只会挑起种族问题,而无法回应扩张主义领导人的根本论点问题。然而,一些民主党人却将扩张运动中的种族因素本末倒置,并以此作为反对吞并海外领土的论据。在国会中,特别是一些南方州议员提出了如下观点:接纳菲律宾人的政府意味着把一个外来、不友好、不可同化的民族引入我们的政治结构,在民主自治方面,菲律宾人可能无法达到盎格鲁—撒克逊人的高度。1899 年,弗吉尼亚州参议员约翰·W. 丹尼尔(John W. Daniel)宣称:

> 时间和教育改变不了一件事。你可以改变豹子身上的斑点,但你永远无法改变上帝创造的使不同种族为完成世界发展和文明中独立、独特任务而具备的品质。[71]

受过科学训练的人还没有像人类学现在提倡的那样,在种族平等性问题上采取先进立场,而且这一概念还没有得到广泛普及。当然,也有例外。1894 年,弗朗茨·博厄斯作为美国科学促进会人类学分会副会长,发表了一篇新颖而充满怀疑论调的讲话,对当前普遍存在的针对有色人种的态度提出了有力批评。博厄斯指出,人们通常会作出毫无根据的假设,即因为白人文明程度"更高",所以其种族能力更强。白人文化标准被天真地假定为一种规范,每一个偏离规范的行为都被自动认为是属于下层社会的特征。博厄斯把欧洲人的文化优越感归因于其历史发展环境,而非其固有能力。[72]

威廉·Z. 里普利(William Z. Ripley)的重要研究文献《欧洲种族》(The Races of Europe,1897),也向受过教育的读者介绍了涉及种族概念的一些复杂问题,并且推翻了关于雅利安人的神话。然而,除了专家或好奇的外行人之外,其他人对这些问题几乎一无所知,而且为了党派讨论的实际目的,除了诉诸其他偏见之外,盎格鲁—撒克逊神话的自满论断仍是无可争辩的。学者们普遍接受海克尔生物遗传定律观点,即由于个体发展是种族发展的重演,必须将原始人类视为处于童年期或青春期的停滞阶段,正如拉迪亚德·吉卜林(Rudyard

---

[71] *Congressional Record*,55th Congress,3rd Session,p. 1424.
[72] "Human Faculty as Determined by Race," *Proceedings*,American Association for the Advancement of Science,XLIII(1894),301—327.

Kipling)所说,原始人类"一半是魔鬼,一半是孩童"[73]。著名心理学家和教育家G. 斯坦利·霍尔(G. Stanley Hall)在其研究型著作《青春期》(*Adolescence*)中采纳了上述观点。虽然霍尔认为落后民族的童真性格使他们有权受到其系统发育的(phylogenetic)"长辈"充满温柔同情的对待,而且这些"长辈"应当为向儿童宣战而感到羞愧,但重演理论所依据的对原始文化的傲慢态度并不是为了干扰种族优越感代言人的发展。[74]

在这种舆论氛围下,质疑种族不平等的教条需要一定的勇气。很少有人会像托尔斯泰(Tolstoi)的美国弟子欧内斯特·霍华德·克罗斯比(Ernest Howard Crosby)那样提出极为强烈的质疑。克罗斯比写道:"盎格鲁—撒克逊人的联盟旨在使世界庸俗化。"他在模仿吉卜林的著名文章中暗示,西方文明的益处并非偏僻岛屿上迟钝民族的理想之物。[75]然而,威廉·詹姆斯支持克罗斯比的观点。詹姆斯认为,我们已经"在吕宋岛摧毁了世上唯一神圣的东西,也就是民族生活的自发萌芽"。[76]虽然鲜有反帝国主义者准备质疑白人或盎格鲁—撒克逊人享有种族优越性的基本假设,但是有人怀疑通过征服或吞并传播文明的益处。上述持怀疑态度者很可能会同意派往菲律宾镇压阿奎那尔多军队的某军团里某位有色人种士兵的观点,后者在厌倦战争的时候说道:"白人的负担并不像人们说的那样沉重。"[77]

对反帝国主义者来说,最有用的质疑过程便是诉诸美国主义的传统,这一程序并未引入全新的陌生思想。有人认为,扩张意味着接纳拥有不同语言、习俗和制度的外来种族,意味着殖民官僚主义的开始,也是对英国行事方式的模仿。扩张行动需要一支规模庞大的常备军提供支持,以及随之而来的沉重税收负担。对政府发动攻击,剥削无助的人民,将使美国民主最优秀的传统蒙羞;而美国民主传统一直坚持认为,政府只有在获得被统治者同意的前提下,才具有合法性。一个在自己大陆边界内如此富裕和伟大的国家没有进一步扩张的迫

---

[73] 见 James M. Baldwin, *Mental Development in the Child and in the Race* (New York, 1895), chap. i。

[74] 见 *Adolescence* (New York, 1905), Vol II, chap. xviii, esp. pp. 647, 651, 698 – 700, 714, 716 – 718, 748。

[75] *Swords and Ploughshares* (New York, 1902), p. 54, *passim*。

[76] Perry, *Thought and Character of William James*, II, 311。

[77] *Arena*, XXII, 702。

切需要；这么做得不偿失，风险很大。开启帝国主义事业将把美国带入世界政治的游戏，使美国面临军国主义仇恨和铺张浪费的风险。这背后隐藏着为保卫海外财产而不断发动战争的威胁。[78]

威廉·詹姆斯是最活跃的反帝国主义者之一，曾担任反帝国主义联盟的副主席。詹姆斯不时给《波士顿晚报》(Boston Evening Transcript)写信，强烈谴责扩张主义意识形态。关于白人的负担、"昭昭天命"的论点，詹姆斯抱怨道：

还有比这个被盲目崇拜的"现代文明产物"更糟糕的腐朽事物吗？文明就是一股巨大、空洞、夸张、腐化、复杂、混乱的洪流，这股洪流充满了野蛮主义思想和非理性思想，最终结出了这样的果实![79]

詹姆斯猛烈抨击了罗斯福的演讲《勤奋的生活》，他断言，罗斯福"在精神上仍然处于青春期早期的狂飙突进期"，罗斯福"仅从人类事务可能带来的有机体兴奋和困难的角度"发表有关人类事务的演讲，并滔滔不绝地谈论战争是人类社会的理想状态问题。对于有价值的目标，罗斯福"只字不提……他只是告诉我们，敌人之间没有太大区别……他把一切都淹没在抽象的好战情绪洪流中"。[80]

威廉·格雷厄姆·萨姆纳还使用反扩张主义者武器库中几乎所有武器攻击帝国主义冲动。熟悉萨姆纳在民主问题上鲜明的反传统主义态度的人，可能已经揉了揉眼睛，结果看到这位决不妥协的大师攻击了帝国主义者准备放弃美国的民主原则。然而，萨姆纳的论点带有不容置疑的真诚，尤其是发表反扩张主义言论，再次令他在耶鲁大学的地位岌岌可危。萨姆纳大声疾呼道："我的爱国主义是被如下观念所激怒的爱国主义，即美国从来就不是一个伟大国家，直到在一场为期三个月的小战役中美国彻底击败了西班牙这个贫穷、衰败、破产的老旧国家。"[81]

---

[78] Merle Curd, *op. cit.*, pp. 178—182. 关于代表性的反帝国主义论点，见 David Starr Jordan, *Imperial Democracy* (New York, 1899); R. F. Pettigrew, *The Course of Empire* (New York, 1920)，参议院演讲重印本；George F. Hoar, *Autobiography of Seventy Years* (New York, 1903), Vol. II, chap. xxxiii。另见 Fred Harrington, "Literary Aspects of American Anti-Imperialism," *New England Quarterly*, X (1937), 650—667. 关于左翼论点，见 Morrison I. Swift, *Imperialism and Liberty* (Los Angeles, 1899)。

[79] Perry, *op. cit.*, II, 311.

[80] 转引自同上，II, 311—312。

[81] "The Conquest of the United States by Spain," *War and Other Essays*, p. 334.

在所有和平倡导者和反扩张主义者中,最著名的可能要数斯坦福大学校长大卫·斯塔尔·乔丹了。乔丹在美国人心中树立了一种观念,即战争是生物之恶,而不是生物之福,因为战争带走了身心健康的人,留下了身心不太健康的人。乔丹的一个哥哥在美国内战中牺牲了,1898年,乔丹开始对裁军和国际仲裁运动产生兴趣。作为杰出的生物学家和优生学运动领导者,乔丹将注意力转向战争的生物学方面。在美西战争和第一次世界大战之间出版的一系列书籍中,乔丹利用来自人体测量学、伤亡统计、内战老兵回忆以及其他生物学家的结论等各种各样的证据,阐述了其论点。乔丹指出,达尔文本人也同意战争是不正常现象这一观点。[82] 乔丹成了爱国者、军国主义者和备战倡导者最喜欢攻击的靶子,他们指出,在过去不断发生战争的时代,许多种族不断进步,这证明了乔丹的论点是错误的。[83]

虽然乔丹没有成功地把准和平主义观点强加给美国,但他确实留下了一个深刻信念,即战争会影响人类退化;乔丹的学说在第一次世界大战之后的岁月里因人们普遍反对军国主义而得到加强,并因在许多著作中反复出现而得到认可。例如,《星期六晚邮报》(Saturday Evening Post)的主编曾在1921年写道:

> 要么缴械,要么死亡。这是所有敢于面对事实的人所面临的选择。敢于面对事实的人知道,正如大自然杀死弱者和不适者一样,战争也消灭了强者和勇敢者,夺走了人类最重要成员的生命。[84]

具有讽刺意味的是,美国不是以军国主义名义而是以反军国主义名义参加了第一次世界大战。结果是,战时的舆论氛围总体上反对生物学理论支持的军国主义。有人认为,这是敌人的哲学。对知识分子来说,强权政治的社会达尔文主义,是他们与之斗争哲学的一个组成部分。[85] 战争文学作品中出现的残暴德国军事领导人形象的特点之一是,德国人思想被一种自我意识、任性、顽固的不道德哲学所支配。有人坚持认为,德国人崇拜特雷茨基(Treitschke)、尼采

---

[82] *The Blood of the Nation*(Boston,1899); *The Human Harvest*(Boston,1907); *War and Waste*(New York,1912),chap. i; *War's Aftermath*(New York,1914); *War and the Breed*(Boston,1915).

[83] Theodore Roosevelt,"Twisted Eugenics," *op. cit.*,XII,197—207; Hudson Maxim,*op. cit.*,7—18; Charmian London,*The Book of Jack London*,II,347—348.

[84] "The New Internationalism," *Saturday Evening Post*,CXCIV(August 20,1921),20.

[85] William Archer,"Fighting a Philosopher," *North American Review*,CCI(1915),30—44. "从非常现实的意义上来说,我们正与尼采的哲学作斗争。"

(Nietzsche)、冯·伯恩哈迪和其他军国主义者,是因为这些军国主义者向他们保证,德国人是人类精英,是注定要征服欧洲或世界的超人种族,这些军国主义者宣扬强权即公理、战争存在生物学上的必然性、适者生存是开展征服的正当理由。大众突然对尼采和冯·伯恩哈迪产生了浓厚兴趣。早在1914年10月,保罗·埃尔默·莫尔(Paul Elmer More)就评论道:"在每日出版的报刊推波助澜之下,普通人开始认为尼采的名字带有一种邪恶意义。"⑥

英美学者深入研究了德国沙文主义文献,他们并不是没有提出具有破坏性的证据。在"一场良好战争使任何事业都变得神圣不可侵犯"和尼采笔下类似的溢美之词中,可以加上一长串谴责性引语。克劳斯·华格纳(Klaus Wagner)在《战争》(Krieg,1906)中说道:"旧时的教士们宣扬战争是上帝的公正审判;现代自然科学家认为战争是一种有利的选择方式。"⑦在其广为流传的《德国与下一次战争》(Germany and the Next War)中,冯·伯恩哈迪说:

> 战争……不仅是国家生活的必要因素,而且是文化不可或缺的因素,真正的文明国家通过战争找到了力量和活力的最佳体现。战争相关的决定建立在事物本质基础之上,因此战争从生物学角度给出的决定是公正的……这不仅是一条生物法则,也是一项道德义务,因此也是文明不可或缺的因素。⑧

战争导致出现了大量包含德国哲学家、政治家和军事领导人发表的类似攻击性言论的作品选集。其中最具学术意义的《征服与文化》(Conquest and Kultur)和《德国人口中的目标》(Aims of the Germans in Their Own Words),由华莱士·诺特斯坦(Wallace Notestein)和埃尔默·E. 斯托尔(Elmer E. Stoll)负责编辑,由乔治·克里尔公共信息委员会主持出版,因此得到了官方认可。历史学家和传记作家威廉·罗斯科·塞耶(William Roscoe Thayer)尤其热衷于宣传这种对德国人心态的解释,塞耶宣称:

> 德国人从各个地方都发现了他们是天选之民的证据。德国人对进化论的解释,是为了从中获取实现愿望的依据。进化论认为,"适者

---

⑥ "The Lust of Empire," *Nation*, XCIX(1914), 493.
⑦ 转引自 *Out of Their Own Mouths*(New York, 1917), pp. 75—76.
⑧ 转引自同上, p. 151.

生存"。

　　超人哲学拥护者严重依赖生物学支持其信条。他们被"适者生存"这句话误导了。听完他们喋喋不休的议论,你可能会推断只有适者才能生存;或者,反过来说,你生存下来的事实证明你是"最适者"。⑧⑨

当真正读过尼采作品的人指出,尼采只蔑视德国沙文主义时⑨⑩,有人说,从尼采公认的矛盾思想中产生的主导性思想,便是德国外交和德国军事主义思想。⑨⑪ 主教 J. 爱德华·默瑟(J. Edward Mercer)对表明尼采思想源自达尔文主义的倾向感到震惊。默瑟为在英国出版的《十九世纪》(*Nineteenth Century*)写了一篇为达尔文辩护的文章,强调了达尔文的道德感理论,并将达尔文与尼采区分开来。⑨⑫ 然而,传统形象依然存在,甚至被熟悉德国的学者所接受。⑨⑬

　　反对武力哲学的必要性导致拉尔夫·巴顿·佩里(Ralph Barton Perry)教授强有力地攻击了社会达尔文主义及其所有著作。佩里的《目前的理想冲突》(*Present Conflict of Ideals*,1918),是对达尔文主义伦理学和社会学最具实质意义的驳斥,这些反驳言论最终导致冯·伯恩哈迪和尼采发表了具有相似言论的长篇大论。⑨⑭ 全部的进化论教条,达尔文—斯宾塞的进步遗产,约翰·费斯克的轻率乐观主义,本杰明·颉德的警告,托马斯·尼克松·卡弗的自然选择经济学,都遭到了佩里教授的抨击。同其前辈威廉·詹姆斯一样,佩里指出了达尔文主义社会学的基本循环性,其中权力和力量是根据生存来定义的,而生存又是由力量和权力所解释的。在达尔文主义观点中,生存类型和适合度的所有变化都被认为与不可知的价值无关;除了生存本身,不存在任何价值。罗马以武力征服世界与希腊以思想力量征服世界或朱迪亚以宗教情感征服世界一样,

---

　　⑧⑨ *Germany vs. Civilization*(New York,1916),pp. 80—81;*Volleys from a Non-Combatant*(New York,1919),p. 20;可比较他为 *Out of Their Own Mouths* 所作序言,p. xv。另见 Michael A. Morrison,*Sidelights on Germany*(New York,1918),pp. 34 ff.。关于英国人的观点,见 J. H. Muirhead,*German Philosophy in Relation to the War*(London,1915)。当代对德国的一种有趣的辩护,见 Max Eastman 所著 *Understanding Germany*(New York,1916),esp. pp. 60 ff.。

　　⑨⑩ "Blaming Nietzsche for It All," *Literary Digest*,XLIX(1914),743—744;"Did Nietzsche Cause the War?" *Educational Review*,XLVIII(1914),853—857.

　　⑨⑪ Archer,*op. cit.*,pp. 30—31.

　　⑨⑫ J. Edward Mercer,"Nietzsche and Darwinism," *Nineteenth Century*,LXXVII(1915),421—431.

　　⑨⑬ 见 Frederick Whitridge 转引自 G. Stanley Hall,*One American Opinion of the European War*(New York,1914),pp. 37—39。另见 Hall 所著 *Morale*(New York,1920),pp. 10—14。

　　⑨⑭ *The Present Conflict of Ideals*,pp. 425—428.

充满积极意义。事实上,由于其生物学起源,这种观点实际上显示了"因为它更明显地具有生物学特性,所以强烈倾向于支持更原始和更暴力的斗争形式"[95]。

和平主义者也利用了武力哲学的反作用。[96] 在诺曼·安吉尔(Norman Angell)的倡议下,乔治·纳斯密斯(George Nasmyth)于1916年出版了《社会进步与达尔文理论》(Social Progress and the Darwinian Theory),此书宣传推广了克鲁泡特金以及俄罗斯社会学家、欧洲大陆最著名社会达尔文主义批评家雅克·诺维科夫(Jacques Novicow)的著作。[97] 纳斯密斯宣称:"知识界和公众没有对'社会达尔文主义'开展其实际社会重要性所要求的深入分析,而是不加批判地接受了'社会达尔文主义',并几乎一致同意将其作为进化论的组成部分。"纳斯密斯认为斯宾塞应对此负主要责任。社会达尔文主义的主要生物学错误在于,它习惯于忽视物理宇宙,认为进步的原因不是人与环境的斗争,而是人与人的斗争,但这实际上不会产生任何结果。社会达尔文主义的另一个错误是将"适者"误解为最强壮甚至最残暴的人,而对达尔文来说,"适者"只是指最擅长适应现有条件的人。斗争也与被征服者的彻底死亡相混淆,而这种选择性因素几乎从未在人类中起过作用。武力哲学忽视了一切互助现象。而正是由于这一点,人类才在宇宙中占据了主导地位。从广义上讲,全人类是一个联合体,一切战争都是内战;然而,武力哲学家从未主张把内战视为进步的源泉。[98]

> 除了几本值得注意的书籍之外,社会学这门学科仍然未能成为一门完整学科。生物现象与社会事实相混淆。例如,自称这一领域专家的人,仍能以严肃的方式把德国和法国的关系等同于猫和老鼠的关系,而不会对他们的名声造成太大损害,也不会引起太多嘲笑。[99]

针对军国主义的反应,也产生了一些奇怪的副产品。弗农·凯洛格(Vernon Kellogg)是一名生物学家。第一次世界大战期间,凯洛格在赫伯特·胡佛(Herbert Hoover)手下服役时结识了几名德国军事领导人。凯洛格在一本关于自身经历的书中写道,敌人的哲学是未经修改的达尔文主义,被严格地用于

---

[95] *The Present Conflict of Ideals*, p. 145。
[96] Curti, *op. cit.*, pp. 119—121。
[97] 见 Novicow, *op. cit.*,以及 *Les Luttes entre Societies Humaines* (Paris, 1893)。
[98] *Social Progress and the Darwinian Theory*, pp. 21, 29, 53—60, 64—68, 79, *passim*。
[99] 同上, p. 115。

解决国家事务。[100] 凯洛格的书引起了威廉·詹宁斯·布赖恩(William Jennings Bryan)的注意,这本书加强了布赖恩对进化思想所固有邪恶的原教旨主义信念,强化了他讨伐进化思想的决心。[101] 约翰·T. 斯科普斯(John T. Scopes)不仅因为达尔文的理论而受到折磨,也因为威廉·奥斯特瓦尔德的理论而受到折磨。多年来,布赖恩一直为达尔文主义可能带来的社会影响而感到苦恼。1905年,当时在内布拉斯加大学任教的E. A. 罗斯(E. A. Ross)发现布赖恩正在阅读《人类的由来》,布赖恩告诉罗斯,这种学说会"削弱民主事业,加强阶级的自豪感和财富的力量"[102]。在这一点上,就像在其他事情上一样,布赖恩敏锐的直觉也无法被其智识所约束。

---

[100] *Headquarters Nights*(Boston,1917)。
[101] 见 Wayne C. Williams,*William Jennings Bryan*(New York,1936),p. 449。
[102] *Seventy Years of It*,p. 88. 可比较布赖恩所著 *In His Image*(New York,1922),pp. 107—110,123—126。

第十章

结　论

　　整个现代社会对生存的神化、生存回归本身、赤裸裸的抽象的生存、否认生存中的任何重要优秀品质等，除了为获得更多生存能力之外，无疑就是一个人向另一个人所提最为奇怪的有关停止发展智识的建议。

——威廉·詹姆斯

　　达尔文主义中没有任何内容能够不可避免地使其成为竞争或武力的辩护理由。克鲁泡特金对达尔文主义的解释与萨姆纳的解释一样合乎逻辑。沃德拒绝将生物学作为社会原则的来源，这一点的理性程度并不亚于斯宾塞关于生命机理与社会拥有共同普遍动力的假设。基督教对社会理论中达尔文式的"现实主义"的否定，作为人类的一种反应，其理性程度并不亚于"科学学派"的严谨逻辑。达尔文主义从一开始就具有这种双重潜力；从本质上来说，达尔文主义是一个中立工具，能够支持相反的意识形态。那么，如何解释一直到1890年5月坚定的个人主义者对达尔文主义的解释仍然占据上风这一现象呢？

　　答案是，美国社会在充满残酷竞争的自然选择过程中看到了自己的形象，因此美国社会中占据主导地位的群体能将竞争视为一件有益之事。无情的商业竞争和无原则的政治似乎被生存哲学证明是合理的。只要个人征服和个人自信的梦想激励了中产阶级,生存哲学似乎就能站得住脚,而其批评者仍然是少数。

这一版本的达尔文主义之所以能继续传播下去,是因为人们普遍接受了不受限制的竞争这一观念。但是,没有什么比"纯粹的"商业竞争更不稳定的了;对于那些不幸或缺乏技能的竞争者来说,没有什么比这更糟糕的了;正如本杰明·颉德所预见的那样,没有什么比让越来越多的"不适者"适应这个机制的运作更困难的了。随着时间推移,美国中产阶级远离了他们曾推崇备至的原则,逃离了猖獗的残酷竞争造成的可怕形象,把曾经英勇的企业家斥为美国财富和道德的掠夺者和机会的垄断者。

伴随这种反应的,是达尔文式的个人主义的批评者取得了首次决定性胜利——尽管值得注意的是,政治经济改革者的物质收益远不如他们意识形态上的胜利。当美国人有心倾听达尔文个人主义批评者的看法时,对这些批评者来说,摧毁达尔文个人主义脆弱的逻辑结构并使听众相信这一切都是一个可怖的错误,并不是什么难事。斯宾塞及其同时代的美国人都认为,斯宾塞为命运谱写了一篇宏伟序言。而他们的后代开始对达尔文个人主义的极度枯燥无味和古怪自信感到惊讶,并认为这一主义——如果他们真的考虑过这个话题的话——只是关于一个已然逝去时代发人深省的评论而已。

在达尔文式的个人主义衰落的同时,民族主义或种族主义的达尔文式的集体主义开始流行起来。就在达尔文主义明显不再适用于解释国内经济情况的现象之时,达尔文主义被用于适应国际冲突意识形态的模式(当时这个过程在欧洲已持续了很长时间)。改革理论家有可能表明,从本质上讲,群体凝聚力和团结对生存具有价值,个人自信是例外而非规则。在一个帝国主义冲突肆虐的时代,没有什么可以阻止扩张主义倡导者和军国主义鼓吹者援引这些关于群体生存的陈词滥调,或将其转化为群体自信和种族命运的学说,从而证明国际竞争方式是符合情理的做法。适者生存曾经主要用于支持国内的商业竞争;但是,现在它却用于支持海外扩张行动。

第一次世界大战爆发之前,这些教条得到了成功运用。当时"盎格鲁—撒克逊"民族被一种对国际暴力的反感所席卷。他们现在改变了态度,异口同声地指责敌人才是唯一鼓吹"种族"侵略和军国主义的人。虽然认为德国人垄断了军国主义思想的观点是片面和错误的,但这一观点至少发挥了补偿性作用,那就是它让美国人民有了摒弃这些教条的想法。从此以后,达尔文式的军国主义听起来就和危险的德国言论如出一辙。

作为一种意识哲学,到第一次世界大战结束时,社会达尔文主义在美国已经基本消失。重要的是,自 1914 年以来,美国的达尔文个人主义远不如 19 世纪后几十年那般流行。当然,仍有很多重要人物认为萨姆纳的论文是经济学的最终定论。尽管在正式讨论中很少听到有关达尔文个人主义的字眼,但这一主义作为政治传统的一部分始终存在;政治传统可以包含那些在自觉的社会理论中不太可能被接受的矛盾。尽管包含了这些矛盾,但是可以肯定地说,达尔文个人主义已经不再适合民族情绪的需要。

只要社会中存在强烈的掠夺性因素,用于宣传个人主义或帝国主义的社会达尔文主义就都有可能死灰复燃。[①] 生物学家将继续从技术角度批判作为发展理论的自然选择理论,不过这些批判言论不太可能影响社会思想。之所以如此,一方面是因为"适者生存"这句话在公众心目中有着固定位置,另一方面是因为技术性的批判言论复杂难懂。

社会观念和社会制度之间肯定存在一些互动。思想有因也有果。然而,达尔文个人主义的历史是一个明显的例子,说明了社会思想结构的变化取决于经济和政治生活的普遍变化。在决定这些思想是否被接受时,是否符合真理和逻辑,不如是否符合智识上的需求和社会利益的先入之见重要。这是主张社会变革的理性战略家必须面对的巨大挑战之一。

然而,无论未来社会哲学如何发展,有几个结论现在已为大多数人文主义者所接受:诸如"适者生存"之类的生物学观点,无论它们在自然科学中的价值多么值得怀疑,这些观点在人们试图理解社会时完全没有发挥任何作用;人类在社会中的生活,虽是一个偶然的生物学事实,但具有生物学所不能还原的特征,必须用文化分析的独特术语加以解释;人类的身体健康是其社会组织的结

[①] 对生物学的隐喻性诉求普遍使用于各个时代,而不仅仅局限于后达尔文时代。马丁·路德(Martin Luther)在其《论贸易和高利贷》(*On Trading and Usury*,1524)的演讲中如此抱怨大型垄断企业:"(他们)像梭鱼对待小鱼一样压迫并毁灭所有小商人,就好像它们是上帝造物的主宰,不受信仰和爱的规则约束。"莎士比亚笔下的福斯塔夫(Falstaff)认为:"如果小鱼是成年梭鱼的诱饵,我看不出自然法则还有什么道理,但我可能会攻击它"(*Henry IV*,Part II,Act III,scene 2)。类似例子不胜枚举。

果,而不是相反关系;社会进步是技术进步和社会组织进步的共同产物,而不是繁殖或选择性淘汰的产物;关于人与人之间、企业与企业之间或国家与国家之间竞争价值的判断,必须基于社会后果而不是所谓的生物学后果;最后,在自然界或自然主义的生活哲学中,没有任何东西能使人们无法接受为获得共同利益而实施的道德制裁。

参考文献

作者对修订版的说明：为第一版以来出现的每本相关书籍或文章添加参考资料乃不太可能之事。因此，笔者并未努力扩充参考文献，参考文献只列出了一些对笔者而言具有特殊价值的精选作品。然而，笔者想提及一些过去 6 年中出版的数本针对性特别强的书籍。Stow Persons, ed., *Evolutionary Thought in America* (New Haven: Yale University Press, 1950)中包含几篇富有价值的论文，这些论文广泛而深入地研究了本领域相关问题。Philip P. Wiener, *Evolution and the Founders of Pragmatism* (Cambridge: Harvard University Press, 1949)详尽地论述了此书主题。Morton G. White 在其所著 *Social Thought in America* (New York: Viking Press, 1949)一书中，更详细地阐述了笔者在本书后面几章谈及的美国思想转变。在 Richard Hofstadter 与 Walter P. Metzger 合著的 *The Development of Academic Freedom in the United States* (New York: Columbia University Press, 1955)一书第七章中，Walter P. Metzger 讨论了达尔文主义对整个美国大学生活和思想产生的影响。

手 稿

萨姆纳：位于耶鲁大学 Sterling Memorial Library 的 Sumner Estate 所收藏论文不包括萨姆纳私人通信集。现有文献主要说明了萨姆纳早期学术生涯情况。

沃德：布朗大学 John Hay Library 收藏的莱斯特·沃德论文主要包括沃德收到的 13 卷个人信件。对于有兴趣评估沃德影响力的人来说，上述信件具有重大价值。其中，最具启发性的信件收录于伯恩哈德·J. 斯特恩(Bernhard J. Stern)编辑的已出版合集之中，列于下方。沃德的图书馆藏有数本带有重要注释的书籍，为其知识兴趣和观点提供了独特证据。

研究这一阶段美国思想的学生十分幸运,因为他们可以查阅大量纸质版个人信件。下面引用的特殊收藏信件和传记中,有大量内容选自查尔斯·达尔文、赫伯特·斯宾塞、阿萨·格雷、约翰·费斯克、爱德华·L. 尤曼斯、莱斯特·沃德、威廉·詹姆斯、亨利·亚当斯、西奥多·罗斯福和其他人的通信集。

期　刊

American Journal of Sociology, Chicago, 1896—1920.

Annals of the American Academy of Political and Social Science, Philadelphia, 1890—1910.

Appleton's Journal, New York, 1867—1881.

Arena, Boston, 1889—1899; New York, 1899—1904.

Atlantic Monthly, Boston, 1860—1920.

Forum, New York, 1886—1915.

Galaxy, New York, 1866—1878.

Independent, New York, 1860—1890.

International Socialist Review, Chicago, 1900—1910.

Journal of Heredity, Washington, 1910—1919.

Journal of Political Economy, Chicago, 1893—1915.

Journal of Speculative Philosophy, St. Louis, 1867—1880.

Nation, New York, 1865—1920.

Nationalist, Boston, 1889—1891.

North American Review, Boston, 1860—1877; New York, 1878—1915.

Popular Science Monthly, New York, 1872—1910.

Psychological Review, Princeton, 1894—1915.

书　籍

Adams, Brooks. *America's Economic Supremacy*. New York: The Macmillan Co., 1900.

——. *The Law of Civilization and Decay*. New York: The Macmillan Co., 1896.

——. *The New Empire*, New York: The Macmillan Co., 1902.

Adams, Henry. *The Education of Henry Adams*. Boston and New York: Houghton Mifflin Co., 1918.

——. *Letters of Henry Adams* (ed. Worthington C. Ford). Boston: Houghton Mifflin Co., 1930. 2 vols.

Bagehot, Walter. *Physics and Politics*. New York: D. Appleton & Co., 1873.

Baldwin, James Mark. *Darwin and the Humanities*. Baltimore: Review Publishing Co., 1909.

——. *The Individual and Society*. Boston: R. G. Badger, 1911.

Barker, Ernest. *Political Thought in England*. New York: Henry Holt & Co., 1915[?].

Barnes, Harry Elmer and Becker, Howard. *Contemporary Social Theory*. New York: D. Appleton-Century Co., 1940.

——. *Social Thought from Lore to Science*. New York: D. C. Heath & Co., 1938. 2 vols.

Barzun, Jacques. *Darwin, Marx, Wagner*. Boston: Little, Brown & Co., 1941.

Becker, Carl. *The Heavenly City of the Eighteenth Century Philosophers*. New Haven: Yale University Press, 1932.

Behrends, A. J. F. *Socialism and Christianity*. New York: Baker and Taylor, 1886.

Bellamy, Edward. *Edward Bellamy Speaks Again*! Kansas City: The Peerage Press, 1937.

——. *Equality*. New York: D. Appleton & Co., 1897.

——. *Looking Backward*. Boston: Houghton Mifflin Co., 1889.

Boas, Franz. *The Mind of Primitive Man*. New York: The Macmillan Co., 1911.

Brandeis, Louis D. *The Curse of Bigness*. New York: The Viking Press, 1934.

Brinton, Crane. *English Political Thought in the Nineteenth Century*. London: E. Benn,

1933.

Bristol, Lucius M. *Social Adaptation*. Cambridge: Harvard University Press, 1915.

Brooks, Van Wyck. *New England: Indian Summer*, 1865—1915. New York: E. P. Dutton & Co., 1940.

Burgess, John W. *Political Science and Comparative Constitutional Law*. Boston: Ginn & Co., 1890. 2 vols.

Cape, Emily Palmer. *Lester F. Ward, a Personal Sketch*. New York and London: G. P. Putnam's Sons, 1922.

Carver, Thomas Nixon. *Essays in Social Justice*. Cambridge: Harvard University Press, 1915.

—. *The Religion Worth Having*. Boston: Houghton Mifflin Co., 1912.

Chamberlain, Houston Stewart. *The Foundations of the Nineteenth Century*. London: John Lane, 1911. 2 vols.

Chamberlain, John. *Farewell to Reform*. New York: Liveright, 1932.

Clark, John Bates. *The Philosophy of Wealth*. Boston: Ginn & Co., 1885.

Clark, John Spencer. *The Life and Letters of John Fiske*. Boston and New York: Houghton Mifflin Co., 1917. 2 vols.

Cochran, Thomas C. and Miller, William. *The Age of Enterprise*. New York: The Macmillan Co., 1942.

Cooley, Charles Horton. *Human Nature and the Social Order*. New York: Charles Scribner's Sons, 1902.

—. *Social Organization*. New York: Charles Scribner's Sons, 1909.

—. *Social Process*. New York: Charles Scribner's Sons, 1918.

Croly, Herbert. *The Promise of American Life*. New York: The Macmillan Co., 1909.

Curti, Merle E. *Peace or War, the American Struggle*, 1636—1936. New York: W. W. Norton & Co., 1936.

—. *The Social Ideas of American Educators*. New York: Charles Scribner's Sons, 1935.

Darwin, Charles. *The Descent of Man*. London: J. Murray, 1871.

—. *The Origin of Species*. London: J. Murray, 1859.

Darwin, Francis. *The Life and Letters of Charles Darwin*. New York: D. Appleton &

Co.,1888. 2 vols.

Davenport,Charles. *Heredity in Relation to Eugenics*. New York:Henry Holt & Co., 1915.

Dewey,John. *Characters and Events* (ed. Joseph Ratner). New York:Henry Holt & Co.,1929. 2 vols.

——. *Democracy and Education*. New York:The Macmillan Co.,96.

——. *Human Nature and Conduct*. New York:Henry Holt & Co.,1922.

——. *The Influence of Darwin on Philosophy*. New York:Henry Holt & Co.,1910.

——. *The Public and Its Problems*. New York:Henry Holt & Co.,1927.

——. *The Quest for Certainty*. New York:Minton,Balch & Co.,1929.

——. *Reconstruction in Philosophy*. New York:Henry Holt & Co.,1920.

——,and Tufts,James. *Ethics*. New York:Henry Holt & Co.,1908.

Dombrowski,James. *The Early Days of Christian Socialism in America*. New York:Columbia University Press,1936.

Dorfman,Joseph. *Thorstein Veblen and His America*. New York:The Viking Press, 1934.

Dos Passos,John R. *The Anglo-Saxon Century and the Unification of the English-Speaking People*. New York and London:G. P. Putnam's Sons,1903.

Drummond,Henry. *The Ascent of Man*. New York:A. L. Burt Co.,1894.

Duncan,David. *The Life and Letters of Herbert Spencer*. New York:D. Appleton & Co.,1908.

Ferri, Enrico. *Socialism and Modern Science*. New York:International Library Publishing Co.,1900.

Fisk,Ethel. *The Letters of John Fiske*. New York:The Macmillan Co.,1940.

Fiske,John. *American Political Ideas*. New York:Harper & Bros.,1885.

——. *A Century of Science and Other Essays*. Boston:Houston Mifflin & Co.,1899.

——. *Civil Government in the United States*. Boston:Houghton Mifflin & Co.,1890.

——. *The Destiny of Man*. Boston:Houghton Mifflin & Co.,1884.

——. *Edward Livingston Youmans*. New York:D. Appleton & Co.,1894.

——. *Excursions of an Evolutionist*. Boston:Houghton Mifflin & Co.,1884.

—. *The Meaning of Infancy*. Boston: Houghton Mifflin & Co. ,1909.

—. *Outlines of Cosmic Philosophy*. Boston: Houghton Mifflin & Co. ,1874. 2 vols.

Gabriel, Ralph Henry. *The Course of American Democratic Thought*. New York: The Ronald Press Co. ,1940.

Galton, Francis. *Hereditary Genius*. London: Macmillan & Co. ,1869.

—. *Inquiries into Human Faculty and Its Development*. London: Macmillan & Co. , 1883.

—. *Natural Inheritance*. London and New York: Macmillan & Co. ,1889.

Geiger, George R. *The Philosophy of Henry George*. New York: The Macmillan Co. , 1933.

George, Henry. *A Perplexed Philosopher*. New York: G L. Webster & Co. ,1892.

—. *Progress and Poverty*. New York,1879.

—. *Social Problems*. New York: Belford, Clarke, & Co. ,1883.

George, Henry, Jr. *The Life of Henry George*. New York: Doubleday and McClure Co. , 1900.

Ghent, William J. *Our Benevolent Feudalism*. New York: The Macmillan Co. ,1902.

Giddings, Franklin H. *The Elements of Sociology*. New York: The Macmillan Co. , 1898.

—. *Inductive Sociology*. New York: The Macmillan Co. ,1901.

—. *The Principles of Sociology*. New York: The Macmillan Co. ,1896.

—. *The Responsible State*. Boston: Houghton Mifflin Co. ,1918.

Gide, Charles and Rist, Charles. *A History of Economic Doctrines*. Boston: D. C. Heath & Co. ,1915.

Gladden, Washington. *Applied Christianity*. Boston: Houghton Mifflin & Co. ,1886.

Gobineau, Arthur de. *The Inequality of Human Races* (trans. Adrian Collins). New York: G. P. Putnam's Sons,1915.

Goldenweiser, Alexander. *History, Psychology, and Culture*. New York: Alfred A. Knopf,1933.

Grant, Madison. *The Passing of the Great Race*. New York: Charles Scribner's Sons, 1916.

Grattan, C. Hartley. *The Three Jameses*. New York: Longmans, Green & Co., 1932.

Gray, Asa. *Darwiniana*. New York: D. Appleton & Co., 1876.

—. *Letters of Asa Gray* (ed. Jane Loring Gray). Boston: Houghton Mifflin Co., 1893. 2 vols.

Gronlund, Laurence. *The Cooperative Commonwealth*. Boston: Lee and Shepard, 1884.

—. *The New Economy*. New York: H. S. Stone & Co., 1898.

—. *Our Destiny*. Boston: Lee and Shepard, 1890.

Gumplowicz, Ludwig. *The Outlines of Sociology* (trans. Frederick W. Moore). Philadelphia: American Academy of Political and Social Science, 1899.

Haeckel, Ernst. *The Riddle of the Universe*. New York: Harper & Bros., 1900.

Hayes, Carlton J. H. *A Generation of Materialism*, 1871—1900. New York: Harper & Bros., 1941.

Headley, Frederick W. *Darwinism and Modern Socialism*. London: Macmillan & Co., 1909.

Henkin, Leo. *Darwinism in the English Novel*. New York: Corporate Press, 1940.

Hobhouse, Leonard. *Social Evolution and Political Theory*. New York: Columbia University Press, 1911.

—. *Mind in Evolution*. London: Macmillan & Co., 1901.

Hodge, Charles. *What Is Darwinism*! New York: Scribner, Armstrong, & Co., 1874.

Holt, Henry. *Garrulities of an Octogenarian Editor*. Boston: Houghton Mifflin Co., 1923.

Hopkins, Charles Howard. *The Rise of the Social Gospel in American Protestantism*, 1865—1915. New Haven: Yale University Press, 1940.

Huxley, T. H. *Evolution and Ethics and Other Essays*. New York: The Humboldt Publishing Co., 1894.

James, William. *Collected Essays and Reviews*. New York: Longmans, Green & Co., 1920.

—. *The Letters of William James* (ed. Henry James). Boston: The Atlantic Monthly Press, 1920. 2 vols.

—. *Memories and Studies*. New York: Longmans, Green & Co., 1912.

—. *A Pluralistic Universe*. New York:Longmans,Green & Co. ,1909.

—. *Pragmatism*. New York:Longmans,Green & Co. ,1907.

—. *The Principles of Psychology*. New York:Henry Holt & Co. ,1890. 2 vols.

The Will to Believe. New York:Longmans,Green & Co. ,1897.

Josephson,Matthew. *The Politicos*. New York:Harcourt,Brace & Co. ,1938.

—. *The President Makers*. New York:Harcourt,Brace & Co. ,1940.

—. *The Robber Barons*. New York:Harcourt,Brace & Co. ,1934.

Karpf,Fay Berger. *American Social Psychology*. New York and London:McGraw-Hill Book Co. ,1932.

Kazin,Alfred. *On Native Grounds*. New York:Reynal & Hitchcock,1942.

Keller,Albert G. *Reminiscences of William Graham Sumner*. New Haven:Yale University Press,1933.

Kellicott,William E. *The Social Direction of Human Evolution*. New York:D. Appleton & Co. ,1911.

Kellogg,Vernon. *Darwinism To-Day*. New York:Henry Holt & Co. ,1907.

Kidd,Benjamin. *Principles of Western Civilization*. New York:The Macmillan Co. ,1902.

—. *Social Evolution*. New York:Macmillan & Co. ,1894.

Kimball,Elsa P. *Sociology and Education*. New York:Columbia University Press,1932.

Kraus,Michael. *A History of American History*. New York:Farrar & Rinehart,1937.

Kropotkin,Peter. *Mutual Aid*. London:W. Heinemann,1902.

Lea,Homer. *The Day of the Saxon*. New York:Harper & Bros. ,1912.

—. *The Valor of Ignorance*. New York:Harper & Bros. ,1909.

Lewis,Arthur M. *Evolution,Social and Organic*. Chicago:C. H. Kerr,1908.

—. *An Introduction to Sociology*. Chicago:C. H. Kerr,1913.

Lippmann,Walter. *Drift and Mastery*. New York:Mitchell Kennerly,1914.

Lloyd,Henry Demarest. *Wealth Against Commonwealth*. New York:Harper & Bros. ,1894.

London,Charmian. *The Book of Jack London*. New York:The Century Co. ,1921. 2 vols.

London, Jack. *Martin Eden*. New York: The Macmillan Co. , 1908.

Lowie, Robert H. *The History of Ethnological Theory*. New York: Farrar & Rinehart, 1937.

Lundberg, George A. et al. *Trends in American Sociology*. New York: Harper & Bros. , 1929.

McDougall, William. *An Introduction to Social Psychology*. Boston: J. W. Luce & Co. , 1909.

Mahan, Alfred Thayer. *The Interest of America in Sea Power*. Boston: Little, Brown & Co. , 1897.

Maxim, Hudson. *Defenseless America*. New York: Hearst's International Library Co. , 1915.

Nasmyth, George. *Social Progress and the Darwinian Theory*. New York: G. P. Putnam's Sons, 1916.

Nevins, Allan. *The Emergence of Modern America*, 1865—1878. New York: The Macmillan Co. , 1928.

Nordenskiold, Erik. *The History of Biology*. New York: Alfred A. Knopf, 1928.

Osborn, Henry Fairfield. *From the Greeks to Darwin*. New York: Charles Scribner's Sons, 1899.

Page, Charles H. *Class and American Sociology*. New York: The Dial Press, 1940.

Parrington, V. L. *Main Currents in American Thought*. New York: Harcourt, Brace & Co. , 1927—1930. 3 vols.

Patten, Simon. *The Premises of Political Economy*. Philadelphia: J. B. Lippincott Co. , 1885.

Pearson, Charles. *National Life and Character*. London and New York: Macmillan & Co. , 1893.

Pearson, Karl. *National Life from the Standpoint of Science*. London: A. and C. Black, 1901.

Peirce, Charles Sanders. *Chance, Love, and Logic* (ed. Morris R. Cohen). New York: Harcourt, Brace & Co. , 1923.

Perry, Ralph Barton. *Philosophy of the Recent Past*. New York: Charles Scribner's

Sons,1926.

——. *The Present Conflict of Ideals*. New York:Longmans,Green & Co. ,1918.

——. *The Thought and Character of William James*. Boston:Little,Brown & Co. ,1935. 2 vols.

Popenoe,Paul and Johnson,Roswell Hill. *Applied Eugenics*. New York:The Macmillan Co. ,1918.

Pratt. Julius W. *Expansionists of 1898*. Baltimore:The Johns Hopkins Press,1956.

Rauschenbusch,Walter. *Christianity and the Social Crisis*. New York:The Macmillan Co. ,1907.

——. *Christianizing the Social Order*. New York:The Macmillan Co. ,1912.

Riley, Woodbridge. *American Thought from Puritanism to Pragmatism*. New York: Henry Holt & Co. ,1915.

Ritchie,David G. *Darwinism and Politics*. London:S. Sonnenschein & Co. ,1889.

Rogers,Arthur K. *English and American Philosophy Since 1800*. New York:The Macmillan Co. ,1932.

Roosevelt,Theodore. *The New Nationalism*. New York:The Outlook Co. ,1910.

——,and Lodge,Henry Cabot. *Selections from the Correspondence of Theodore Roosevelt and Henry Cabot Lodge*(ed. Henry Cabot Lodge). New York:Charles Scribner's Sons,1925. 2 vols.

——. *The Works of Theodore Roosevelt*(National Ed.). New York:Charles Scribner's Sons,1926. 20 vols.

Ross,Edward A. *Foundations of Sociology*. New York:The Macmillan Co. ,1905.

——. *Seventy Years of It*. New York:D. Appleton-Century Co. ,1936.

Rumney,Judah. *Herbert Spencer's Sociology*. London:Williams and Norgate,1934.

Schilpp,Paul A. ,ed. *The Philosophy of John Dewey*. Evanston and Chicago:Northwestern University Press,1939.

Schlesinger,A. M. *The Rise of the City*. New York:The Macmillan Co. ,1933.

Schurman,Jacob Gould. *The Ethical Import of Darwinism*. New York:Charles Scribner's Sons,1887.

Singer,Charles J. *A Short History of Biology*. Oxford:The Clarendon Press,1931.

Small, Albion W. *General Sociology*. Chicago: The University of Chicago Press, 1905.

—, and Vincent, George E. *An Introduction to the Study of Society*. New York: American Book Co., 1894.

Spencer, Herbert. *An Autobiography*. New York: D. Appleton & Co., 1904. 2 vols.

—. *First Principles*. New York: D. Appleton & Co., 1864.

—. *The Man Versus the State* (ed. Truxton Beale). New York: Mitchell Kennerley, 1916.

—. *The Principles of Ethics*. New York: D. Appleton & Co., 1895—1898. 2 vols.

—. *The Principles of Sociology*. New York: D. Appleton & Co., 1876—1897. 3 vols.

—. *Social Statics*. New York: D. Appleton & Co., 1864.

—. *The Study of Sociology*. New York: D. Appleton & Co., 1874.

Starr, Harris E. *William Graham Sumner*. New York: Henry Holt & Co., 1925.

Stern, Bernhard J. *Lewis Henry Morgan, Social Evolutionist*. Chicago: University of Chicago Press, 1931.

—, ed. *Young Ward's Diary*. New York: G. P. Putnam's Sons, 1935.

Stoddard, Lothrop. *The Rising Tide of Color*. New York: Charles Scribner's Sons, 1920.

Strong, Josiah. *Our Country*. New York: The American Home Missionary Society, 1885.

Sumner, William G. *The Challenge of Facts and Other Essays*. New Haven: Yale University Press, 1914.

—. *Earth-Hunger and Other Essays*. New Haven: Yale University Press, 1913.

—. *Essays of William Graham Sumner* (ed. Albert G. Keller and Maurice R. Davie). New Haven: Yale University Press, 1934. 2 vols.

Folkways. Boston: Ginn & Co., 1906.

—. *What Social Classes Owe to Each Other*. New York: Harper & Bros., 1883.

—, and Keller, Albert G. *The Science of Society*. New Haven: Yale University Press, 1927. 4 vols.

Tarbell, Ida. *The Nationalizing of Business*, 1878—1898. New York: The Macmillan Co., 1936.

Thomson, J. Arthur. *Darwinism and Human Life*. New York: The Macmillan Co., 1911.

Townshend, Harvey G. *Philosophical Ideas in the United States*. New York: American Book Co., 1934.

Veblen, Thorstein. *Absentee Ownership*. New York: B. W. Huebsch, 1923.

—. *Essays in Our Changing Order* (ed. Leon Ardzrooni). New York: The Viking Press, 1934.

—. *The Instinct of Workmanship*. New York: B. W. Huebsch, 1914.

—. *The Place of Science in Modern Civilization*. New York: B. W. Huebsch, 1919.

—. *The Theory of Business Enterprise*. New York: Charles Scribner's Sons, 1904.

—. *The Theory of the Leisure Class*. New York: The Macmillan Co., 1899.

Walling, William English. *The Larger Aspects of Socialism*. New York: The Macmillan Co., 1913.

Walker, Francis A. *The Wages Question*. New York: Henry Holt & Co., 1876.

Ward, Lester. *Applied Sociology*. Boston: Ginn & Co., 1906.

—. *Dynamic Sociology*. New York: D. Appleton & Co., 1883. 2 vols.

—. *Glimpses of the Cosmos*. New York: G. P. Putnam's Sons, 1913—1918. 6 vols.

—. *Outlines of Sociology*. New York: The Macmillan Co., 1898.

—. *The Psychic Factors of Civilization*. Boston: Ginn & Co., 1893.

—. *Pure Sociology*. New York: The Macmillan Co., 1903.

Warner, Amos G. *American Charities*. New York: T. Y. Crowell & Co., 1894.

Weinberg, Albert K. *Manifest Destiny*. Baltimore: The Johns Hopkins Press, 1935.

Weyl, Walter. *The New Democracy*. New York: The Macmillan Co., 1912.

Wright, Chauncey. *Philosophical Discussions*. New York: Henry Holt & Co., 1877.

Youmans, Edward Livingston, ed. *Herbert Spencer on the Americans and the Americans on Herbert Spencer*. New York: D. Appleton & Co., 1883.

Young, Arthur N. *The Single Tax Movement in the United States*. Princeton: Princeton University Press, 1916.

文　章

Boas, Franz. "Human Faculty as Determined by Race," *Proceedings*, American Association for the Advancement of Science, XLIII(1894), 301—327.

Case, Clarence M. "Eugenics as a Social Philosophy," *Journal of Applied Sociology*, VII(1922), 1—12.

Cochran, Thomas C. "The Faith of Our Fathers," *Frontiers of Democracy*, VI(1939), 17—19.

Cooley, Charles H. "Genius, Fame, and the Comparison of Races," *Annals of the American Academy of Political and Social Science*, IX(1897), 317—58.

Dewey, John. "Evolution and Ethics," *Monist*, VIII(1898), 321—341.

—. "Social Psychology," *Psychological Review*, I(1894), 400—411.

Ely, Richard T. "The Past and the Present of Political Economy," *John Hopkins University Studies in Historical and Political Science*, II(1884).

Harrington, Fred H. "Literary Aspects of American Anti-Imperialism," *New England Quarterly*, X(1937), 650—667.

Hofstadter, Richard. "William Graham Sumner, Social Darwinist," *New England Quarterly*, XIV(1941), 457—477.

Huxley, Thomas Henry. "Administrative Nihilism," *Fortnightly Review*, N. S., XVI (1880), 525—543.

James, William. "Great Men, Great Thoughts, and the Environment," *Atlantic Monthly*, XLVI(1880), 441—459. (Reprinted in *The Will to Believe*.)

Loewnberg, Bert J. "The Reaction of American Scientists to Darwinism," *American Historical Review*, XXXVIII(1933), 687—701.

—. "Darwinism Comes to America," *Mississippi Valley Historical Review*, XXVIII (1941), 339—369.

—. "The Controversy over Evolution in New England, 1859—1873," *New England Quarterly*, VII(1935), 232—257.

Patten, Simon. "The Failure of Biologic Sociology," *Annals of the American Academy of Political and Social Science*, IV(1894), 919—947.

Pratt, Julius W. "The Ideology of American Expansion," in *Essays in Honor of William E. Dodd* (Chicago: University of Chicago Press, 1935), 335—353.

Ratner, Sidney. "Evolution and the Rise of the Scientific Spirit in America," *Philosophy of Science*, III(1936), 104—122.

Saveth, Edward. "Race and Nationalism in American Historiography: The Late Nineteenth Century," *Political Science Quarterly*, LIV(1939), 425—441.

Schlesinger, A. M. "A Critical Period in American Religion, 1875—1900," *Massachusetts Historical Society Proceedings*, LXIV(1932), 523—547.

Small, Albion. "Fifty Years of Sociology in the United States, 1865—1915," *American Journal of Sociology*, XVI(1916), 721—864.

Spencer, Herbert. "A Theory of Population, Deduced from the General Law of Animal Fertility," *Westminster Review*, LVII(1852), 468—501.

Spiller, G[ustav]. "Darwinism and Sociology," *Sociological Review* (Manchester), VII (1914), 232—253.

Stern, Bernhard J. "Giddings, Ward, and Small: An Interchange of Letters," *Social Forces*, X(1932), 305—318.

—, ed. "The Letters of Ludwig Gumplowicz to Lester Ward," *Sociologus* (Leipzig), Beiheft I, 1933.

—, ed. "The Letters of Albion W. Small to Lester F. Ward," *Social Forces*, XII(1933), 163—173; XIII(1935), 323—340; XV(1936), 174—186; XV(1937), 305—127.

—, ed. "Letters of Alfred Russel Wallace to Lester F. Ward," *Scientific Monthly*, XL (1935), 375—379.

—, ed. "The Ward-Ross Correspondence, 1891—1896," *American Sociological Review*, III(1938), 362—401.

Veblen, Thorstein. "Why Is Economics Not an Evolutionary Science?" *Quarterly Journal of Economics*, XIII(1898), 373—397.

Wells, Colin, et al., "Social Darwinism," *American Journal of Sociology*, XII(1907), 695—716.